“十二五”江苏省高等学校重点教材

新世纪电气自动化系列精品教材

传感器与测量技术学习指导与实践

主　编　胡福年

副主编　王晓燕　丁启胜　白春艳

东南大学出版社
SOUTHEAST UNIVERSITY PRESS
·南京·

内 容 简 介

本书分为两篇，第一篇为学习指导，学习指导与教材相辅相成，每一章由内容概要、例题分析、应用举例以及习题组成。第二篇为实验实训指导，其中基础实验项目包括电阻应变片实验，电容式传感器实验，霍尔式传感器实验，电涡流传感器实验，铂电阻实验，热电偶实验，集成温度传感器实验，光纤传感器实验，差动变压器实验等；实训项目包括数字式电参数测量仪设计，电阻应变片式数字压力传感器设计，电容式数字位移传感器设计，K型热电偶数字温度传感器设计，基于数字温度传感器 DS18B20 的测温仪设计，电涡流数字位移传感器设计，光电传感器测速系统设计，超声波传感器测距系统设计等。

本书可作为普通高等学校电气工程及其自动化专业、测控技术与仪器专业、自动化专业以及相关专业的本科实践教材，也可作为高职高专教育的实践教材，还可作为研究生和工程技术人员的参考用书。

图书在版编目(CIP)数据

传感器与测量技术学习指导与实践/ 胡福年主编.
—南京：东南大学出版社，2015.12(2020.1 重印)
"十二五"江苏省高等学校重点教材
新世纪电气自动化系列精品教材
ISBN 978-7-5641-6195-8

Ⅰ.①传… Ⅱ.①胡… Ⅲ.①传感器-高等学校-教学参考资料②测量学-高等学校-教学参考资料
Ⅳ.①TP212②P2

中国版本图书馆 CIP 数据核字(2015)第 301930 号

传感器与测量技术学习指导与实践

出版发行 东南大学出版社
出 版 人 江建中
社　　址 南京市四牌楼 2 号
邮　　编 210096

经　　销 全国各地新华书店
印　　刷 江苏凤凰数码印务有限公司
开　　本 787 mm×1092 mm 1/16
印　　张 11.25
字　　数 285 千字
版　　次 2015 年 12 月第 1 版
印　　次 2020 年 1 月第 2 次印刷
书　　号 ISBN 978-7-5641-6195-8
印　　数 2501—3300 册
定　　价 35.00 元

(本社图书若有印装质量问题，请直接与营销部联系。电话：025-83791830)

前　　言

本书是“十二五”江苏省高等学校重点教材。根据《国家中长期教育改革和发展规划纲要(2010—2020)》要求，高等学校对实践教学的日益重视。为了满足教学改革要求，为社会输送创新能力强、适应工程需要的专业技术人才，本书不仅为传感器与测量技术的理论学习提供指导，而且将实践教学内容进行分类整理，着重培养学生的实践操作能力以及设计创新能力。

本书共分两篇，第一篇为学习指导，第二篇为实验实训指导。学习指导部分共分为12章，与《传感器与测量技术》教材理论内容相呼应，相辅相成，由教材对应章节的内容概要、例题分析、应用举例以及习题四部分组成，主要目的是帮助学生把握主要知识脉络，掌握知识框架；辅助习题练习，巩固知识点的掌握；并且通过了解现代传感和电气测量新技术、新原理的应用实例，开阔视野，激发创新意识，提高创新能力。第二篇实验实训指导包括基础实验项目和实训项目两部分。基础实验项目由12个实验内容组成，主要包括电阻应变片传感器、电容式传感器、电涡流传感器、霍尔传感器等常用传感器的特性测试实验；通过基础实验项目的训练，能够帮助学生更好地了解相关传感器的工作原理与特性，深化对理论内容的理解与掌握。实训项目部分由10个设计项目组成，主要是引导学生结合所学传感器与测量技术等专业知识自行设计、研制一些数字式、智能化测量仪表和测试系统；旨在进一步提升锻炼学生的实践动手能力，综合运用所学知识解决实际工程问题的能力，以及进一步培养锻炼其创新能力。

本书编写分工如下：第一篇学习指导部分的第1章至第4章由白春艳编写，第5章至第8章由丁启胜编写，第9章至第12章由王晓燕编写；第二篇实验实训指导部分由王晓燕编写完成，全书由胡福年教授统稿。

本书可与《传感器与测量技术》教材配套使用，便于将理论学习与工程实践有机结合。《传感器与测量技术》教材内容全面，适用范围广，可作为普通高等学校电气工程及其自动化专业、测控技术与仪器专业、自动化专业以及相关专业的本科教材。

本书实验实训部分在本校自主研发的实验装置上实施教学，效果更佳。该实验装置是一种开放式、模块化、系统化的传感器技术实验、实训系统。该系统集传感信号检测、转换、调理、数字化处理、上位机数据分析管理于一体。既可面向本科生开设的传感器信号检测与转换类课程的实验教学，也可以面向智能仪器类相关课程的实验教学。同时也可以作为本科生进行课程设计、实训、科技创新的实践平台。该实验装置能开设的实验项目分为三个层次：基础型实验项目、拓展型实验项目、研发创新型实验项目，能够完整地体现出“模拟”、“数字”、“智能”三级逐步提升的传感信号检测与转换电路的技术层次。

由于编者的水平有限，书中难免存在不妥和疏漏之处，恳请读者批评指正。

编者

2015 年 9 月

目　　录

第一篇　学习指导

第一篇　学习指导

1　传感器与测量的基本知识

1.1　内容概要

本章主要介绍了测量的概念及分类、传感器的概念及分类、传感器的基本特性、传感器的标定和校准以及传感器信号处理技术。

测量是用实验的方法把被测量与同类标准量进行比较以确定被测量大小的过程。测量过程由准备、测量以及数据处理三个阶段组成。测量方法从不同角度有不同的分类方法。根据测量结果的获得方式进行分类可分为直接测量、间接测量和组合测量;根据被测量在测量期间随时间的变化快慢可分为静态测量和动态测量;根据测量数据的读取方式进行分类可分为直读法和比较法两种;按测量器具是否与被测物体接触可分为接触测量和非接触测量;根据测量条件分为等精度测量和非等精度测量。

传感器是指直接感受规定的被测量并按一定规律转换成可用输出信号的器件或装置。传感器一般由敏感元件、转换元件和信号调理转换电路三部分组成。传感器从不同角度有不同的分类方法。传感器可以按被测量的性质分为热工量传感器、机械量传感器、化学量传感器、生物量传感器、状态量传感器;按能量的供给方式可分为有源传感器和无源传感器;按输出信号的性质可分为模拟传感器和数字传感器;按构成原理可分为结构型与物性型两大类。传感器的基本特性是指传感器输出与输入之间的关系特性,分为静态特性和动态特性两种。衡量传感器静态特性优劣的重要性能指标包括线性度、迟滞、重复性、灵敏度、分辨力、稳定性、漂移和抗干扰能力等。衡量传感器频率响应特性的指标有频带、时间函数、固有频率等。

传感器的标定,就是用实验的方法把已知的标准输入量输入待标定的传感器,测出传感器相应的输出量,并进而得到传感器的输入量与输出量之间的关系。传感器标定分为静态标定和动态标定两种。校准同样是在规定的条件下,定期检测传感器的基本性能参数,判断是否符合原先技术指标所规定的要求。校准与标定的概念类似,应用范围及要求不同。

传感器信号处理的主要目的是根据传感器输出信号的特点，采取不同的处理方法来抑制干扰信号，提取测量信号中的有用信息，并对传感器的非线性进行补偿和修正，从而提高测量系统的精度和线性度。传感器信号处理技术包括差动技术、闭环技术、平均技术、分段与细分技术、补偿与校正技术、解耦技术以及图示化技术。在使用传感器进行测量时，大多数传感器的输出电量与被测量之间的关系往往不呈线性关系，从而导致非线性输出，需要进行非线性校正。此外，传感器在工作过程中，可能会有来自系统内外的干扰信号作用在传感器上。抗干扰是一个非常复杂、实践性很强的问题。因此，在传感器及测量系统的设计中，不仅应预先采取一定的抗干扰措施，还应对传感器和仪器仪表的电路原理、具体布线、屏蔽、隔离、数字接地或模拟接地的处理以及防护形式进行不断改进，以提高传感器的可靠性和稳定性。

1.2 例题分析

【例 1.1】 选择测量方法时主要考虑的因素有哪些?

答:在选择测量方法时，要综合考虑下列主要因素：

(1) 被测量本身的特性；

(2) 所要求的测量准确度；

(3) 测量环境；

(4) 现有测量设备等。

【例 1.2】 解释偏差式、零位式和微差式测量法的含义，并列举测量实例。

答:(1) 偏差式测量法:在测量过程中，用仪器仪表指针的位移(偏差)表示被测量大小的测量方法，称为偏差式测量法。例如使用万用表测量电压、电流等。

(2) 零位式测量法:测量时用被测量与标准量相比较，用零示器指示被测量与标准量相等(平衡)，从而获得被测量。例如利用惠斯登电桥测量电阻。

(3) 微差式测量法:通过测量待测量与基准量之差来得到待测量量值。例如用微差法测量直流稳压源的稳定度。

【例 1.3】 解释名词:计量基准；主基准；副基准；工作基准。

答:(1) 计量基准是用当代最先进的科学技术和工艺水平，以最高的准确度和稳定性建立起来的专门用以规定、保持和复现物理量计量单位的特殊量具或仪器装置等。

(2) 主基准也称作原始基准，是用来复现和保存计量单位，具有现代科学技术所能达到的最高准确度的计量器具，经国家鉴定批准，作为统一全国计量单位量值的最高依据。因此，主基准也叫国家基准。

(3) 副基准:通过直接或间接与国家基准比对，确定其量值并经国家鉴定批准的计量器具。其地位仅次于国家基准，平时用来代替国家基准使用或验证国家基准的变化。

(4) 工作基准:经与主基准或副基准校准或比对，并经国家鉴定批准，实际用以检定下属计量标准的计量器具。

【例 1.4】 解释名词:单位；导出单位；单位制。

答:(1) 用来标志量或数的大小的指标统称为单位。单位是表征测量结果的重要组成部分，又是对两个同类量值进行比较的基础。

(2) 由基本单位和由一定物理关系与比例因数推导出来的单位称导出单位。

(3) 基本单位与导出单位组成的一个完整的单位体制称为单位制。

【例 1.5】 国际单位制(SI)是如何构成的？SI 基本单位有哪些？如何表示？

答：(1) 国际单位制包括 SI 单位(SI 的基本单位和导出单位)、SI 词头和 SI 单位的十进倍数单位和分数单位。

(2) 国际单位制有 7 个基本单位(见表 1.1)。

表 1.1　国际单位制的基本单位

量的名称	单位名称		单位符号
长度	米	meter	m
质量	千克	kilogram	kg
时间	秒	second	s
电流	安[培]	ampere	A
热力学温度	开[尔文]	kelvin	K
物质的量	摩[尔]	mole	mol
发光强度	坎[德拉]	candela	cd

【例 1.6】 在使用国际单位制(SI)词头时应注意什么？

答：(1) 词头符号用罗马体(正体)印发，在词头符号和单位符号之间不留间隔；

(2) 不允许使用重叠词头；

(3) 词头永远不能单独使用；

(4) 在国际单位制的基本单位中，由于历史原因，质量单位(kg)是惟一带有词头的单位名称，它的十进倍数与分数单位是将词头加在“g”前，而不是加在“kg”前构成的。但“kg”并不是倍数单位而是 SI 单位。

【例 1.7】 传感器的共性是什么？

答：传感器的共性就是利用物理定律或物质的物理、化学或生物特性，将非电量(如位移、速度、加速度、力等)输入转换成电量(电压、电流、频率、电荷、电容、电阻等)输出。

【例 1.8】 传感器动态特性取决于什么因素？

答：传感器动态特性取决于传感器的组成环节和输入量，对于不同的组成环节(接触环节、模拟环节、数字环节等)和不同形式的输入量(正弦、阶跃、脉冲等)其动态特性和性能指标不同。

【例 1.9】 传感器的线性度是如何确定的？确定拟合直线有哪些方法？传感器的线性度 δ_L 表征了什么含义？为什么不能笼统地说传感器的线性度是多少？

答：(1) 实际传感器有非线性存在，线性度是将近似后的拟合直线与实际曲线进行比较，其中存在偏差，这个最大偏差称为传感器的非线性误差，即线性度。

(2) 选取拟合的方法很多，主要有理论线性度(理论拟合)，端基线性度(端点连线拟合)，独立线性度(端点平移拟合)，最小二乘法线性度。

(3) 线性度 δ_L 是表征实际特性与拟合直线不吻合的参数。

(4) 传感器的非线性误差是以一条理想直线作基准，即使是同一传感器基准不同时得出的线性度也不同，所以不能笼统地提出线性度，当提出线性度的非线性误差时，必须说明所依据的基准直线。

【例 1.10】 有一个传感器，其微分方程为 $30\mathrm{d}y/\mathrm{d}t+3y=0.15x$，其中 y 为输出电压(mV)，x 为输入温度(℃)，试求该传感器的时间常数 τ 和静态灵敏度 k。

解：将 $30\mathrm{d}y/\mathrm{d}t+3y=0.15x$ 化为标准方程式为：

$$10\mathrm{d}y/\mathrm{d}t+y=0.05x$$

与一阶传感器的标准方程：$\tau\dfrac{\mathrm{d}y}{\mathrm{d}t}+y=kx$ 比较有：

$$\begin{cases}\tau=10(\mathrm{s})\\ k=0.05(\mathrm{mV/℃})\end{cases}$$

1.3 习题

1.1 在传感器测量系统中常用的测量方法有哪些？

1.2 什么是直接测量法、间接测量法与组合测量法？各有什么特点？请举例说明。

1.3 什么是等精度测量？什么是不等精度测量？

1.4 写出偏差式测量、零位式测量、微差式测量的概念和各自优缺点。

1.5 什么是量值传递、量值溯源？它们的共性和区别主要有哪些？量值传递与溯源有哪几种方法？

1.6 我国法定计量单位包括哪些？

1.7 试写出电容单位“法拉”与电阻单位“欧姆”的关系。

1.8 传感器的基本概念是什么？

1.9 传感器通常由哪几部分组成？它们的作用与相互关系怎样？

1.10 传感器的分类方法有哪些？各种分类之间有什么不同？

1.11 举例说明结构型传感器与物性型传感器的区别。

1.12 哪些传感器属于有源传感器？哪些传感器属于无源传感器？

1.13 怎样划分被测对象的有源和无源？试举例说明。

1.14 什么是传感器的静态特性？

1.15 衡量传感器静态特性的主要技术指标有哪些？各自的含义是什么？

1.16 如何研究传感器的静态特性？

1.17 传感器的线性度是如何确定的？确定拟合直线有哪些方法？

1.18 灵敏度表征了什么？

1.19 如何确定传感器的重复性和迟滞性？

1.20 传感器的线性度能否直接定为传感器的精度？为什么？

1.21 传感器的动态特性是如何定义的？如何研究传感器的动态特性？

1.22 传感器的动态特性主要技术指标有哪些？它们的意义是什么？

1.23 分析传感器的静态特性与动态特性的区别。

1.24 解释传感器动态响应慢的原因。

1.25 传感器的输入—输出特性与什么有关？

1.26 某位移传感器，在输入量变化 5 mm 时，输出电压变化为 350 mV，求其灵敏度。

1.27 某线性位移测量仪，当被测位移由 4.5 mm 变到 5.0 mm 时，位移测量仪的输出电压由 3.5 V 减至 3.0 V，求该仪器的灵敏度。

1.28 某测量系统由传感器、放大器和仪表组成，各环节的灵敏度分别为：$S_1=0.2$ mV/℃、$S_2=2.0$ V/mV、$S_3=5.0$ mm/V，求系统总的灵敏度。

1.29 某测温系统由以下四部分组成：铂电阻温度传感器，灵敏度为 0.2 Ω/℃；电桥，灵敏度为 0.01 V/Ω；放大器，灵敏度为 100(放大倍数)；笔式记录仪，灵敏度为 0.1 cm/V。求：

① 测温系统的总灵敏度；

② 记录仪笔尖位移 5 cm 时，所对应的温度变化值。

1.30 有一传感器，其实测的输入—输出特性曲线与拟合直线的最大偏差为 3 ℃，而理论满量程测量范围为 −50～120 ℃，试求该传感器的线性度。

1.31 某传感器输入输出数据如下表所示，计算其线性度。

输入 x	0	0.1	0.2	0.3	0.4	0.5	0.6	0.7	0.8	0.9	1.0
输出 y	0	5.02	10.01	15.02	20.03	25.03	30.01	35.02	40.01	45.01	50.02

1.32 已知某一位移传感器的测量范围为 0～50 mm，静态测量时，输入值与输出值的关系如下表所示，试求该传感器的线性度和灵敏度。

输入值(mm)	1	5	10	15	20	25	30	35	40	45	50
输出值(mV)	1.5	3.49	6.01	8.45	11.08	13.44	15.98	17.53	21.02	23.41	25.96

1.33 有两个传感器测量系统，其动态特性可以分别用下面两个微分方程描述，试求这两个系统的时间常数和静态灵敏度。

① $\dfrac{dy}{dt}+3y=1.5\times10^{-5}\,T$

式中：y 为输出电压(V)；T 为输入温度(℃)。

② $1.4\dfrac{dy}{dt}+4.2y=9.6x$

式中：y 为输出电压(μV)；x 为输入压力(Pa)。

1.34 某热电偶温度传感器，输入量为温度 x(℃)，输出量为电压 y(mV)，表示其特性的微分方程为 $36\dfrac{dy}{dx}+4.5y=0.17x$，求其灵敏度。

1.35 有一温度传感器，当被测介质温度为 t_1，测温传感器显示温度为 t_2 时，可用下列方程表示：$t_1=t_2+\tau_0(dt_2/d\tau)$。当被测介质温度从 25 ℃突然变化到 300 ℃时，测温传感器的时间常数 $\tau_0=120$ s，试求经过 350 s 后该传感器的动态误差。

1.36 什么是传感器的标定？什么是传感器的校准？标定与校准有何区别？

1.37 传感器的标定有哪几种方法？为什么要对传感器进行标定？

1.38 静态特性标定方法是什么？

1.39　什么是传感器的动态特性标定？

1.40　如何确定标定仪器设备的精度等级？

1.41　简要说明传感器信号的特点。

1.42　传感器信号的数据处理技术有哪些？各有什么特点？

1.43　说明差动技术的原理及技术环节。

1.44　相对于开环测量系统，说明闭环技术的原理和特点。

1.45　改善传感器性能的技术途径有哪些？

1.46　简述传感器线性化的主要方法及其原理。

1.47　简要说明传感器测量系统中非线性校正环节的作用。

1.48　简述模拟量的非线性校正原理。

1.49　简述数字量的非线性校正原理。

1.50　常见干扰有哪些？如何形成的？

1.51　干扰的传播途径有哪些？

1.52　产生电磁干扰的三个要素是什么？

1.53　抑制干扰有哪些基本措施？

1.54　屏蔽有哪几种形式？各起什么作用？

1.55　接地有哪几种类型？各起什么作用？

1.56　接地设计应注意哪些问题？

1.57　什么是隔离电路？是如何实现隔离的，应用于何种场合？

1.58　简述光电隔离的原理，并说明光电隔离的特点。

1.59　滤波的方法有哪些？选择滤波器的类型时一般应考虑哪些因素？

1.60　什么是无源滤波器？什么是有源滤波器？各有何优缺点？

1.61　软件抗干扰措施有哪些？

1.62　家用电器中采用了哪些传感器？它们分别起到什么作用？

1.63　选用传感器应该主要考虑哪几个方面？

1.64　简述传感器的作用和地位。

1.65　简述现代传感技术的发展现状与趋势，并说明现代检测系统的特征。

2 测量误差

2.1 内容概要

测量结果与被测量真值之间存在的偏差被称之为测量误差。任何测量结果都含有一定的误差,深入研究测量误差,有助于在检测过程中尽可能地减少测量误差。本章主要介绍了误差的相关概念、误差的表示方法、误差的来源、减小误差的有效措施、误差的合成与分配以及回归分析等内容。

为了提高测量精度,减少测量误差,就要对误差的来源和分类有所了解。首先,需要了解真值、标称值、示值等名词的意义。形成测量误差因素是多方面的,如理论、仪器、测量方法以及人为因素、环境因素等。测量误差可以用绝对误差来表示,也可以用相对误差来表示,还可以用引用误差来衡量仪表测量的准确度,并确定仪表的准确度等级。根据误差产生的原因、特点及其对测量结果的影响,将其分为系统误差、随机误差和粗大误差;对测量结果进行这三种类型的误差判别和处理,虽然不能消除误差,但可以将测量误差控制在一定的范围内。

在实际测量中,测量结果的总误差是测量各环节误差因素共同作用的结果。已知被测量与各参数的函数关系及各个测量值的分项误差,求被测量的总误差称为误差合成。误差的分配是误差合成的逆问题,即已知总误差及其与各测量值之间的函数关系,将总误差合理地分配给各分项测量值。从原则上讲,误差分配的解有无穷多个,所以在实际测量工作中,只能在某些假设前提条件下进行分配,确定出其中近似的可操作的一个解,并根据解的情况合理选择测量方案。

回归分析是采用数理统计的方法,对实验数据进行分析和处理,从而得出反应变量间相互关系的经验公式,也称回归方程。曲线拟合中最基本和最常用的是一元线性拟合或直线拟合,也就是一元线性回归。

2.2 例题分析

【例 2.1】 某电压表 $a=1.5$,试算出它在 0～100 V 量程中的最大绝对误差。

解:在 0～100 V 量程内上限值 $A_m=100$ V,得到:

$$\Delta A_{max}=a\%\cdot A_m=\pm1.5\%\times100=\pm1.5\ \text{V}$$

【例 2.2】 最大量程为 30 A,准确度等级为 1.5 级的安培表,在规定工作条件下测得某电流为 10 A,求测量时可能出现的最大相对误差。

解：
$$\gamma=\frac{\pm1.5\%\times30}{10}\times100\%=\pm4.5\%$$

【例 2.3】 某 1.0 级电压表，量程为 300 V，当测量值分别为 $U_1=300$ V，$U_2=200$ V，$U_3=100$ V 时，试求出测量值的(最大)绝对误差和示值相对误差。

解：
$$\Delta U_1=\Delta U_2=\Delta U_3=\pm300\times1.0\%=\pm3\ \text{V}$$
$$\gamma_{U_1}=(\Delta U_1/U_1)\times100\%=(\pm3/300)\times100\%=\pm1.0\%$$
$$\gamma_{U_2}=(\Delta U_2/U_2)\times100\%=(\pm3/200)\times100\%=\pm1.5\%$$
$$\gamma_{U_3}=(\Delta U_3/U_3)\times100\%=(\pm3/100)\times100\%=\pm3.0\%$$

【例题结论与应用】

由上例不难看出：测量仪表产生的示值测量误差 γ_x 不仅与所选仪表等级指数 a 有关，而且与所选仪表的量程有关。在同一量程内，测得值越小，示值相对误差越大。我们应当注意到，测量中所用仪表的准确度并不是测量结果的准确度，只有在示值与满度值相同时，二者才相等，否则测得值的准确度数值将低于仪表的准确度等级。所以，在选择仪表量程时，测量值应尽可能接近仪表满度值，一般不小于满度值的 2/3。这样，测量结果的相对误差将不会超过仪表准确度等级指数百分数的 1.5 倍。这一结论只适合于以标度尺上量限的百分数划分仪表准确度等级的一类仪表，如电流表、电压表、功率表；而对于测量电阻的普通型欧姆表是不适合的，因为欧姆表的准确度等级是以标度尺长度的百分数划分的。可以证明欧姆表的示值接近其中值电阻时，测量误差最小，准确度最高。

【例 2.4】 测量一个约 80 V 的电压，现有两块电压表：一块量程 300 V，0.5 级；另一块量程 100 V，1.0 级，问选用哪一块为好？

解：若使用 300 V，0.5 级表，其示值相对误差为：
$$\gamma_x=\frac{300\times0.5\%}{80}\times100\%\approx1.88\%$$

若使用 100 V，1.0 级表，其示值相对误差为：
$$\gamma_x=\frac{100\times1.0\%}{80}\times100\%=1.25\%$$

【例题结论与应用】

可见由于仪表量程的原因，选用 1.0 级表测量的准确度可能比选用 0.5 级表更高，故选用 100 V，1.0 级表为好。

此例说明，选用仪表时不应只看仪表的准确度等级，而应根据被测量的大小综合考虑仪表的等级与量程，合理选用仪表。此外，还应注意其他因素引入的误差。例如，测量电压时要注意电压表输入电阻大小不同而引入的误差不同。

【例 2.5】 某温度计的量程范围为 0～500 ℃，校验时该温度计的最大绝对误差为 6 ℃，试确定该温度计的精度等级。

解：最大引用误差为：
$$\gamma_{nm}=\frac{|\Delta X_{max}|}{X_m}\times100\%=\frac{6}{500}\times100\%=1.2\%$$

由于 1.2 不是标准化准确度等级值，因此该仪器需要就近套用标准化准确度等级值。1.2 位于 1.0 级和 1.5 级之间，尽管该值与 1.0 更为接近，但按选大不选小的原则该温度计的准确度等级应为1.5级。

【例2.6】 欲测240 V左右的电压，要求测量示值相对误差的绝对值不大于0.6%，问：

(1) 若选用量程为250 V电压表，其精度应选哪一级？

(2) 若选用量程为300 V和500 V的电压表，其精度又应分别选哪一级？

解：要求测量仪表的最大绝对误差为：

$$\Delta A_{m}=0.6\%\times240=1.44\ \text{V}$$

(1) 选用量程为250 V电压表时，相对误差为：

$$\gamma_{nm1}=\frac{1.44}{250}\times100\%=0.576\%$$

$$\Delta A_{m250}=0.5\%\times250=1.25\ \text{V}<1.44\ \text{V}$$

所以量程为250 V电压表选择精度等级为0.5级的。

(2) 同理，

$$\Delta A_{m300}=0.5\%\times300=1.5\ \text{V}>1.44\ \text{V}$$

$$\Delta A_{m300}=0.2\%\times300=0.6\ \text{V}<1.44\ \text{V}$$

所以量程为300 V电压表选择精度等级为0.2级的。

又因为：

$$\Delta A_{m500}=0.2\%\times500=1.0\ \text{V}<1.44\ \text{V}$$

所以量程为500 V电压表选择精度等级为0.2级的。

【例2.7】 某传感器给定相对误差为2% FS(满度值)，满度值输出为50 mV，求可能出现的最大误差(以mV计)。当传感器使用在满刻度的1/2和1/8时，计算可能产生的相对误差。

解：最大误差为：

$$\Delta A_{m}=50\times2\%=1\ \text{mV}$$

当传感器使用在满刻度的1/2时，相对误差为：

$$\gamma=\frac{1}{50\times\frac{1}{2}}\times100\%=4\%$$

当传感器使用在满刻度的1/8时，相对误差为：

$$\gamma=\frac{1}{50\times\frac{1}{8}}\times100\%=16\%$$

【例2.8】 用一台$3\frac{1}{2}$位(提示：该三位半数字表的量程上限为199.9 ℃，下限为0 ℃)、精度为0.5级的数字式电子温度计测量汽轮机高压蒸汽的温度，数字面板上显示的数值为158.6 ℃。求：

(1) 该仪表的最大显示值及分辨力；

(2) 可能产生的最大满度相对误差和绝对误差；

(3) 被测温度的示值；

(4) 示值相对误差。

解：(1) 因为是$3\frac{1}{2}$位仪表，所以最大显示值为199.9 ℃，分辨力为0.1 ℃。

（2）可能产生的最大满度相对误差和绝对误差分别为：

$$\gamma_{nm}=0.5\%$$

$$\Delta A_m=199.9\times0.5\%\approx1\ ℃$$

（3）被测温度的示值为 158.6 ℃。

（4）示值相对误差为：

$$\gamma=\frac{1}{156.8}\times100\%=0.64\%$$

【例 2.9】 某待测电路如图 2.1 所示，求：

（1）计算负载 R_L 上电压 U_o 的理论值；

（2）如分别用输入电阻 R_v 为 120 kΩ 和 10 MΩ 的万用表和数字电压表测量端电压 U_o，忽略其他误差，示值 U_o 各为多少？

（3）比较两个电压表测量结果的示值相对误差。

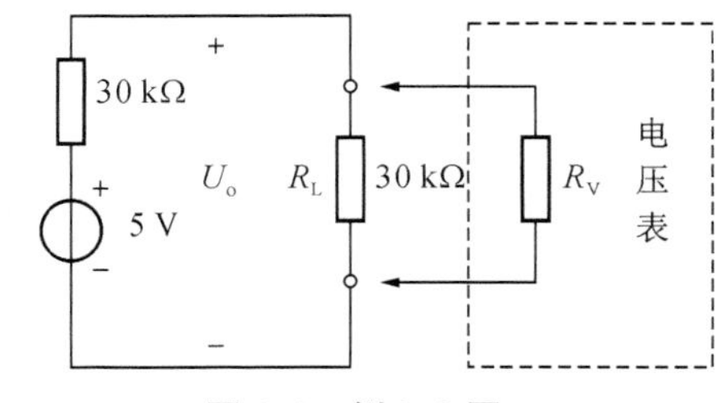

图 2.1　例 2.9 图

解：（1）　$U_o=\frac{30}{30+30}\times5=2.5\ V$

（2）

$$R_{外1}=30//120=24\ k\Omega$$

$$U_{x1}=\frac{24}{30+24}\times5=2.22\ V$$

$$R_{外2}=30//10\ 000=29.91\ k\Omega$$

$$U_{x2}=\frac{29.91}{30+29.91}\times5=2.496\ V$$

（3）

$$\gamma_{x1}=\frac{U_{x1}-U_o}{U_{x1}}\times100\%=\frac{2.22-2.5}{2.22}\times100\%=-12.6\%$$

$$\gamma_{x2}=\frac{U_{x2}-U_o}{U_{x2}}\times100\%=\frac{2.496-2.5}{2.496}\times100\%=-0.16\%$$

【例 2.10】 测量电路与例 2.9 所示的电路相同，现分别用电压表的 6 V 挡和 30 V 挡测量负载 R_L 上电压 U_o，已知电压表的电压灵敏度为 20 kΩ/V，准确度等级为 2.5 级。试分别计算两个量程下的绝对误差和相对误差。

解：采用 6 V 挡时：

$$R_{V1}=6\times20=120\ k\Omega;\quad R_{外1}=30//120=24\ k\Omega$$

$$U_{x1}=\frac{24}{30+24}\times5=2.222\ V$$

$$\Delta x_{11}=U_{x1}-U_o=2.222-2.5=-0.278\ V$$

$$\Delta x_{12}=\pm2.5\%\times6=\pm0.15\ V$$

绝对误差为：

$$\Delta x_1=|\Delta x_{11}|+|\Delta x_{12}|=0.428\ V$$

相对误差为：

$$\gamma_1=\frac{0.428}{2.5}\times100\%=17\%$$

采用 30 V 挡时：

$$R_{V2}=30\times 20=600\ \text{k}\Omega;\quad R_{外2}=30//600=28.57\ \text{k}\Omega$$

$$U_{x2}=\frac{28.57}{30+28.57}\times 5=2.244\ \text{V}$$

$$\Delta x_{21}=2.244-2.5=-0.06\ \text{V};\quad \Delta x_{22}=\pm 2.5\%\times 30=\pm 0.75\ \text{V}$$

绝对误差为：

$$\Delta x_2=0.81\ \text{V}$$

相对误差为：

$$\gamma_2=\frac{0.81}{2.5}\times 100\%=32.4\%$$

【例 2.11】 对某节流元件(孔板)开孔直径 d_{20} 的尺寸进行了 15 次测量，测量数据如下(单位：mm)：120.42，120.43，120.40，120.42，120.43，120.39，120.30，120.40，120.43，120.41，120.43，120.42，120.39，120.39，120.40。试用格拉布斯准则判断上述数据是否含有粗大误差，并写出其测量结果。

解：对测量数据列表如下：

序号	测量值 d_{20}(mm)	残余误差 $v_i=(d_{20i}-\overline{d_{20}})$(mm)	残余误差 $v_i=(d_{20i}-\overline{d_{20}})(i\neq 7)$(mm)
1	120.42	0.016	0.009
2	120.43	0.026	0.019
3	120.40	−0.004	−0.011
4	120.42	0.016	0.009
5	120.43	0.026	0.019
6	120.39	−0.014	−0.021
7	120.30	−0.104	——
8	120.40	−0.004	−0.011
9	120.43	0.026	0.019
10	120.41	0.006	−0.001
11	120.43	0.026	0.019
12	120.42	0.016	0.009
13	120.39	−0.014	−0.021
14	120.39	−0.014	−0.021
15	120.40	−0.004	−0.011
	$\overline{d_{20}}=120.404$ mm $\overline{d_{20}}(i\neq 7)=120.411$ mm	$\sigma_{d_{20}}=\sqrt{\dfrac{\sum_{i=1}^{15}v_i^2}{15-1}}=0.0327$(mm) $G_{\sigma_{d_{20}}}=0.0788$(mm)	$\sigma_{d_{20}}=\sqrt{\dfrac{\sum_{i\neq 7}v_i^2}{14-1}}=0.0161$(mm) $G_{\sigma_{d_{20}}}=0.0382$(mm)

当 $n=15$ 时，若取置信概率 $P=0.95$，查表可得格拉布斯系数 $G=2.41$。

则 $G\sigma_{d_{20}}=2.41\times 0.0327=0.0788(\text{mm})<|v_7|=|-0.104|$，所以 d_7 为粗大误差数据，应当剔除。然后重新计算平均值和标准偏差。

当 $n=14$ 时，若取置信概率 $P=0.95$，查表可得格拉布斯系数 $G=2.37$。

则 $G\sigma_{d_{20}}=2.37\times 0.0161=0.0382(\text{mm})>|v_i|$，所以其他 14 个测量值中没有坏值。

计算算术平均值的标准偏差：

$$\sigma_{\overline{d_{20}}}=\frac{\sigma_{d_{20}}}{\sqrt{n}}=\frac{0.0161}{\sqrt{14}}=0.0043\ \text{mm}$$

$$3\sigma_{\overline{d_{20}}}=3\times 0.0043=0.013\ \text{mm}$$

所以，测量结果为：

$$d_{20}=(120.411\pm 0.013)(\text{mm})\quad (P=99.73\%)$$

【例 2.12】 电阻 R 由 $R_1, 3R_2, 2R_3$ 串联而成，若已知 R_1, R_2, R_3 的测量误差分别是 $\Delta R_1, \Delta R_2, \Delta R_3$，求 R 的误差。

解：由所给条件 $R=R_1+3R_2+2R_3$。

即

$$R=f(R_1, R_2, R_3)$$

可得

$$\Delta R=\frac{\partial f}{\partial R_1}\Delta R_1+\frac{\partial f}{\partial R_2}\Delta R_2+\frac{\partial f}{\partial R_3}\Delta R_3=\Delta R_1+3\Delta R_2+2\Delta R_3$$

【例 2.13】 用间接法测量电阻消耗的功率，设电压 U、电流 I 和电阻 R 的相对测量误差分别为 $\Delta U/U, \Delta I/I, \Delta R/R$，试求用以下三种方案所求出功率 P 的相对误差：① $P=UI$；② $P=U^2/R$；③ $P=I^2R$。

解：方案一：$P=UI$ 绝对误差

$$\Delta P=\frac{\partial P}{\partial I}\Delta I+\frac{\partial P}{\partial U}\Delta U=U\Delta I+I\Delta U$$

相对误差

$$\gamma_P=\frac{\Delta P}{P}=\frac{U\Delta I}{UI}+\frac{I\Delta U}{UI}=\frac{\Delta I}{I}+\frac{\Delta U}{U}$$

方案二：$P=U^2/R$ 绝对误差

$$\Delta P=\frac{\partial P}{\partial U}\Delta U+\frac{\partial P}{\partial R}\Delta R=\frac{2U\Delta U}{R}-\frac{U^2\Delta R}{R^2}$$

相对误差

$$\gamma_P=\frac{\Delta P}{P}=\frac{2U\Delta U/R}{U^2/R}-\frac{U^2\Delta R/R^2}{U^2/R}=2\frac{\Delta U}{U}-\frac{\Delta R}{R}$$

方案三：$P=I^2R$ 绝对误差

$$\Delta P=\frac{\partial P}{\partial I}\Delta I+\frac{\partial P}{\partial R}\Delta R=2IR\Delta I+I^2\Delta R$$

相对误差

$$\gamma_P=\frac{\Delta P}{P}=\frac{2IR\Delta I}{I^2R}+\frac{I^2\Delta R}{I^2R}=2\frac{\Delta I}{I}+\frac{\Delta R}{R}$$

【例 2.14】 用相对误差公式重新计算上例。

解：方案一：$P=UI$

$$\gamma_P=\frac{\partial(\ln U+\ln I)}{\partial U}\Delta U+\frac{\partial(\ln U+\ln I)}{\partial I}\Delta I=\frac{\Delta U}{U}+\frac{\Delta I}{I}$$

方案二：$P=U^2/R$

$$\gamma_P=\frac{\partial(2\ln U-\ln R)}{\partial U}\Delta U+\frac{\partial(2\ln U-\ln R)}{\partial R}\Delta R=\frac{2\Delta U}{U}-\frac{\Delta R}{R}$$

方案三：$P=I^2R$

$$\gamma_P=\frac{\partial(2\ln I+\ln R)}{\partial I}\Delta I+\frac{\partial(2\ln I+\ln R)}{\partial R}\Delta R=\frac{2\Delta I}{I}+\frac{\Delta R}{R}$$

【例 2.15】 两个电阻 $R_1=1\ \text{k}\Omega$ 和 $R_2=3\ \text{k}\Omega$ 串联，其相对误差均为±5.0%，求串联后总误差。

解：串联后总电阻的相对误差为：

$$\gamma_R=\pm\left(\frac{R_1}{R_1+R_2}|\gamma_{R1}|+\frac{R_2}{R_1+R_2}|\gamma_{R2}|\right)=\pm\left(\frac{R_1+R_2}{R_1+R_2}\right)|\gamma_{R1}|=\gamma_{R1}=\gamma_{R2}$$

代入数据验算一下，

$$\gamma_R=\pm\left(\frac{1}{1+3}\times 5.0\%+\frac{3}{1+3}\times 5.0\%\right)=\pm 5.0\%$$

可见，相对误差相同的电阻串联后总的相对误差等于单个电阻的相对误差。

【例 2.16】 已知电阻上的电压和电流的误差分别为±2.0%和±1.5%，求电阻耗散功率的相对误差。

解：电阻耗散的功率 $P=UI$，此为积函数。可得：

$$\gamma_{Pm}=\pm(|\gamma_U|+|\gamma_I|)=\pm(2\%+1.5\%)=\pm 3.5\%$$

【例 2.17】 金属导体的电导率可用 $\gamma=4L/\pi d^2R$ 公式计算，式中 L(cm)、d(cm)、$R(\Omega)$ 分别为导线的长度、直径和电阻值，试分析在什么条件下 γ 的误差最小，对哪个参数的测量准确度要求最高。

解：

$$\Delta\gamma=\frac{4}{\pi}\left(\frac{1}{d^2R}\Delta L-\frac{2L}{d^3R}\Delta d-\frac{L}{d^2R^2}\Delta R\right)$$

$$\frac{\Delta\gamma}{\gamma}=\frac{\Delta L}{L}-2\frac{\Delta d}{d}-\frac{\Delta R}{R}=\gamma_L-2\gamma_d-\gamma_R$$

当 $\gamma_L=2\gamma_d+\gamma_R$ 时，$\Delta\gamma/\gamma=0$ 最小。导体的直径参数 d 的测量准确度要求最高。

【例 2.18】 求电阻 R_1 和 R_2 并联后的总误差。

解：由题意得 $R=\frac{R_1R_2}{R_1+R_2}$，绝对误差为：

$$\Delta R=\frac{\partial R}{\partial R_1}\Delta R_1+\frac{\partial R}{\partial R_2}\Delta R_2$$

因为

$$\begin{cases}\dfrac{\partial R}{\partial R_1}=\left(\dfrac{R_2}{R_1+R_2}\right)^2\\[2ex]\dfrac{\partial R}{\partial R_2}=\left(\dfrac{R_1}{R_1+R_2}\right)^2\end{cases}$$

所以

$$\Delta R=\left(\frac{R_2}{R_1+R_2}\right)^2\Delta R_1+\left(\frac{R_1}{R_1+R_2}\right)^2\Delta R_2$$

将上式等号两边除以 R 的相对误差，

$$\gamma_R=\frac{\Delta R}{R}=\frac{R_2}{R_1+R_2}\frac{\Delta R_1}{R_1}+\frac{R_1}{R_1+R_2}\frac{\Delta R_2}{R_2}=\frac{R_2}{R_1+R_2}\gamma_{R1}+\frac{R_1}{R_1+R_2}\gamma_{R2}$$

相对误差亦可用下式求得：

$$\gamma_R=\frac{\partial[\ln R_1+\ln R_2-\ln(R_1+R_2)]}{\partial R_1}\Delta R_1+\frac{\partial[\ln R_1+\ln R_2-\ln(R_1+R_2)]}{\partial R_2}\Delta R_2$$

$$=\frac{R_2}{R_1+R_2}\frac{\Delta R_1}{R_1}+\frac{R_1}{R_1+R_2}\frac{\Delta R_2}{R_2}=\frac{R_2}{R_1+R_2}\gamma_{R1}+\frac{R_1}{R_1+R_2}\gamma_{R2}$$

由相对误差关系可看出，若 $\gamma_{R1}=\gamma_{R2}$，则

$$\gamma_R=\gamma_{R1}=\gamma_{R2}$$

表示相对误差相同的电阻并联后，总相对误差与单个电阻的相对误差相同。

【例 2.19】 用间接法测量某电阻消耗的电能，设测量电压 U 的相对误差为±1%，测量电阻 R 的相对误差为±0.5%，测量时间 t 的相对误差为±1.5%，求通过计算得出消耗电能 W 的最大相对误差。

解：计算电能公式为：

$$W=\frac{U^2t^1}{R^1}$$

$$\gamma=n\gamma_1+m\gamma_2+p\gamma_3=\pm[|2\times1\%|+|1\times0.5\%|+|(-1)\times1.5\%|]=\pm4\%$$

【例 2.20】 图 2.2 所示的测量线路中的分压器有五挡，要求总电阻的相对误差小于 0.01%，已知 $R_1=10\ \text{k}\Omega$，$R_2=1\ 000\ \Omega$，$R_3=100\ \Omega$，$R_4=10\ \Omega$，$R_5=1\ \Omega$。问各电阻的误差应如何分配？

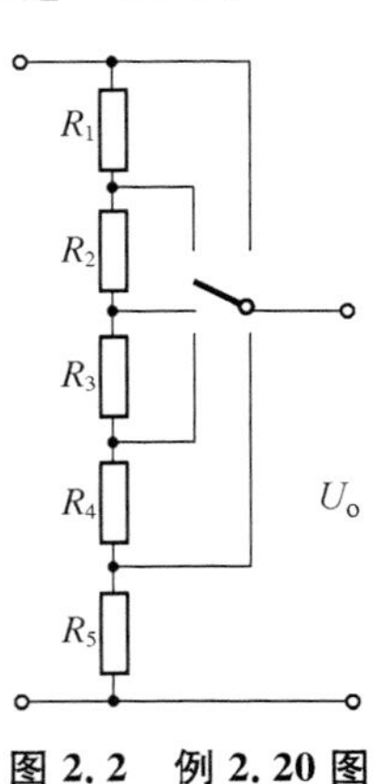

图 2.2　例 2.20 图

解：　　$R=R_1+R_2+R_3+R_4+R_5=11\ 111\ \Omega$

其相对误差为：

$$\frac{\Delta R}{R}=\frac{\Delta R_1}{R}+\frac{\Delta R_2}{R}+\frac{\Delta R_3}{R}+\frac{\Delta R_4}{R}+\frac{\Delta R_5}{R}$$

上式右边分别乘以 $R_1\sim R_5$ 和分别除以 $R_1\sim R_5$ 得：

$$\gamma_R=\frac{R_1}{R}\gamma_{R1}+\frac{R_2}{R}\gamma_{R2}+\frac{R_3}{R}\gamma_{R3}+\frac{R_4}{R}\gamma_{R4}+\frac{R_5}{R}\gamma_{R5}$$

$$=\frac{10\ 000}{11\ 111}\gamma_{R1}+\frac{1\ 000}{11\ 111}\gamma_{R2}+\frac{100}{11\ 111}\gamma_{R3}+\frac{10}{11\ 111}\gamma_{R4}+\frac{1}{11\ 111}\gamma_{R5}$$

$$=\gamma_1+\gamma_2+\gamma_3+\gamma_4+\gamma_5=0.01\%$$

按各项误差相同分配，

$$\gamma_i=\gamma_R/n=0.01\%/5=0.002\%$$

因此可求得：

$$\gamma_{R1}=\frac{11\ 111}{10\ 000}\times0.002\%\approx0.002\%$$

$$\gamma_{R2}=\frac{11\ 111}{1\ 000}\times0.002\%\approx0.02\%$$

$$\gamma_{R3}=\frac{11\ 111}{100}\times0.002\%\approx0.2\%$$

$$\gamma_{R4}=\frac{11\ 111}{10}\times0.002\%\approx2.2\%$$

$$\gamma_{R5}=\frac{11\ 111}{1}\times0.002\%\approx22.2\%$$

【例 2.21】 根据欧姆定律间接测电流，已测得电压 $U=12\ \text{V}$，电阻 $R=300\ \Omega$，若要求电流 I 的测量误差 $\Delta I\leqslant500\ \mu\text{A}$，决定 U 及 R 的测量误差应限制在什么范围之内？

解：按题意，函数关系式

$$I=f(U,R)=\frac{U}{R}$$

$$\frac{\partial f}{\partial U}=\frac{1}{R},\quad \frac{\partial f}{\partial R}=\frac{-U}{R^2}$$

方法一:按等作用分配法。

(1)
$$\Delta U\leqslant\frac{\Delta I}{2\times(1/R)}=\frac{500\times10^{-6}}{2\times(1/300)}=0.075\ \text{V}$$

$$\Delta R\leqslant\frac{\Delta I}{2\times(-U/R^2)}=\frac{500\times10^{-6}}{2\times[-12/(300)^2]}\approx-1.88\ \Omega$$

(2) 以相对误差表示:

$$\frac{\Delta I}{I}=\frac{\Delta U}{U}-\frac{\Delta R}{R}$$

$$\frac{\Delta I}{I}=\frac{500\times10^{-6}}{12/300}\approx1.2\%$$

$$\frac{\Delta U}{U}=\frac{0.075}{12}\approx0.6\%$$

$$\frac{\Delta R}{R}=\frac{-1.88}{300}\approx-0.6\%$$

方案二:按等准确度分配法。

(1)
$$\Delta U=\frac{\Delta I}{(1/R)-(U/R^2)}=\frac{R^2}{R-U}\Delta I=\frac{(300)^2}{300-12}\times500\times10^{-6}\approx0.156\ \text{V}$$

$$\Delta R=0.156\ \Omega$$

(2) 相对误差

$$\frac{\Delta U}{U}=\frac{0.156}{12}\approx1.3\%$$

$$\frac{\Delta R}{R}=\frac{0.156}{300}\approx0.052\%$$

【例 2.22】 利用压力传感器所得测试数据如下表所示,计算拟合直线。设压力为 0 MPa 时输出为 0 mV,压力为 0.12 MPa 时输出最大且为 16.50 mV。

压力(MPa)	输出值(mV)					
	第一循环		第二循环		第三循环	
	正行程	反行程	正行程	反行程	正行程	反行程
0.02	0.56	0.66	0.61	0.68	0.64	0.69
0.04	3.96	4.06	3.99	4.09	4.03	4.11
0.06	7.40	7.49	7.43	7.53	7.45	7.52
0.08	10.88	10.95	10.89	10.93	10.94	10.99
0.10	14.42	14.42	14.47	14.47	14.46	14.46

解:(1) 求非线性误差,首先要求实际特性曲线与拟合直线之间的最大误差,拟合直线在输入量变化不大的条件下,可以用切线或割线拟合、过零旋转拟合、端点平移拟合等来近似地代表实际曲线的一段(多数情况下是用最小二乘法来求出拟合直线)。

① 端点线性度：

设拟合直线为 $y=kx+b$，

根据两个端点(0,0)和(0.12,16.50)，则拟合直线斜率：

$$k=\frac{y_2-y_1}{x_2-x_1}=\frac{16.50-0}{0.12-0}=137.5$$

所以 $137.5\times0.12+b=16.50$，

则 $b=0$，

所以端点拟合直线为 $y=137.5x$。

② 最小二乘线性度：

设拟合直线方程为 $y=a_0+a_1x$，误差方程 $y_i-\hat{y}_i=y_i-(a_0+a_1\hat{x}_i)=v_i$。

令 $x_1=a_0$，$x_2=a_1$，

由已知输入—输出数据，根据最小二乘法，有：

直接测量值矩阵 $\boldsymbol{L}=\begin{bmatrix}0.64\\4.04\\7.47\\10.93\\14.45\end{bmatrix}$，系数矩阵 $\boldsymbol{A}=\begin{bmatrix}1&0.02\\1&0.04\\1&0.06\\1&0.08\\1&0.10\end{bmatrix}$，被测量估计值矩阵 $\hat{\boldsymbol{X}}=\begin{bmatrix}a_0\\a_1\end{bmatrix}$

由最小二乘法：$\boldsymbol{A'A\hat{X}}=\boldsymbol{A'L}$，有：

$$\boldsymbol{A'A}=\begin{bmatrix}1&1&1&1&1\\0.02&0.04&0.06&0.08&0.10\end{bmatrix}\begin{bmatrix}1&0.02\\1&0.04\\1&0.06\\1&0.08\\1&0.10\end{bmatrix}=\begin{bmatrix}5&0.30\\0.30&0.022\end{bmatrix}$$

$$\boldsymbol{A'L}=\begin{bmatrix}1&1&1&1&1\\0.02&0.04&0.06&0.08&0.10\end{bmatrix}\begin{bmatrix}0.64\\4.04\\7.47\\10.93\\14.45\end{bmatrix}=\begin{bmatrix}37.53\\2.942\end{bmatrix}$$

因为　$$|\boldsymbol{A'A}|=0.02\neq0,$$

所以　$$(\boldsymbol{A'A})^{-1}=\frac{1}{|\boldsymbol{A'A}|}\begin{bmatrix}A_{11}&A_{12}\\A_{21}&A_{22}\end{bmatrix}=\frac{1}{0.02}\begin{bmatrix}0.022&-0.30\\-0.30&5\end{bmatrix}=\begin{bmatrix}1.1&-15\\-15&250\end{bmatrix},$$

所以　$$\hat{\boldsymbol{X}}=[\boldsymbol{A'A}]^{-1}\boldsymbol{A'L}=\begin{bmatrix}1.1&-15\\-15&250\end{bmatrix}\begin{bmatrix}37.53\\2.942\end{bmatrix}=\begin{bmatrix}-2.847\\172.55\end{bmatrix},$$

则　$$a_0=x_1=-2.847,$$
$$a_1=x_2=172.55,$$

故拟合直线为 $y=-2.847+172.55x$。

则非线性误差为：

$$\gamma_{\mathrm{L}}=\pm\frac{\Delta L_{\max}}{Y_{\mathrm{FS}}}\times100\%=\frac{0.106}{16.50}\times100\%=0.64\%$$

因为最大行程最大偏差 $\Delta H_{max}=0.1\ \mathrm{mV}$，故迟滞误差为：

$$\gamma_H=\frac{\Delta H_{max}}{Y_{FS}}\times100\%=\frac{0.1}{16.50}\times100\%=0.6\%$$

因为重复性最大偏差为 $\Delta R_{max}=0.08$，故重复性误差为：

$$\gamma_L=\pm\frac{\Delta R_{max}}{Y_{FS}}\times100\%=\pm\frac{0.08}{16.50}\times100\%=\pm0.48\%$$

【例 2.23】 什么是最佳测量方案？要满足哪些条件？

答：最佳测量方案或条件是指在一定的条件下，测量准确度最高、测量误差最小的方案。

因为绝对误差 $\Delta x_i=\varepsilon_i+\delta_i$，所以欲使 Δx_i 为最小，则必须使 ε_i 和 δ_i 均为最小。故必须满足下列两式：

(1) 要使系统误差 ε_i 最小，要做到

$$\varepsilon_y=\sum_{i=1}^{n}\frac{\partial f}{\partial x_i}\varepsilon_i=\min$$

(2) 要使随机误差最小，要做到

$$\sigma_y^2=\sum_{i=1}^{n}\left(\frac{\partial f}{\partial x_i}\sigma_i\right)^2=\min$$

虽然从上两式可看出，只要各分项的误差最小，即可使总误差达到最小，但分项误差由一定的客观条件所决定。所以选择最佳方案的方法一般只能按现有条件，根据各分项误差可能达到的最小数值，然后比较各种可能的方案，选择合成误差最小的作为最佳方案。

【例 2.24】 确定最佳测量方案的方法有哪些？

答：(1) 方案比较法

方案比较法就是根据给定的测量条件对各种测量方案的误差估计，通过比较以找出其中误差最小的测量方案，即为最佳测量方案。

在选择测量方案时，最好选用直接测量法，而少用间接测量方法。在不得已时，选择测量数目少，函数关系最简单的组合函数，因为分项误差数目愈少，合成误差也愈小。同时，还要考虑客观条件的限制，力争根据现有条件制定测量方案，并且要兼顾经济、简便易行等因素。

(2) 极值法

在实际测量中，经常要考虑在什么样的测量条件下测量结果的误差最小，这就是极值法所要研究的问题。

2.3 习题

2.1 什么是测量误差？研究测量误差的意义是什么？

2.2 为什么一般测量均会存在误差？

2.3 什么是理论真值、约定真值、相对真值？

2.4 解释下列名词术语的含义：真值、实际值、标称值、示值、测量误差、修正值。

2.5 测量误差的主要来源有哪些？

2.6 什么是绝对误差、相对误差、引用误差、准确度等级？

2.7 工业仪表常用的准确度等级是如何定义的？准确度等级与测量误差是什么关系？

2.8 在实际测量中相对误差有哪几种表示形式？

2.9 试比较下列测量的优劣：

① U_1＝65.98 V±0.02 V；

② U_2＝0.488 V±0.004 V；

③ U_3＝0.009 8 V±0.001 2 V；

④ U_4＝1.98 V±0.04 V。

2.10 满度值为 100 mA、1.0 级的电流表，求测量值分别为 20 mA、100 mA 时的绝对误差和实际相对误差。

2.11 某温度检测系统，显示值为 498 ℃，用高等级仪表测得值为 500 ℃，计算此时的绝对误差、相对误差、修正值。

2.12 有一温度计，它的测量范围为 0～200 ℃，精度为 0.5 级，试求：

① 该温度计可能出现的最大绝对误差；

② 示值分别为 20 ℃、100 ℃时的示值相对误差。

2.13 用电压表测量电压，测得值为 5.42 V，改用标准电压表测量示值为 5.60 V，求前一只电压表测量的绝对误差、示值相对误差和实际相对误差。

2.14 有两个电容器，其中 C_1＝(2 000±40) pF，C_2＝470 pF(1±5%)，问哪个电容器的误差大些？为什么？

2.15 某被测电压的实际值在 10 V 左右，现用 150 V、0.5 级和 15 V、1.5 级两块电压表，选择哪块表测量更合适？

2.16 已知待测拉力约为 70 N。现有两只测力仪表，一只精度为 0.5 级，测量范围为 0～500 N；另一只精度为 1.0 级，测量范围为 0～100 N。选用哪一只测力仪表较好？为什么？

2.17 现有 0.5 级的 0～300 ℃和 1.0 级的 0～100 ℃两个温度计，欲测量 80 ℃的温度，用哪个温度计更好些？

2.18 已知待测电压在 400 V 左右。现有两只电压表，一只为 1.5 级，测量范围为 0～500 V；另一只为 1.0 级，测量范围为 0～1 000 V。问选用哪一只电压表测量比较好？为什么？

2.19 测量一个 15 V 的直流电压，要求测量误差不大于±1.5%。现有四只电压表，其量程和准确度如下所示：

电压表编号	1	2	3	4
量程(V)	20	30	30	50
准确度(级)	1.0	1.0	0.5	0.5

问哪些电压表能满足要求？哪只电压表测量结果的误差最小？

2.20 有三台测温仪表，量程均为 0～1 000 ℃，准确度等级分别为 2.5 级、2.0 级和 1.5 级，现要测量 700 ℃的温度，要求相对误差不超过 2.0%，选用哪台仪表合理？

2.21 有一只测量范围为 0～1 000 kPa 的压力传感器，校准时发现在整个测量范围内最大绝对误差为 10 kPa,其准确度等级为多少?若用该传感器测量 200 kPa 和 900 kPa 左右的压力,试分别估计可能产生的绝对误差和相对误差。

2.22 用 0.2 级 100 mA 电流表去校验 2.5 级 100 mA 电流表,前者示值 80 mA,后者示值 77.8 mA。求:

① 被校表的绝对误差、修正值和实际相对误差各为多少?

② 若认为上述误差是最大误差,被校表的准确度应定为几级?

2.23 某差动变压器位移传感器,其输入量为位移 x(mm),输出量为电压 y(mV),理想特性为 $y=8x$,实测数据如下表所示,计算其最大绝对误差、最大相对误差,并指出其出现在哪个测量点。假设误差均为电压测量仪表所导致,若其量程为 100 mV,则此电压表的准确度等级是多少?

输入 x	0	1	2	3	4	5	6	7	8	9	10
输出 y	0.1	8.1	16.3	24.2	31.9	39.8	48.1	56.2	64.5	71.9	80.5

2.24 欲检定一台 3 mA、2.5 级电流表的引用相对误差。按规定,引入修正值后所使用的标准仪器产生的误差不大于受检仪器容许误差的 1/3,现有下列几只标准电流表,问应选哪一只最适合?

① 10 mA、0.5 级;② 10 mA、0.2 级;③ 15 mA、0.2 级;④ 5 mA、0.5 级。

2.25 量程为 10 A 的 0.5 级电流表经检验在示值 5 A 处的示值误差最大,其值为 15 mA。问该仪表是否合格?

2.26 现校准一个量程为 100 mV,表盘为 100 等分刻度的毫伏表,测得数据如下:

仪表刻度值(mV)	0	10	20	30	40	50	60	70	80	90	100
标准仪表示值(mV)	0.0	9.9	20.2	30.4	39.8	50.2	60.4	70.3	80.0	89.7	100.0
绝对误差(mV)											
修正值 c(mV)											

求:① 将各校准点的绝对误差和修正值填在表格中;

② 10 mV 刻度点上的示值相对误差和实际相对误差;

③ 确定仪表的准确度等级;

④ 确定仪表的灵敏度。

2.27 用 0.1 级同类仪表检定一只精度为 1.0 级、量程 100 mA 的电流表,发现最大绝对误差为 1.5 mA,出现在 50 mA 处,试问被检仪表是否合格?

2.28 现检定一只 2.5 级量程 100 V 电压表,在 50 V 刻度上标准电压表读数为 48 V,问在这一点上电压表是否合格?

2.29 测量误差按性质可分为几类?各有何特点?

2.30 用什么方法消除或减少测量误差,提高测量精度?

2.31 阐述系统误差、随机误差和粗大误差的基本概念。

2.32 产生系统误差的原因是什么?

2.33 发现系统误差的方法有哪些?

2.34 如何发现定值系统误差和变值系统误差?

2.35 试述减小和消除系统误差的方法主要有哪些。

2.36 为什么随机误差大多接近正态分布?

2.37 服从正态分布的随机误差有哪些特性?

2.38 系统误差和随机误差有何区别与联系?

2.39 粗大误差是否具有随机性? 可否采用多次测量求平均的方法来消除或减少?

2.40 粗大误差的判别方法有哪些?

2.41 常见的粗大误差处理方法有哪些? 这些方法各有什么特点?

2.42 简述系统误差、随机误差和粗大误差的主要特点。

2.43 简述为什么在相同的观测条件下对某量进行多次重复观测,可取其算术平均值作为观测结果? 若在不同的观测条件下,能否对结果取算术平均值作为最终测量结果?

2.44 传感器的误差主要有哪些? 产生的原因是什么?

2.45 何为精密度、精确度和准确度?

2.46 对某信号源的输出频率 f 进行了 10 次等精度测量,结果为(单位:kHz):110.105,110.090,110.090,110.70,110.060,110.050,110.040,110.030,110.035,110.030。试用马利科夫及阿卑-赫梅特判据判别是否存在变值系差。

2.47 对某电阻两端电压等精度测量 10 次,其值分别为 28.03 V,28.01 V,27.98 V,27.94 V,27.96 V,28.02 V,28.00 V,27.93 V,27.95 V,27.92 V。分别用阿卑-赫梅特和马利科夫准则检验该次测量中有无系统误差。

2.48 对某电阻进行 10 次测量,数据如下(单位:kΩ):0.992,0.993,0.992,0.993,0.993,0.991,0.993,0.993,0.991,0.992。请给出包含误差值的测量结果表达式。

2.49 对某电感进行 10 次等精密度测量,所得数据(单位:mH)为 2.56,2.53,2.58,2.53,2.57,2.55,2.56,2.54,2.68,2.55。试判断其中有无粗大误差。

2.50 用两种不同方法测量同一电阻,若在测量中皆无系统误差,所得阻值(Ω)为:
第一种方法:100.36,100.41,100.28,100.30,100.32,100.31,100.37,100.29;
第二种方法:100.33,100.35,100.29,100.31,100.30,100.28。
① 若分别用以上两组数据的平均值作为该电阻的两个估计值,问哪一个估计值更为可靠?
② 用两种不同测量方法所得全部数据,求被测电阻的估计值(即加权平均值)。

2.51 利用某厚度测量系统对板材厚度重复测量 10 次,假定已经消除粗大误差和系统误差,得到数据如下(单位:mm):85.01、85.04、85.07、85.01、85.03、85.09、85.07、85.02、85.06、85.08,试计算算术平均值及其标准误差。

2.52 在相同条件下,用光学比较仪对某轴同一部位的直径重复测量 10 次,按测量顺序记录测得值为:30.417 0,30.418 0,30.418 5,30.418 0,30.418 5,30.418 0,30.417 5,30.418 0,30.418 0,30.418 5,单位:mm。
① 判断有无粗大误差,若有则剔除;

② 判断有无变值系统误差；

③ 求轴这一部位的最近真值。

2.53 试求电阻 R_1（120±0.2 Ω）与 R_2（200 Ω±1%）相串联和并联的等效电阻及误差范围。

2.54 推导当测量值 $x=A^mB^nC^p$ 时的相对误差 γ_x 的表达式。设 $\gamma_A=\pm2.0\%$，$\gamma_B=\pm1.0\%$，$\gamma_C=\pm2.5\%$，$m=2$，$n=3$，$p=1/2$，求这时的 γ_x。

2.55 现有两只 5.1 kΩ 的电阻，误差分别为±5.0%和±1.0%。

① 求两只电阻串联时的总电阻和相对误差；

② 求两只电阻并联时的总电阻和相对误差；

③ 若两只电阻的误差相同，为±2.5%，求串、并联时的总电阻和相对误差分别是多少？

2.56 某压力传感器的测试数据如下表所示，计算非线性误差（线性度）、迟滞、重复性误差和总精度。

输入压力（MPa）	输出电压（mV）					
	第一循环		第二循环		第三循环	
	正行程	反行程	正行程	反行程	正行程	反行程
0	−2.73	−2.71	−2.71	−2.68	−2.68	−2.69
0.02	0.56	0.66	0.61	0.68	0.63	0.68
0.04	3.95	4.05	3.98	4.08	4.03	4.11
0.06	7.40	7.49	7.43	7.53	7.45	7.52
0.08	10.87	10.94	10.88	10.95	10.93	10.98
0.10	14.43	14.41	14.45	14.45	14.46	14.46

2.57 试述常用的求拟合曲线的方法主要有哪几种，说明各种方法的优缺点。

2.58 简述最小二乘法的基本原理及应用场合。

2.59 一元线性拟合的原理是什么？

2.60 一线性传感器的校验特性方程为 $y=f(x)$；输入范围为 $X_{min}\leqslant X\leqslant X_{max}$，试给出传感器的最小二乘参考直线。

2.61 现有测试数据如下，用最小二乘法确定关系（$y=a+bx+cx^2$），求最优拟合曲线。

x	1	2	3	4	5
y	2.9	9.4	21.6	42.1	95.6

3 电量的测量

3.1 内容概要

电量的测量，主要是阻抗、电压、电流、功率、频率等参数的测量，这些电量是电气设备与电气系统性能测试的主要内容，同时也是许多传感器的输出量。本章主要讨论这些电量的测量方法以及仪器设备的工作原理和使用注意事项。

阻抗的测量是一个很复杂的问题，包括电阻、电感和电容的测量。阻抗的大小、性质、工作频率、使用场合以及测量准确度要求的不同，测量方法大不一样。首先必须考虑测量的要求和条件，然后选择最合适的方法，需要考虑的因素包括频率覆盖范围、测量量程、测量精度和操作的方便性。精确测量电路参数可以使用电桥，测量电阻的直流电桥分为单电桥和双电桥两种，测量阻抗的电桥为交流电桥。电桥法的测量精度高，但操作十分繁琐，设备费用高，十分费时，因而不能适应大量、快速测量的需要，也不适合于电阻传感器的变化电阻的测量。兆欧表是专用于检查和测量电气设备或供电线路的绝缘电阻的一种可携式仪表。矢量电流-电压法是带有微处理器的数字式阻抗测量仪所采用的最经典的方法，它直接来自于阻抗的定义，根据被测阻抗元件两端的电压矢量和流过被测阻抗元件的电流矢量计算出被测阻抗元件的矢量值。伏安法是用电压表、电流表测出阻抗的端电压和电流，然后以欧姆定律计算阻抗的一种间接测量方法，主要优点是能让被测阻抗在工作状态下进行测量。谐振法是利用谐振原理进行的测量，适于测量电感和电容。三表法则是用电流表、电压表、功率表测量交流参数 L、C、R、M 的方法。

电压和电流的测量分为直流电压、电流以及交流电压、电流的测量。磁电系仪表常被用于直流电路中测量电流和电压，加上整流器后可以用来测量交流电流和电压，与变换器配合可以测量多种非电量。直流电压的数字化测量是将被测模拟电压经过输入电路调理到满足A/D转换器的输入范围，A/D转换器将模拟电压量转化成数字量，经过数据处理并以十进制数字形式显示被测电压值。整流式仪表虽然可以测量交流电压和电流，但该表价格高，过载能力差，测非正弦量有较大的波形误差，因此不宜大量使用。而电磁系仪表具有价格低、坚固耐用、过载能力强等优点，是测量交流电压和电流的常用仪表之一。电动系仪表的测量机构与磁电系仪表类似，所不同的是电动系仪表不是用永久磁铁产生磁场，而是用电磁铁产生磁场，电磁铁的电流由被测量提供，因此弥补了磁电系仪表只能测直流量而不能测交流量的缺点。电动系仪表可以测量电流、电压、功率、功率因数以及频率等，它在电磁测量中占有相当重要的地位。霍尔电流传感器属于非接触测量，有优良的电气隔离性，被广泛应用于各种需要隔离检测大电流、高电压的领域中。霍尔集成电压传感器的工作原理是先将被测电压通过一个电阻或阻抗元件转换为一个小电流，然后再基于霍尔效应测量该电流。因此，其工作原理与霍尔集成电流传感器类似，只是多了一个电压至电流的转换环节。测量用互感器也叫仪用互感器，是测量高电压和大电流的常用设备，分为电压互感器和电流互感器。钳形电流表是一种在不切断一次侧电路情况下测量电流的仪表，由钳形电流互感器和电流表构成，使用特别方便，但准确度比较低。

电动系功率表可以测量直流功率，也可以测量交流功率，且刻度均匀。电能的测量主要采用电能表，电能表的分类方式很多：按使用电源性质分类，可分为交流电能表和直流电能表；按结构和原理分类，可分为感应式电能表和电子式电能表；按用途分类，可分为工业与民用电能表及特殊用途电能表。感应系电能表准确度低，灵敏度低，过载能力强，一般只用于 50 Hz 交流测量，不能直接测量直流电能。全电子电能表的优点是准确度高、频带宽、体积小，适合遥控、遥测功能，缺点是结构复杂、价格昂贵。

频率是交流电的基本参量之一，电路的阻抗、交流电机的转速都与频率有关，所以在电力系统中将频率作为电能质量的一个重要指标。测量频率的方法有很多，按照其工作原理分为比较法、无源测量法、示波器法和计数法等。无源测频法又称为直读法，是利用电路的频率响应特性来测量频率；比较法是利用已知的参考频率同被测频率进行比较而测得被测信号的频率；计数法在实质上属于比较法，其中最常用的方法是电子计数器法。电子计数器是一种最常见、最基本的数字化测量仪器。用计数法测量频率的仪表称为数字频率表，它利用电子计数器，测出单位时间内被测电压的变化次数，并以数字形式显示出频率值。数字频率计不但可以完成频率的测量，还可以测量周期、时间间隔等。数字频率计不但具有精度高、测量速度快、操作方便、直接数字显示的特点，而且工作范围能从极低频扩展到 1 GHz 以上。测量相位的方法包括指示仪表测量法、数字式相位计测量法以及相位间接测量法。

3.2 例题分析

【例 3.1】 某直流电桥测量电阻 R_x，当电桥平衡时，三个桥臂电阻分别为 $R_2=100\ \Omega$，$R_3=50\ \Omega$，$R_4=25\ \Omega$。求被测电阻是多大？

解：
$$R_x=\frac{R_2}{R_3}\cdot R_4=\frac{100\times 25}{50}=50\ \Omega$$

【例 3.2】 某直流电桥的四个桥臂电阻分别为 $R_1=1\ 000\ \Omega$，$R_2=100\ \Omega$，$R_3=41\ \Omega$ 和 $R_4=400\ \Omega$。电源为 1.5 V(不计内阻)，指示器灵敏度为 2 mm/A，内阻为 50 Ω。断开指示器，求其两端的戴维南等效电路。

解：根据电桥平衡条件 $R_1\cdot R_3=R_2\cdot R_4$ 可知，R_3 有 1 Ω 的不平衡电阻，断开指示器支路，B、D 两端的开路电压为：

$$U_{OC}=U_{AD}-U_{AB}=\frac{R_1}{R_1+R_4}U_S-\frac{R_2}{R_2+R_3}U_S$$
$$=\frac{1\ 000}{1\ 000+400}\times 1.5-\frac{100}{100+41}\times 1.5=7.65\ \text{mV}$$

在 B、D 两端计算戴维南等效电阻时，1.5 V 电源必须短路。

$$R_0=\frac{R_1R_4}{R_1+R_4}+\frac{R_2R_3}{R_2+R_3}$$
$$=\frac{1\,000\times400}{1\,000+400}+\frac{100\times41}{100+41}=314.7\ \Omega$$

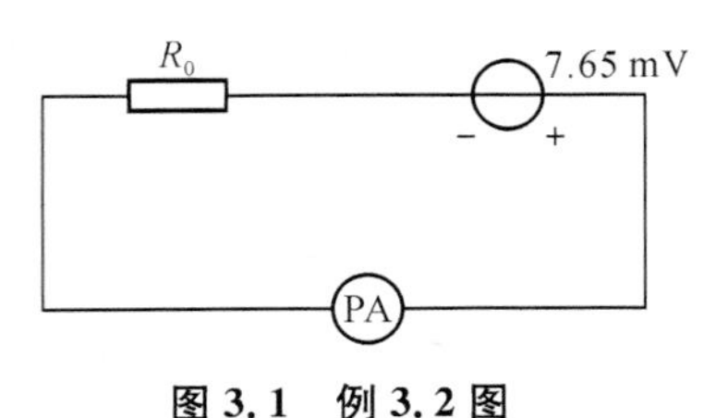

图 3.1　例 3.2 图

戴维南等效电路如图 3.1。

【例 3.3】 某直流电桥的比率臂由(×0.1)可调到(×10^4)，标准臂电阻只能按 0.1 Ω 的级差从 0 Ω 调到 1 kΩ，求该电桥测量的阻值范围。

解：$R_{xmin}=0.1\times0.1=0.01\ \Omega$，$R_{xmax}=10^4\times1\,000=10\ \text{M}\Omega$。

【例 3.4】 判断图 3.2 的交流电桥中，哪些接法是正确的？哪些是错误的？并说明理由。

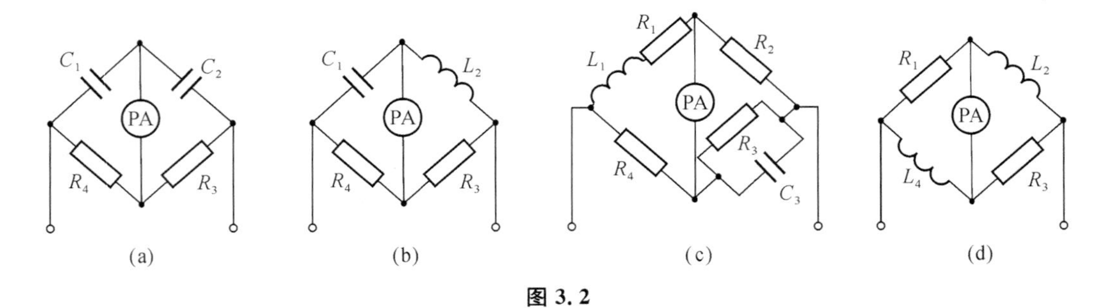

图 3.2

解：(a)对。

若 $R_4\cdot\frac{1}{\text{j}\omega C_2}=R_3\cdot\frac{1}{\text{j}\omega C_1}$，即：$\frac{R_4}{R_3}=\frac{C_2}{C_1}$电桥能平衡。

(b)错。因为一个对臂的乘积为容性，另一个对臂的乘积为感性，相位不可能平衡。

(c)对。

若$(R_1+\text{j}\omega L_1)\frac{1}{\frac{1}{R_3}+\text{j}\omega C_3}=R_2R_4$，即：$R_1=\frac{R_2}{R_3}\cdot R_4$、$L_1=R_2R_4C_3$ 电桥能平衡。

(d)错。相位不可能平衡。

【例 3.5】 图 3.3 所示交流电桥，试推导电桥平衡时计算 R_x 和 L_x 的公式。若要求分别读数，如何选择标准元件？

解：电桥平衡时有：

$$(R_x+\text{j}\omega L_x)\frac{1}{\text{j}\omega C_1}=R_2\left(R_4+\frac{1}{\text{j}\omega C_4}\right)$$

即：
$$\frac{L_x}{C_1}-\text{j}\,\frac{R_x}{\omega C_1}=R_2R_4-\text{j}\,\frac{R_2}{\omega C_4}$$

所以
$$L_x=R_2R_4C_1,\quad R_x=\frac{C_1}{C_4}R_2$$

选择 R_2、C_1 为标准元件，调节 R_4、C_4 可分别读数。

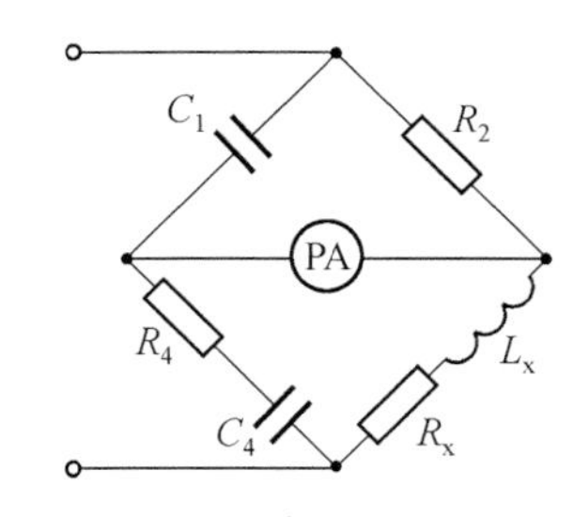

图 3.3　例 3.5 图

【例 3.6】 某交流电桥平衡时有下列参数：Z_1 为 $R_1=2\ 000\ \Omega$ 与 $C_1=0.5\ \mu F$ 相并联，Z_2 为 $R_2=1\ 000\ \Omega$ 与 $C_2=1\ \mu F$ 相串联，Z_4 为电容 $C_4=0.5\ \mu F$，信号源角频率 $\omega=10^3$ rad/s，求阻抗 Z_3 的元件值。电桥平衡时有：$\dfrac{1}{\dfrac{1}{R_1}+j\omega C_1}Z_3=\left(R_2+\dfrac{1}{j\omega C_2}\right)\dfrac{1}{j\omega C_4}$。

解：展开平衡式并整理得：

$$\begin{aligned}Z_3&=\left(R_2+\frac{1}{j\omega C_2}\right)\left(\frac{1}{R_1}+j\omega C_1\right)\frac{1}{j\omega C_4}\\&=\left(1\ 000+\frac{1}{j\times10^3\times1\times10^{-6}}\right)\left(\frac{1}{2\ 000}+j\times10^3\times0.5\times10^{-6}\right)\frac{1}{j\times10^3\times0.5\times10^{-6}}\\&=\frac{1}{j\times0.5\times10^{-3}}=\frac{1}{j\omega\times0.5\times10^{-6}}\end{aligned}$$

所以：$R_3=0$；$C_3=0.5\ \mu F$。

【例 3.7】 某电桥在 $\omega=10^4$ rad/s 时平衡并有下列参数：Z_1 为电容 $C_1=0.2\ \mu F$，Z_2 为电阻 $R_2=500\ \Omega$，Z_4 为 $R_4=300\ \Omega$ 与 $C_4=0.25\ \mu F$ 相并联，求阻抗 Z_3（按串联考虑）。

电桥平衡时有：$\dfrac{1}{j\omega C_1}Z_3=R_2\dfrac{R_4(1/j\omega C_4)}{R_4+(1/j\omega C_4)}$。

解：平衡式展开并整理得：

$$Z_3=\frac{R_2R_4C_1}{1+(\omega C_4R_4)^2}(\omega^2C_4R_4+j\omega)$$

所以：

$$R_3=\frac{R_2R_4^2C_1\omega^2C_4}{1+(\omega C_4R_4)^2}=\frac{500\times300^2\times0.2\times10^{-6}\times0.25\times10^{-6}\times(10^4)^2}{1+(10^4\times0.25\times10^{-6}\times300)^2}=144\ \Omega$$

$$L_3=\frac{R_2R_4C_1}{1+(\omega C_4R_4)^2}=\frac{500\times300\times0.2\times10^{-6}}{1+(10^4\times0.25\times10^{-6}\times300)^2}=1.92\times10^{-2}\ \mathrm{H}=19.2\ \mathrm{mH}$$

【例 3.8】 试设计一个测量方案，测量某放大器的直流输出电阻（阻值估计在 30 kΩ 左右）。

解：设计如图 3.4 所示，为减少测量误差采用数字电压表测量，且 R_1、R_2 都在 30 kΩ 左右，可忽略电压表接入对输出电压的影响，则有：

$$U_1=\frac{R_1}{R_1+r}E\qquad U_2=\frac{R_2}{R_2+r}E$$

所以：
$$r=\frac{R_1R_2(U_1-U_2)}{R_1U_2-R_2U_1}。$$

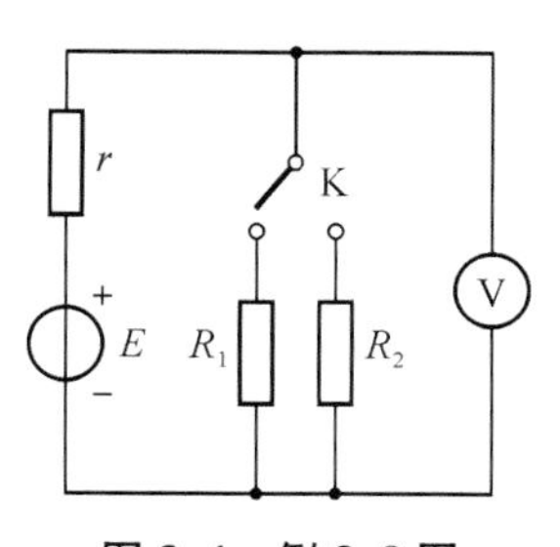

图 3.4 例 3.8 图

【例 3.9】 标称值为 1.2 kΩ，容许误差±5%的电阻，其实际值范围是多少？

解：$\Delta R=\gamma_R\times R=\pm5\%\times1\ 200=\pm60\Omega$，实际值范围是：1 200±60 Ω。

【例 3.10】 伏安法测电阻的两种电路示于图 3.5 中，电流表内阻 R_A，电压表内阻 R_V，求：

(1) 两种测量电路中，由于 R_A、R_V 的影响，R_x 的绝对误差和相对误差各为多少？

(2) 比较两种测量结果，指出两种电路各自适用的范围。

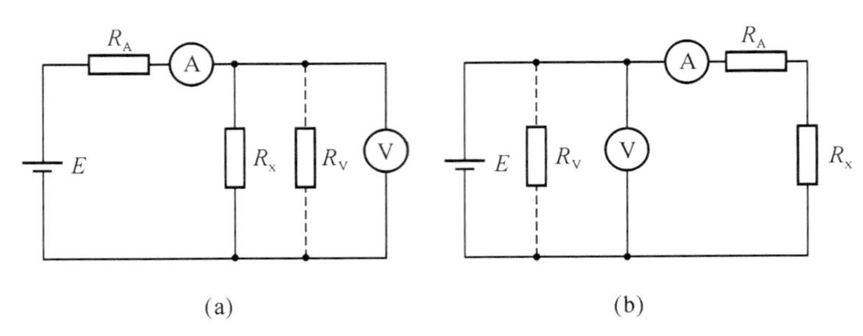

图 3.5　例 3.10 图

解：(1) $R_{xa}=\dfrac{R_x\cdot R_V}{R_x+R_V}$，所以 $\Delta R_{xa}=R_{xa}-R_x=\dfrac{-R_x^2}{R_x+R_V}$，

$\gamma_a=\dfrac{\Delta R_{xa}}{R_x}=\dfrac{-1}{1+R_V/R_x}\times100\%$。

因为 $\gamma_a<0$，所以测得值偏小。当 $R_V\gg R_x$ 时，γ_a 很小。

(2) $R_{xb}=R_x+R_A$，所以 $\Delta R_{xb}=R_A$，

$\gamma_b=\dfrac{R_A}{R_x}\times100\%$。

因为 $\gamma_b>0$，所以测得值偏大。当 $R_A\ll R_x$ 时，γ_b 很小。

【例 3.11】 图 3.6 为普通万用表电阻挡示意图，R_i 称为中值电阻，R_x 为待测电阻，E 为表内电压源（干电池）。试分析，当指针在什么位置时，测量电阻的误差最小？

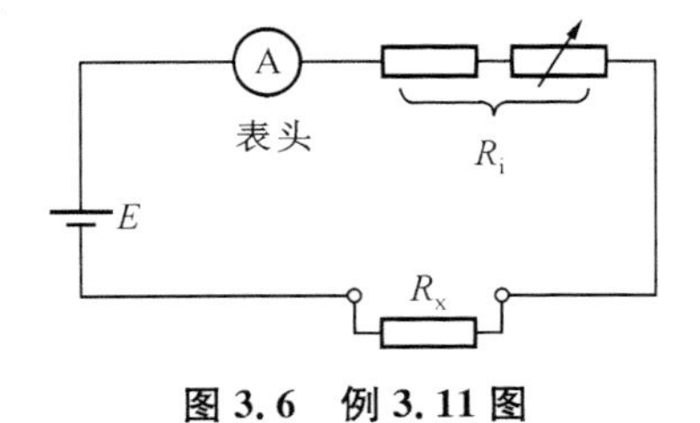

图 3.6　例 3.11 图

解：因为 $I=\dfrac{E}{R_x+R_i}$，

则 $R_x=\dfrac{E}{I}-R_i$。

R_x 的绝对误差为：

$$\Delta R_x=\frac{\partial R_x}{\partial I}\Delta I=-\frac{E}{I^2}\Delta I$$

R_x 的相对误差为：

$$\frac{\Delta R_x}{R_x}=\frac{E}{I^2R_i-IE}\Delta I$$

令
$$\frac{\partial}{\partial I}\left(\frac{\Delta R_x}{R_x}\right)=\frac{-(2IR_i-E)E}{(I^2R_i-IE)}\Delta I=0$$

得
$$I=\frac{E}{2R_i}=\frac{1}{2}I_m,$$

即指针在中央位置时，测量电阻的误差最小。

【例 3.12】 电压测量有哪些特点？

答：电压测量的特点有：

(1) 频率范围宽；

(2) 测量范围宽；

(3) 对不同波形电压，测量方法及对测量精度的影响有差异；

(4) 被测电路的输出阻抗不同对测量精度有影响；

(5) 测量直流电压精度较高，交流电压精度较低；

(6) 测量易受外界因素干扰。

【例 3.13】 如图 3.7 所示，用内阻为 R_V 的电压表测量 A、B 两点间电压，忽略电源 E、电阻 R_1、R_2 的误差，求：

(1) 不接电压表时，A、B 间实际电压 U_A；

(2) 若 $R_V=20\ \text{k}\Omega$，由它引入的示值相对误差和实际相对误差各为多少？

(3) 若 $R_V=1\ \text{M}\Omega$，由它引入的示值相对误差和实际相对误差又各为多少？

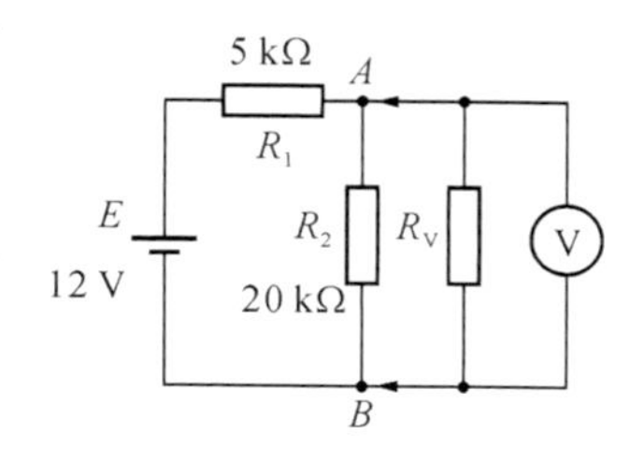

图 3.7　例 3.13 图

解：(1)

$$U_A=\frac{20}{5+20}\times 12=9.6\ \text{V}$$

(2)

$$U_{x2}=\frac{10}{5+10}\times 12=8\ \text{V}$$

$$\gamma_{x2}=\frac{8-9.6}{8}\times 100\%=-20\%$$

$$\gamma_{A2}=\frac{8-9.6}{9.6}\times 100\%=-16.7\%$$

(3)

$$R_{外}=20//1\,000=19.6\ \text{k}\Omega$$

$$U_{x3}=\frac{19.6}{5+19.6}\times 12=9.56\ \text{V}$$

$$\gamma_{x3}=\frac{9.56-9.6}{9.56}\times 100\%=-0.418\%$$

$$\gamma_{A3}=\frac{9.56-9.6}{9.6}\times 100\%=-0.417\%$$

【例 3.14】 利用微差法测量一个 10 V 电源，使用 9 V 标称、相对误差 $\pm 0.1\%$ 的稳压源和一只准确度为 a 的电压表，如图 3.8 所示。要求测量误差 $\Delta U/U\leqslant\pm 0.5\%$，问 a 的取值？

解：

$$\frac{\Delta U}{U}=\pm\left(\frac{1}{1+9}|a\%|+\frac{9}{1+9}|0.1\%|\right)$$

$$=\pm\left(\frac{1}{1+9}|a\%|+\frac{9}{1+9}|0.1\%|\right)$$

$$=\pm\left(\frac{a}{10}+\frac{0.9}{10}\right)\%$$

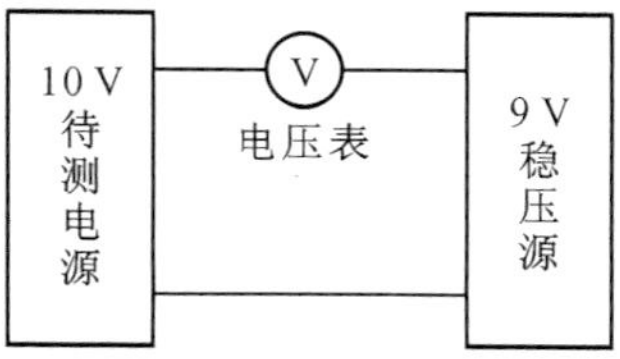

10 V 待测电源　　电压表　　9 V 稳压源

图 3.8　例 3.14 图

依题意得：$\pm\left(\frac{a}{10}+\frac{0.9}{10}\right)\%\leqslant\pm 0.5\%$。

所以：$a\leqslant 4.1$，选用 2.5 级的电压表。

【例 3.15】 某 $4\frac{1}{2}$ 位(最大显示数字为 19 999)数字电压表测电压，该表 2 V 挡的工作误差为 $\pm 0.025\%$(示值)± 1 个字，现测得值分别为 0.001 2 V 和 1.988 8 V，问两种情况下的绝对误差和示值相对误差各为多少？

解：

$$\Delta x_1=\frac{\pm 0.025}{100}\times 0.001\,2\pm 1\times\frac{2}{19\,999}=\pm 0.100\,3\ \text{mV}$$

$$\gamma_{x1}=\frac{\pm 1.003\times 10^{-4}}{0.0012}\times 100\%=\pm 8.36\%$$

$$\Delta x_2=\frac{\pm 0.025}{100}\times 1.9888\pm 1\times\frac{2}{19999}=\pm 0.5972\ \text{mV}$$

$$\gamma_{x2}=\frac{\pm 5.972\times 10^{-4}}{1.9888}\times 100\%=\pm 0.03\%$$

【例 3.16】 某 5 位 DVM 在 5 V 量程测得电压为 2 V，已知 5 V 量程的固有误差计算式为 $\Delta U=\pm(0.005\%U_x+0.004\%U_m)$，试求 DVM 的固有误差、读数误差和满度误差各是多少？

解：因为 DVM 位数为 5，且量程为 5 V，所以电压表末尾 1 个单位为 0.000 1 V。

读数误差为：

$$\pm 0.005\%U_x=\pm 0.005\%\times 2\ \text{V}=\pm 0.0001\ \text{V}$$

满度误差为：

$$\pm 0.004\%U_m=\pm 0.004\%\times 5\ \text{V}=\pm 0.0002\ \text{V}$$

固有误差为：

$$\pm(0.0001\ \text{V}+0.0002\ \text{V})=\pm 0.0003\ \text{V}$$

【例 3.17】 用 $4\frac{1}{2}$ 位多功能数字电压表的 4 V 直流电压挡分别测量直流 4 V 和 0.1 V 电压，试求测量的相对误差。已知该仪表的测量误差为 $\pm(0.07\%U_x+2$ 个字)。

解：测量 4 V 电压时的绝对误差为：

$$\Delta U_1=\pm(0.07\%U_x+2\ \text{个字})=\pm(0.07\%\times 4+0.0002)=\pm 0.003\ \text{V}$$

测量 4 V 电压时的相对误差为：

$$\gamma_1=\frac{\Delta U_1}{U_x}\times 100\%=\frac{0.003\ \text{V}}{4\ \text{V}}\times 100\%=0.075\%$$

测量 0.1 V 电压时的绝对误差为：

$$\Delta U_2=\pm(0.07\%U_x+2\ \text{个字})=\pm(0.07\%\times 0.1+0.0002)=\pm 0.00027\ \text{V}$$

测量 0.1 V 电压时的相对误差为：

$$\gamma_2=\frac{\Delta U_2}{U_x}\times 100\%=\frac{0.00027\ \text{V}}{0.1\ \text{V}}\times 100\%=0.27\%$$

由本例可以看出以下两点：

(1) 使用数字仪表时，仍然要根据被测值选择合适的量程。用大量程测量小值时，会使测量的准确度大为降低，这时不变的满度误差成为影响测量准确度的主要原因。

(2) 仪表显示的位数愈高，满度误差对测量准确度的影响愈小，愈可以做成高精度仪表，当然价格也就愈贵。

【例 3.18】 为什么磁电系仪表只能用来测量直流量？不能用来测交流量？

答：因为永久磁铁的磁场方向不变，所以转动力矩的方向取决于线圈中电流的方向。当通过线圈的电流为交流时，转动力矩的大小和方向随电流的大小和方向不断变化。由于仪表可动部分的惯性，它跟不上电流的变化，因此指针只能反映电流的平均值。如果通过线圈的电流正负半周幅值和时间均对称，指针应停在零点的位置；如果通过线圈的电流频率很低，指针应在零点附近摆动。

【例 3.19】 功率表如何读数？

答:通常功率表都有几种电压和电流的额定值,但标尺只有一条,所以功率表的标度尺只标有格数而不标功率值,因此,必须把格数换算成功率值才能得到正确的读数。功率表的读数为:

$$P=\frac{U_N I_N}{D_m}D$$

式中:U_N 为功率表的电压量程;I_N 为电流量程;D_m 为满偏格数;D 为指针偏转的格数。

【例 3.20】 图 3.9 中功率表的接线均有错误,找出错误并分析错误接线所导致的后果。

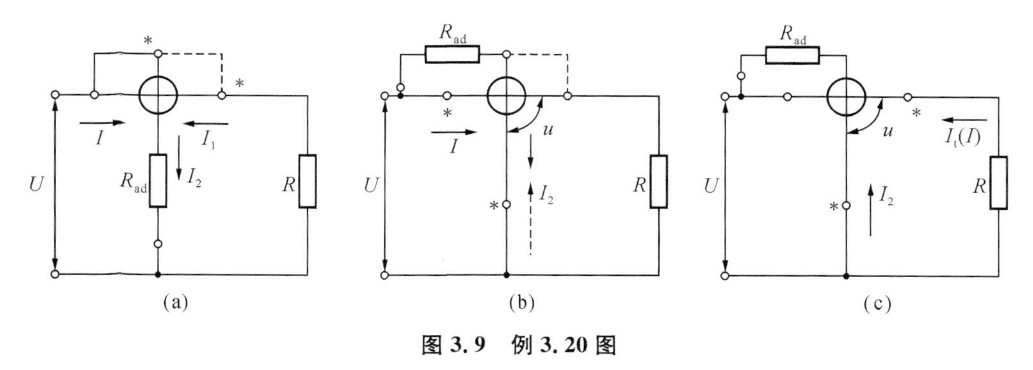

图 3.9 例 3.20 图

答:在进行测量之前,要保证电流线圈和电压线圈的同名端正确连接,如果把电流线圈接反,如图(a)所示,造成指针反向偏转;如果把电压线圈接反,如图(b)所示,不但指针反偏,而且由于 R_{ad}的阻值远大于动圈的感抗,使电源电压绝大部分降落到 R_{ad}上,电压线圈处在低电位,电流线圈处在高电位,电流线圈与电压线圈之间电位差等于负载电压。这样,由于很强的电场力的作用,会引起新的附加误差,同时可能击穿两线圈之间的绝缘。对于图(c),从电流的流向来看,指针不会反向偏转,它的错误在于 R_{ad}的位置接错了。如果功率表的接线是正确的,但是发现指针反转(表明负载中含有电源,是在输出功率),这时应将电流端钮换接,不要将电压端钮换接。

【例 3.21】 与其他物理量的测量相比,时频测量具有哪些特点?

答:(1) 测量的精度高;

(2) 测量范围广;

(3) 频率的信息传输和处理比较容易并且精确度也很高。

【例 3.22】 简述电桥法、谐振法、$f-U$ 转换法测频的原理,它们各适用于什么频率范围?这三种测频方法的测频误差分别决定于什么?

答:电桥法测频的原理是利用电桥的平衡条件和被测信号频率有关这一特性来测频。电桥法测频适用于 10 kHz 以下的音频范围。在高频时,由于寄生参数影响严重,会使测量精确度大大下降。

电桥法测频的精确度取决于电桥中各元件的精确度、判断电桥平衡的准确度(检流计的灵敏度及人眼观察误差)和被测信号的频谱纯度。

谐振法测频的原理是利用电感、电容、电阻串联、并联谐振回路的谐振特性来实现测频。谐振法测频适用于高频信号的频率,频率较低时谐振回路电感的分布电容引起的测量误差较大,测量的准确度较低。

谐振法测频的误差来源：谐振频率计算公式是近似计算公式；回路 Q 值不太高时，不容易准确找到真正的谐振点；环境温度、湿度以及可调元件磨损等因数，使电感、电容的实际的元件值发生变化；读数误差。

$f-U$ 转换法测频的原理是先把频率转换为电压或电流，然后用表盘刻度有频率的电压表或电流表指示来测频率。$f-U$ 转换法测频的最高测量频率可达几兆赫。

$f-U$ 转换法测频的误差主要决定于脉冲的稳定度以及电压表的误差。

【例 3.23】 利用拍频法测频，在 46 s 内数得 100 拍，如果拍频周期数计数的相对误差为±1%，秒表误差为± 0.2 s，忽略标准频率(本振)的误差，试求两频率之差及测量的绝对误差。

解：
$$F=\frac{n}{t}=\frac{100}{46}=2.17\ \text{Hz}$$

$$\Delta f_x=\pm F\left(\left|\frac{\Delta n}{n}\right|+\left|\frac{\Delta t}{t}\right|\right)=\pm 2.17\left(\left|\pm\frac{1}{100}\right|+\left|\frac{\pm 0.2}{46}\right|\right)=\pm 0.031\ \text{Hz}$$

【例 3.24】 对一台位数有限的计数式频率计，是否可无限制地扩大闸门时间来减小±1误差，提高测量精确度？

答：不可无限制地扩大闸门时间来减小±1 误差，提高测量精确度。一台位数有限的计数式频率计，闸门时间取得过大会使高位溢出丢掉。

【例 3.25】 用一台七位计数式频率计测量 $f_x=5$ MHz 的信号频率，试分别计算当闸门时间为 1 s、0.1 s 和 10 ms 时，由于“±1”误差引起的相对误差。

解：闸门时间为 1 s 时，
$$\frac{\Delta N}{N}=\pm\frac{1}{f_x T}=\pm\frac{1}{5\times 10^6\times 1}=\pm 2\times 10^{-7}$$

闸门时间为 0.1 s 时，
$$\frac{\Delta N}{N}=\pm\frac{1}{f_x T}=\pm\frac{1}{5\times 10^6\times 0.1}=\pm 2\times 10^{-6}$$

闸门时间为 10 ms 时，
$$\frac{\Delta N}{N}=\pm\frac{1}{f_x T}=\pm\frac{1}{5\times 10^6\times 10\times 10^{-3}}=\pm 2\times 10^{-5}$$

【例 3.26】 用某计数式频率计测频率，已知晶振频率的相对误差为 $\Delta f_c/f_c=\pm 5\times 10^{-8}$，闸门时间 $T=1$ s，求：

(1) 测量 $f_x=10$ MHz 时的相对误差；

(2) 测量 $f_x=10$ kHz 时的相对误差；并提出减小测量误差的方法。

解：(1) $\frac{\Delta f_x}{f_x}=\pm\left(\left|\frac{\Delta f_c}{f_c}\right|+\left|\frac{1}{f_x T}\right|\right)=\pm\left(|\pm 5\times 10^{-8}|+\frac{1}{10\times 10^6\times 1}\right)=\pm 1.5\times 10^{-7}$

(2) $\frac{\Delta f_x}{f_x}=\pm\left(\left|\frac{\Delta f_c}{f_c}\right|+\left|\frac{1}{f_x T}\right|\right)=\pm\left(|\pm 5\times 10^{-8}|+\frac{1}{10\times 10^3\times 1}\right)=\pm 10^{-4}$

从 $\Delta f_x/f_x$ 的表达式中可知，① 提高晶振频率的准确度可减少 $\Delta f_c/f_c$ 的闸门时间误差；② 扩大闸门时间 T 或倍频，被测信号可减少±1 误差。

【例 3.27】 用计数式频率计测量 $f_x=200$ Hz 的信号频率，采用测频率(选闸门时间为 1 s)和测周期(选晶振周期 $T_c=0.1\ \mu$s)两种测量方法。试比较这两种方法由于“±1 误差”

所引起的相对误差。

解：测频率时，

$$\frac{\Delta N}{N}=\pm\frac{1}{f_xT}=\pm\frac{1}{200\times 1}=\pm 5\times 10^{-3}$$

测周期时，

$$\frac{\Delta N}{N}=\pm\frac{T_c}{T_x}==\pm T_c\cdot f_x=\pm 0.1\times 10^{-6}\times 200=\pm 5\times 10^{-5}$$

【例 3.28】 用计数式频率计测信号的周期，晶振频率为 10 MHz，其相对误差 $\Delta f_c/f_c=\pm 5\times 10^{-8}$，周期倍乘开关置×100，求测量被测信号周期 $T_x=10\ \mu s$ 时的测量误差。

解：

$$\frac{\Delta T_x}{T_x}=\pm\left(\left|\frac{\Delta f_c}{f_c}\right|+\frac{1}{mf_xT_c}\right)$$

$$=\pm\left(|\pm 5\times 10^{-8}|+\frac{1}{100\times 10\times 10^{-6}\times 10\times 10^{6}}\right)=\pm 10^{-4}$$

3.3　习题

3.1　什么是直流电桥？若按桥臂工作方式不同，可分为哪几种？各自的输出电压及灵敏度如何计算？

3.2　简述直流电桥的平衡条件。

3.3　分析单臂直流电桥的非线性误差，如何提高单臂直流电桥的线性度？

3.4　为什么不能用单电桥测量低值电阻？试分析双电桥为什么适用于测量低值电阻？

3.5　双电桥电路中的跨接导线 r 应满足什么要求？为什么？

3.6　欲测一变压器绕组的等效电阻，应选用什么电桥？应怎样对绕组引出测试线（电压头、电流头）？测量操作时应注意什么问题？

3.7　交流电桥平衡必须同时满足哪两个平衡条件？

3.8　交流电桥的常见形式有几种？

3.9　为什么交流电桥的桥臂阻抗必须按一定的原则匹配才能使电桥平衡？如果三个桥臂都是电阻，则第四个桥臂应是怎样的阻抗，交流电桥才能平衡？

3.10　引起电桥法测量集总参数元件的误差的因素主要有哪几个？

3.11　试推导并联电容电桥，西林电桥在平衡时的元件参数计算公式。

3.12　用电桥测量时，为什么开始时把灵敏度调节在最低，而在接近平衡时要把灵敏度调到最高？

3.13　在直流电桥中，已知 $R_xR_3=R_2R_4$，且 $R_2=100\ \Omega\pm 0.5\%$，$R_3=1\ k\Omega\pm 0.5\%$，$R_4=49\ 989.5\ \Omega\pm 0.5\%$。试求 R_x 的值及测量误差。

3.14　用某电桥测电阻，当电阻的实际值为 102 Ω 时测得值为 100 Ω，同时读数还有一定的分散性，在读数为 100 Ω 附近标准偏差为 0.5 Ω。若用该电桥测出 6 个测得值为 100 Ω 的电阻串联起来，问总电阻的确定性系统误差和标准偏差各是多少？系统误差和标准偏差的合成方法有何区别？

3.15　图 3.10 为电桥法测双线回路接地点故障的电路。已知 $l=(100\pm 0.1)$ km，且有电阻 0.22 Ω/km；电桥平衡时 $R_a=(300\pm0.3)$ Ω，$R_b=(100\pm0.1)$ Ω。若 A 为故障点，问测量点到故障点的距离 x 为多少？测量误差为多大？这段线路的电阻为多大？

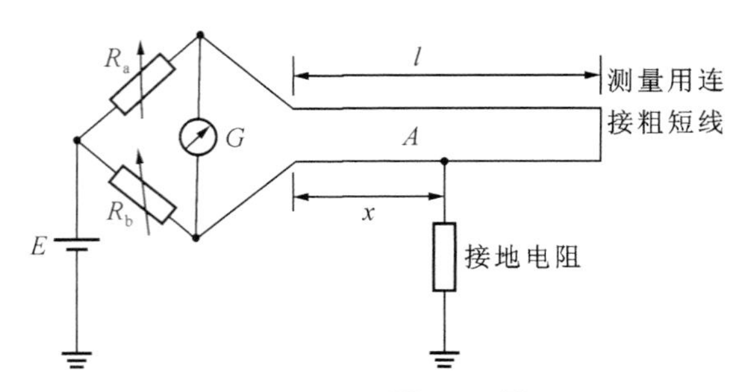

图 3.10 习题 3.15 图

3.16 设某交流电桥平衡时有下列参数：Z_3 为 $R_3=2\ 000$ Ω 与 $C_3=0.5$ μF 相并联，Z_4 为 $R_4=1\ 000$ Ω 与 $C_4=1.1$ μF 相串联，Z_2 为电容 $C_2=0.5$ μF，信号源角频率 $\omega=10^3$ rad/s，求阻抗 Z_1 的元件值。电桥平衡时有：

$$\frac{1}{\frac{1}{R_3}+\mathrm{j}\omega C_3}Z_1=\left(R_4+\frac{1}{\mathrm{j}\omega C_4}\right)\frac{1}{\mathrm{j}\omega C_2}$$

3.17 在图 3.11 所示测量阻抗(感性)的安德森电桥中，已知 $R_3=R_4=1\ 000$ Ω、$R_2=500$ Ω、$R=200$ Ω、$C=2$ μF 时平衡，求 R_x、L_x 的值。

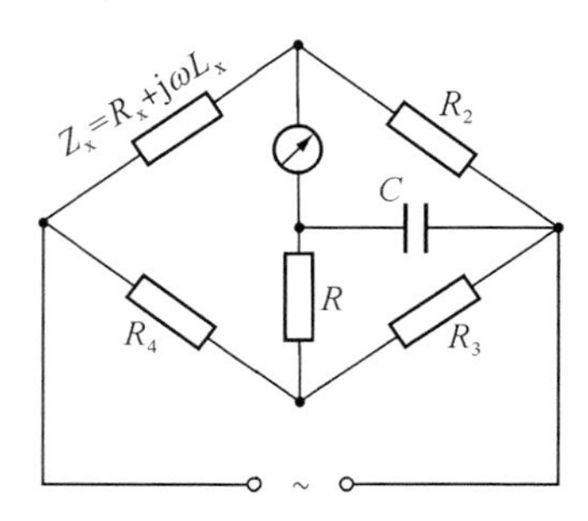

图 3.11 习题 3.17 图

3.18 已知 CD-4B 型超高频导纳电桥在频率高于 1.5 MHz 时，测量电容的误差为：±5%(读数值)±1.5 pF。求用该电桥分别测 200 pF、30 pF、2 pF 时，测量的绝对误差和相对误差。并以所得绝对误差为例，讨论仪器误差的相对部分和绝对部分对总测量误差的影响。

3.19 用电桥测一个 50 mH 左右的电感，由于随机误差的影响，对电感的测量值在 $L_0\pm0.8$ mH 的范围内变化。若希望测量值的不确定度范围减少到 0.3 mH 以内，又没有更精密的仪器，问可采用什么办法？

3.20 图 3.12 为三表法测量阻抗参数的电路图。各表的量程、等级和等效阻抗参数为：功率表，0.5 级，$U_m=300$ V，$I_m=0.5$ A，$\cos\varphi_m=0.2$，$\alpha_m=150$ 格，电流线圈的 $R_{WA}=13.5$ Ω 和 $L_{WA}=22$ mH；电压表，0.5 级，$U_m=300$ V；电流表，0.5 级，$I_m=0.5$ A，线圈的 $R_A=5.1$ Ω 和 $L_A=5.7$ mH。测量读数值为：电压表 $U=$

184.3 V，电流表I=0.45 A，功率表α=144 格。试求被测感性负载参数Z、R、L的值及它们的最大相对误差（有方法误差者应消除），并写出测量结果表达式。

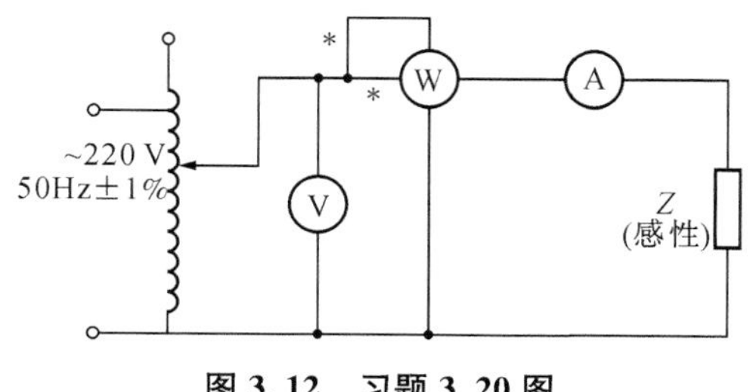

图 3.12　习题 3.20 图

3.21　分析直流电桥与交流电桥各自的优缺点。

3.22　直流电压的测量方法有哪些？

3.23　电流的测量方案有哪些？

3.24　磁电系表头的作用力矩、反作用力矩、阻尼力矩分别由什么部件产生？并简述电磁阻尼力矩的原理。

3.25　一磁电系表头的内阻为 150 Ω，其额定电压降为 45 mV，现将它改为 150 mA 的电流表，应采用多大的分流电阻？若将其改为 30 V 的电压表，分压电阻又该取多大？

3.26　一只毫安表的表头满刻度电流为 1 mA，表头内阻为 100 Ω，求测量上限。

3.27　按图 3.13 中给定的参数计算R_1、R_2之值。若R_1、R_2的误差均为±1%，求扩程后满偏电流I_1、I_2的最大相对误差分别为多少？

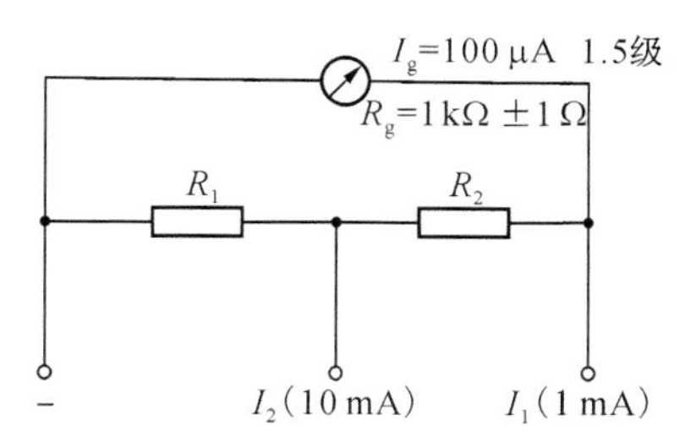

图 3.13　习题 3.27 图

3.28　某欧姆表有中值电阻为 10 Ω、100 Ω、1 kΩ、10 kΩ，今欲测约 750 Ω 的电阻，欧姆表宜选哪一挡？此时欧姆表的等效内阻有多大？

3.29　万用表的欧姆调零（电气调零）与表头调零（机械调零）是否一样？应如何使用？

3.30　图 3.14 所示多量限电流表，已知 150 mA 挡的总分流电阻为 4 Ω，而 15 mA 量程时表头支路总电阻为 5 960 Ω。试求：

① 表头的满偏电流为多少？

② 15 mA 挡的总分流电阻多大？

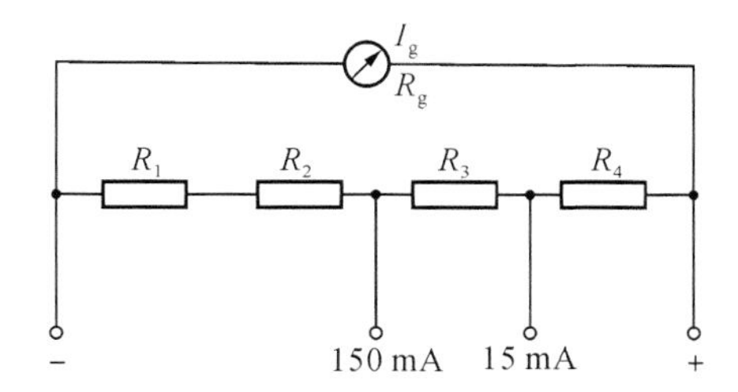

图 3.14　习题 3.30 图

3.31　磁电系检流计与磁电系测量机构有什么不同？为什么？

3.32　简述 DVM 的固有误差和附加误差。

3.33　DVM 中如何实现自动量程转换？为什么相邻量程之间需要一定的重叠（覆盖）？

3.34　甲、乙两台 DVM，显示器最大值：甲为 9 999，乙为 19 999，问：

① 它们各是几位 DVM？

② 乙的最小量程为 200 mV，其分辨力等于多少？

③ 工作误差为 $\Delta U=\pm 0.02\% U_x \pm 2$ 字，分别用 2 V 和 20 V 量程，测量 $U_x=1.5$ V 的电压，求绝对误差和相对误差？

3.35　一台 DVM，准确度为 $\Delta U=\pm(0.002\% U_x+0.001\% U_m)$，温度系数为 $\pm(0.001\% U_x+0.0001\% U_m)/℃$，在室温为 28 ℃时，用 2 V 量程挡分别测量 2 V 和 0.4 V 两个电压，试求此时的示值相对误差。

3.36　一台 5 位 DVM，其准确度为 $\pm(0.01\% U_x+0.01\% U_m)$。

① 试计算用这台表 1 V 量程测量 0.5 V 电压时的相对误差为多少？

② 若该 DVM 的最小量程为 0.100 000 V，则其分辨力为多少？

3.37　某 4 位数字电压表的准确度为 $\Delta U=\pm(0.05\% U_x+2$ 字），输入电阻 $R_i=100$ MΩ，输入零电流 $I_i=10^{-9}$ A，求测量 100 mV，内阻 $R_s=5$ kΩ 的直流电压时，其相对误差为多少？

3.38　设最大显示为 1 999 的 $3\frac{1}{2}$位数字电压表和最大显示为 19 999 的 $4\frac{1}{2}$位数字电压表的量程，均有 200 mV、2 V、20 V、200 V 的挡位，若用它们同去测量 1.5 V 电压时，试比较其分辨力。

3.39　不同转换原理的 DVM 抗干扰性能一样吗？各有什么特点？

3.40　设计与使用数字式电压表（DVM），必须注意哪两类干扰？各应采取什么措施加以克服？

3.41　交流电压的测量方案有哪些？

3.42　表征交流电压的基本参量有哪些？简述各参量的意义。

3.43　为什么电磁系仪表一般只适于工频测量？

3.44　为什么电磁系电压表的内阻不会太大？

3.45　电动系测量机构为什么能测交、直流量？

3.46　有哪些原理能将交流转换成直流电压？整流（检波）电路有哪几种？各有什么特点？

3.47　用按正弦有效值刻度的全波整流均值电压表分别去测量正弦波、方波、三角波三种电压，其示值均为 10 V，试求三种电压的峰值、有效值和平均值各是多少？

3.48　对于峰值均为 10 V 的正弦波、方波、三角波电压，分别用按正弦有效值刻度的均值表、峰值表、有效值表对它们进行测量，问各种情况下电压表的示值各是多少？

3.49　简述开环式霍尔集成电流传感器的基本原理。

3.50　简述闭环式霍尔集成电流传感器的基本原理。与开环式霍尔集成电流传感器相比，闭环式霍尔集成电流传感器有哪些优点？

3.51　画出开环式霍尔集成电压传感器的原理图，简要说明其工作原理。

3.52　简述高电压的测量方法。

3.53　简述电压互感器与电流互感器的基本原理和使用注意事项。

3.54　简述功率测量的常用方法。

3.55　电动系电压表、电流表、功率表，它们的刻度特性如何？

3.56　电动系功率表有哪几种正确和错误接线？请画出电路，并说明理由。

3.57　有一感性负载，其功率为 500 W，电压为 220 V，功率因数为 0.85，需用功率表去测定消耗的功率。现有一块多量限功率表，电压量限有 150 V、300 V 两挡；电流量限有 2.5 A、5 A 两挡。试问：

① 测此负载功率，电压、电流应取哪个量限？

② 此时功率量限是多少？

③ 若此表刻度有 150 格，测量时指针指在何处？

④ 画出接线图。

3.58　用两瓦计法测△联接三相负载的功率，试证明测量结果为 $P=P_1+P_2$，其中 P_1、P_2 分别为二功率表的示值。

3.59　一功率表的电压量限为 300 V、电流量限为 2.5 A、满刻度为 150 格。若将它的两电压端并联到 220 V 电源上去测电压，问这时功率表的指针应偏转多少格？

3.60　用功率表测电路的功率时，为什么常常接入电压表和电流表？

3.61　用两瓦计法测三相电路(线电压 380 V，对称)的功率(见图 3.15 所示)，请根据电路特点和图中给定的条件，合理选择功率表的额定电压 U_m 和额定电流 I_m 以及选择功率表的额定功率因数 $\cos\varphi_m$。

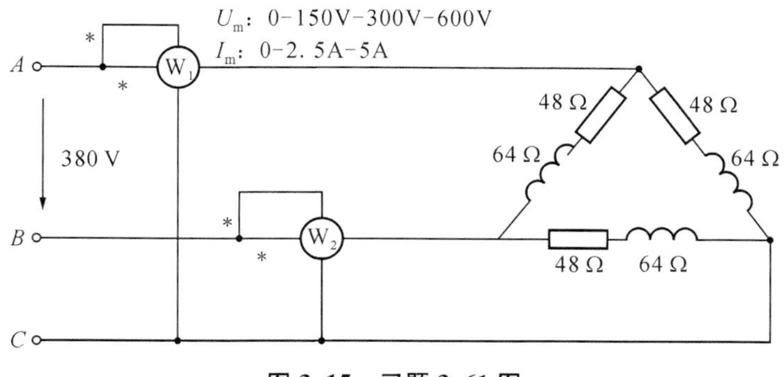

图 3.15　习题 3.61 图

3.62　试说明：在单相电能表结构中，为什么制动永久磁铁产生的磁通 Φ_M 与其感应电流 i_M 相互作用得到的转矩与转动力矩 M 方向相反？

3.63　试对磁电系、电动系、电磁系、感应系四种测量机构的结构、工作原理及特性等进行比较。

3.64　常用的测频方法有哪些？各有什么特点？

3.65　测量频率的方法按测量原理可以分为哪几类？

3.66　电动系频率表和电动系相位表在结构上有什么不同？而相位表作功率因数表时，应如何改进？

3.67　拍频法和差频法测频的区别是什么？它们各适用于什么频率范围？为什么？

3.68　简述电子计数式频率计测量频率的原理，说明这种测频方法测频时有哪些测量误差？

3.69　使用通用计数器测量频率时，整形电路、分频电路和主闸门的开关速度将如何影响测量精度？如何使它们的影响减小到可以忽略的程度？

3.70　说明电子计数器±1个数字量化误差是怎么产生的？如何减小测频量化误差？

3.71　用电子计数式频率计测量1 kHz的信号，当闸门时间分别为1 s和0.1 s时，试比较由±1误差引起的相对误差。

3.72　用计数式频率计测量频率，闸门时间为1 s时，计数器读数为5 400，这时的量化误差为多大？如将被测信号倍频4倍，又把闸门时间扩大到5倍，此时的量化误差为多大？

3.73　利用常规通用计数器测频，已知内部晶振频率 $f_c=1$ MHz，$\Delta f_c/f_c=\pm1\times10^{-7}$，被测频率 $f_x=100$ kHz，若要求"±1"误差对测频的影响比标准频率误差低一个量级（即为 1×10^{-6}），则闸门时间应取多大？若被测频率 $f_x=1$ kHz，且闸门时间保持不变，上述要求能否满足？若不能满足，请另行设计一种测量方案。

3.74　测量相位差的方法主要有哪些？简述它们各自的优缺点。

3.75　试述用电子计数器测周与测频在结构上有什么不同？

4 典型非电量的测量

4.1 内容概要

非电量的测量，主要是温度、压力、流量、物位等过程参数的测量，这些非电量是工业生产及日常生活中较为常见的测量或控制对象。本章所要讨论的就是这些非电量的测量方法，常用传感器的工作原理以及注意事项等。

1）温度测量

根据测温方式的不同，测量温度的方法通常可分成接触式和非接触式两大类。接触式温度测量的特点是感温元件与被测对象直接物理接触，具有测温精度相对较高，结构简单，维护方便，直观可靠及价格低廉等优点；但也存在破坏被测对象热平衡，响应速度慢，接触不良会增加测温误差，不适合高温测量等缺点。非接触式温度测量的特点是感温元件与被测对象没有直接物理接触，而通过热辐射原理进行热传递，具有不改变被测物体的温度分布，测温范围广，反应快，测温上限可设计得很高，便于测量运动物体的温度和快速变化的温度等优点。但此方法结构复杂，调整麻烦，价格昂贵，误差大，易受发射率、距离、烟尘和水汽等外界因素影响。

膨胀式测温是利用液体、气体或固体热胀冷缩的性质，即根据测温元件在受热后尺寸或体积的变化值得到温度的变化值而实现温度测量。一般膨胀式温度测量用于温度测量或控制精度要求较低、不便自动记录的场合。热电偶传感器是一种将温度信号转换为电势信号的装置。热电偶属于有源传感器，测量时不需要外加电源，具有结构简单、使用方便、性能稳定、测量范围宽、测量精度高、热惯性小等优点；且输出直接为电信号，可以远距离传输，便于集中检测和自动控制。热电偶是目前应用最普遍、最广泛的接触式温度测量传感器。热电阻式传感器是利用导体或半导体的电阻随温度变化而变化的原理测量温度及温度有关的参数的传感器。与热电偶相比，热电阻式传感器具有准确度高、输出信号大、易于连续测量、可以远传、稳定性高、灵敏度高及输出线性好等特点；但需要电源激励、结构复杂、响应时间长以及测量温度不能太高。热电阻式传感器按感温元件的材质可分为金属热电阻式传感器和半导体热敏电阻式传感器两大类。

集成温度传感器是利用晶体管 PN 结的电流和电压特性与温度的关系，把敏感元件、放大电路和补偿电路等部分集成化，并把它们封装在同一壳体里的一种一体化温度检测元件。它具有体积小、反应快、线性好、性能高、价格低、抗干扰能力强等特点，但由于 PN 结受耐热性能和特性范围的限制，只能用来测量 −50～150 ℃的温度。集成温度传感器按输出量分为电流输出型传感器、电压输出型传感器以及数字输出型传感器三种。数字型集成温度传感器又可以分为开关输出型、并行输出型和串行输出型等。

辐射式温度传感器就是利用物体的辐射能随温度变化的原理制成的。辐射式温度传感器是一种非接触式测温方法，在检测温度时只需把传感器对准被测物体，而不必与被测物体直接接触；感温元件不需达到被测物体的温度，从而不会受被测物体的高温及介质腐蚀等影响。非接触式测温仪表分为两大类，光学高温计和辐射式高温计。光学高温计是一种利用物体光谱辐射度（即光谱辐射亮度）测量其温度的高温计。辐射高温计是根据热辐射的斯忒藩一玻尔兹曼定律制成的高温计。辐射高温计的测量范围及性能与光学高温计相同。

2）流量测量

在温度、压力、流量和物位四大过程参数中，流量检测最为复杂。这是由流体物性的复杂性和流动状态的复杂性所决定的。流量检测仪表是改进产品质量，提高经济效益和管理水平的重要工具，是工业自动化仪表与装置中的重要仪表之一。对在一定通道内流动的流体的流量进行测量统称为流量计量。由于流量是一个动态量，流量测量是一项复杂的技术。流量测量的任务就是根据测量目的、被测流体的种类、流动状态、测量场所等测量条件，研究各种相应的流量测量方法，并保证流量量值的正确传递。

测量流体流量的仪表称为流量计，流量计通常包含专门测量流体瞬时流量的瞬时流量计和专门测量流体累积流量的累积式流量计。但随着流量测量仪表及测量技术的发展，大多数流量计都同时具备测量流体瞬时流量和积算流体总量的功能。流量检测方法可以归为体积流量检测和质量流量检测两种方式，前者测得流体的体积流量值，后者可以直接测得流体的质量流量值。流量计通常由一次装置和二次仪表组成，一次装置安装于流道的内部或外部，根据流体与之相互作用关系的物理定律产生一个与流量有确定关系的信号，这种一次装置亦称流量传感器；二次仪表则给出相应的流量值。

体积流量的检测方法可分为直接检测方法和间接检测方法。直接体积流量检测法又称为容积法，它是在单位时间内以固定的、标准的体积对流动介质连续不断地进行度量，以排出流体固定容积数来计算流量。间接体积流量检测方法，也称为速度法，它是首先测量管道内的平均流速，然后乘以管道截面积，求得流体的体积。

质量流量检测也分为直接法和间接法两大类。直接法利用相应的检测元件，使其输出信号直接反映质量流量。间接法采用两个检测元件，分别测出两个相应参数，通过运算间接获取流体的质量流量。

3）物位测量

物位是液位、界面、料位的统称。液位是指容器中液体介质液面的高低；界面是指同一容器中，两种密度不同且互不相溶的物质分界面的高低；料位是指固体块或微粒状物质的堆积高度。用来检测液位的仪表称为液位计；检测分界面的仪表称为界面计；检测固体料位的仪表称为料位计；它们又统称为物位计。

作为四大过程参数之一，物位检测在现代工业生产过程中具有重要地位，对保证生产过程物料的平衡，以及保证产品的产量和质量以及安全生产具有重要意义。

液位检测总体上可分为直接检测和间接检测两种方法。直接检测是一种最为简单、直观的测量方法，它是利用连通器的原理，将容器中的液体引入带有标尺的观察管中，通过标尺读出液位高度。这种测量方法最大的优点是简单、经济、无需外界能源、防爆安全，但它的缺点是不易实现信号的远传控制，而且由于受玻璃管强度的限制，被测容器内的温度、压力不能太高。由于测量状况及条件复杂多样，因而往往采用间接测量，即将液位信号转化为其他相关信号进行测量。用电学法测量液位，无摩擦件和可动部件，信号转换、传送方便，便于远传，工作可靠，且输出可转换为统一的电信号，可方便地实现液位的自动检测和自动控制。常见电学法检测液位的仪器按工作原理不同又可分为电阻式、电感式和电容式三种，其中应用较为广泛的是电容式液位计。

电容式物位检测既可测液位，也可测料位，其基本原理是：物位的变化改变了电容传感器的介电常数或有效面积，从而使电容量发生改变，电容量的变化值与物位存在一一对应的关系。其中，电容式液位计是利用液位高低变化影响电容器电容量大小的原理进行测量的液位仪表，它主要是由电容液位传感器和检测电容的电路组成。电容式液位计的结构形式很多，有平板式、同心圆柱式等。

由于固体物料的状态特性与液体有所不同，因此料位检测既有其特有的方法，也有与液位检测类似的方法。料位测量方法有重锤探测法、称重法、电学法、声学法、光学法等。

界面指同一容器中互不相溶的两种物质在静止或扰动不大时的分界面，包括液—液相界面、液—固相界面等，相界面检测的难点在于界面分界不明显或存在混浊段。液—液相界面检测与液位检测相似，因此各种液位检测方法及仪表（如压力式液位计、浮力式液位计、激光液位计等）都可用来进行液—液相界面的检测。而液—固相界面的检测与料位检测更相似，因此通常重锤探测法、激光料位计或料位信号器也同样可用于液—固相界面的检测控制。此外，电阻式物位计、电容式物位计、超声波物位计等均可用来检测液—液相界面和液—固相界面。各种检测方法的原理基本和前面液位、料位检测方法相同，但具体实现方法上有些区别，需根据具体相界液体或固体介质的密度、导电性等物理性能进行分析和针对性设计。

4）压力测量

在工业生产中，压力是经常需要测量的重要参数之一。根据不同的工作原理，常用的压力检测方法可分为如下几种：液柱式压力检测方法、弹性式压力检测方法、负荷式压力检测方法和电测式压力检测方法。

液柱式压力检测方法是基于流体静力学原理，将被测压力转换为液柱高度差进行测量。根据这一原理，形成的液柱式压力检测装置有：U形管压力计、单管压力计、自动液柱式压力计等，常用于静态低压、微压测量。其测量精度主要受温度、重力加速度和毛细现象的影响。弹性式压力检测方法基于胡克定律，利用弹性元件受压力作用发生弹性形变而产生的弹性力与被测压力相平衡的原理来检测压力。依据此原理形成的弹性式压力检测装置有：弹簧管压力表、膜片式压力表、波纹管压力表等。弹性式压力检测装置可以测量压力、负压、绝对压力和差压，而且测量范围宽、产品品种多，应用非常广泛，是最常见的工业用压力表。负荷式压力检测方法基于静力平衡原理，利用液体传压将被测压力转换为密闭容器活塞上所需平衡砝码的重量进行测量。根据负荷式压力检测方法形成的检测装置有：活塞式压力计、浮球式压力计等。它们用于静压力测量，可制成精密压力测量基准器。电测式压力检测方法利用各种敏感元件、传感元件在压力的作用下，其某些物理特性发生与压力成确定关系变化的原理，将被测压力直接转换为各种电信号来测量。电测式压力检测方法可大致分为两大类:一类是利用压电效应、压阻效应直接进行压力测量;另一类是利用各种弹性敏感元件配接相应传感元件间接进行压力测量。前者有压电式压力传感器、压阻式压力传感器,后者有应变式压力传感器、谐振式压力传感器、位移式压力传感器。

依据电测式压力检测方法制造的各种压力传感器,具有精度高、体积小、动态特性好、便于远传、可用于自动控制系统等优点,是压力检测技术的一个主要发展方向。由各种压力敏感元件将被测压力信号转换成容易测量的电信号作输出并提供远传的装置称为压力传感器。压力传感器是压力检测系统中的重要组成部分。压力传感器结构形式很多,常见的形式有应变式、电容式、电位器式、压电式、压阻式,此外还有光电式、光纤式、霍尔式、差动变压器式、超声式压力传感器等。

4.2 例题分析

【例 4.1】 将一支镍铬-镍硅热电偶与电压表相连,电压表接线端是 50 ℃,若电位计上读数是 6.0 mV,问热电偶热端温度是多少?

解:(1) 查表,知 K 型热电偶 50 ℃对应的电动势为 2.022 mV,

(2) 依据中间温度定律

$$E_{AB}(t,t_0)=E_{AB}(t,t_n)+E_{AB}(t_n,t_0)$$

得到:

$$E(t)=6+2.022=8.022\ \text{mV}$$

(3) 按内插值计算

$$t_M=t_L+\frac{E_M-E_L}{E_H-E_L}(t_H-t_L)$$

得热端温度为:

$$t=190+\frac{8.022-7.737}{8.137-7.737}(200-190)=197.125\ ℃$$

【例 4.2】 S形热电偶的参考端温度为 0 ℃,用精密电压表测得开路电动势为 3.833 mV,试求被测温度。

解:查表可知被测温度在 450~460 ℃范围内,参考端温度 0 ℃、工作端温度 450 ℃对应的热电动势为 3.742 mV;参考端温度 0 ℃、工作端温度 460 ℃对应的热电动势为 3.840 mV。

热电偶特性是非线性的,在 450~460 ℃范围内灵敏度为:

$$\frac{3.840\ \text{mV}-3.742\ \text{mV}}{460\ ℃-450\ ℃}=0.0098\ \text{mV/℃}$$

因此,参考端温度为 0 ℃、开路电动势为 3.833 mV 所对应的工作端温度为:

$$450\ ℃+\frac{3.833\ \text{mV}-3.742\ \text{mV}}{0.0098\ \text{mV/℃}}=459.3\ ℃$$

【例 4.3】 使用 K 型热电偶,参考端温度为 0 ℃,测量热端温度为 30 ℃和 900 ℃时,温差电动势分别为 1.203 mV 和 37.326 mV。当参考端温度为 30 ℃、测量点温度为 900 ℃时的温差电动势为多少?

解:根据中间温度定律

$$E_{AB}(t,t_0)=E_{AB}(t,t_n)+E_{AB}(t_n,t_0),$$

有:

$$\begin{aligned}E_{AB}(t_{900},t_{30})&=E_{AB}(t_{900},t_0)+E_{AB}(t_0,t_{30})\\&=E_{AB}(t_{900},t_0)-E_{AB}(t_{30},t_0)\\&=37.326-1.203=36.123\ \text{mV}\end{aligned}$$

【例 4.4】 用两只 K 型热电偶测量两点温度,其连接线路如图 4.1 所示,已知 $t_1=420$ ℃,$t_0=30$ ℃,测得两点的温差电动势为 15.36 mV,问两点的温度差是多少? 如果测量 t_1 温度的那只热电偶错用的是 E 型热电偶,其他都正确,试求两点实际温度差是多少?

(可能用到的分度表数据列于表 4.1 和表 4.2,最后结果可只保留到整数位。)

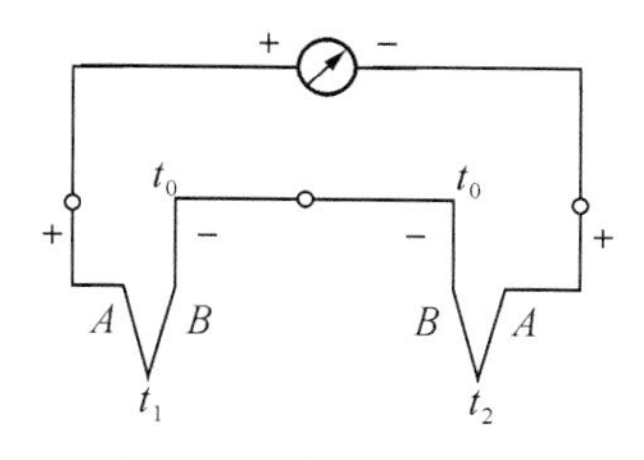

图 4.1 例 4.4 图

表 4.1 K 型热电偶分度表(部分)

工作端温度(℃)	0	10	20	30	40	50	60	70	80	90
	热电动势(mV)									
0	0	0.397	0.798	1.203	1.611	2.022	2.436	2.85	3.266	3.681
300	12.21	12.62	13.04	13.46	13.874	14.292	14.71	15.13	15.552	15.974
400	16.4	16.82	17.24	17.66	18.088	18.513	18.94	19.36	19.788	20.214

表 4.2 E 型热电偶分度表(部分)

分度号:E (参考端温度为 0 ℃)

测量端温度(℃)	20	30	40
	热电动势(mV)		
+0	1.192	1.801	2.419
400	30.546	31.350	32.155

解:(1)

$$\begin{aligned}E(t_1,t_2)&=E(t_1,t_0)-E(t_2,t_0)=E(420,30)-E(t_2,30)\\&=[E(420,0)-E(30,0)]-[E(t_2,0)-E(30,0)]\\&=E(420,0)-E(t_2,0)\end{aligned}$$

所以

$$\begin{aligned}E(t_2,0)&=E(420,0)-E(t_1,t_2)\\&=17.24-15.36=1.88\ \text{mV}\end{aligned}$$

查表得 t_2 点的温度为 46.5 ℃,两点间的温度差为:

$$t_1-t_2=420-46.5=373.5\ ℃$$

(2) 如果测量 t_2 错用了 E 型热电偶,则

$$\begin{aligned}E(t_1,t_2)&=E_E(t_1,t_0)-E_K(t_2,t_0)=E_E(420,30)-E_K(t_2,30)\\&=[E_E(420,0)-E_E(30,0)]-[E_K(t_2,0)-E_K(30,0)]\\&=[30.546-1.801]-[E_K(t_2,0)-1.203]\end{aligned}$$

所以

$$E_K(t_2,0)=30.546-1.801+1.203-15.36=14.588\ \text{mV}$$

查表得 t_2 点的温度为 357 ℃，两点间的温度差实际为：

$$t_1-t_2=420-357=63\ ℃$$

【例 4.5】 用 K 型热电偶测某设备的温度，测得的热电势为 20 mV，冷端(室温)为 25 ℃，求设备的温度？如果改用 E 型热电偶来测温，在相同的条件下，E 型热电偶测得的热电势为多少？

解：用 K 型热电偶测温时，设设备的温度为 t，则 $E(t,25)=20$ mV，查 K 型热电偶分度表，$E(25,0)=1.000$ mV。

根据中间温度定律，

$$\begin{aligned}E_K(t,0)&=E_K(t,25)+E_K(25,0)\\&=20+1.0=21.000\ \text{mV}\end{aligned}$$

反查 K 型热电偶分度表，得 $t=508.4$ ℃。

若改用 E 型热电偶来测此设备温度，同样，根据中间温度定律，测得热电势为：

$$\begin{aligned}E_E(508.4,25)&=E_E(508.4,0)-E_E(25,0)\\&=37\ 678.6-1\ 496.5=36\ 182.1\ \mu\text{V}\approx 36.18\ \text{mV}\end{aligned}$$

【例 4.6】 镍铬-镍硅热电偶的灵敏度为 0.04 mV/℃，把它放在温度为 1 200 ℃处，若以指示表作为冷端，此处温度为 50 ℃，试求热电动势的大小。

解：
$$E(t_{1\ 200},t_{50})=K\times(1\ 200-50)=0.04\times10^{-3}\times1\ 150=0.046\ \text{V}$$

【例 4.7】 将一灵敏度为 0.08 mV/℃的热电偶与电压表相连接，电压表接线端是 50 ℃，若电位计上读数是 60 mV，求热电偶的热端温度。

解：
$$t=\frac{E(t,t_{50})}{K}+50=\frac{60}{0.08}+50=800\ ℃$$

【例 4.8】 现用一支镍铬-铜镍热电偶测某换热器内的温度，其冷端温度为 30 ℃，显示仪表的机械零位在 0 ℃时，这时指示值为 400 ℃，则认为换热器内的温度为 430 ℃对不对？为什么？正确值为多少度？

解：认为换热器内的温度为 430 ℃不对。

设换热器内的温度为 t，实测热电势为 $E(t,30)$，根据显示仪表指示值为 400 ℃，则有 $E(t,30)=E(400,0)$，由中间温度定律并查镍铬-铜镍(E 型)热电偶分度表，有：

$$\begin{aligned}E(t,0)&=E(t,30)+E(30,0)\\&=E(400,0)+E(30,0)\\&=28\ 943+1\ 801=30\ 744\ \mu\text{V}\end{aligned}$$

反查镍铬-铜镍热电偶分度表，得换热器内的温度 $t=422.5$ ℃。

【例 4.9】 已知在某特定条件下材料 A 与铂配对的热电势为 13.967 mV，材料 B 与铂配对的热电势是 8.345 mV，求出在此特定条件下，材料 A 与材料 B 配对后的热电势。

解：由标准电极定律

$$\begin{aligned}E(T,T_0)&=E_{\text{A铂}}(T,T_0)-E_{\text{B铂}}(T,T_0)\\&=13.967-8.345=5.622\ \text{mV}\end{aligned}$$

【例 4.10】 常用的热电偶有哪几种？所配用的补偿导线是什么？

解:(1) 常用的热电偶有如下几种:

热电偶名称	代号	分度号		热电极材料		测温范围/℃	
		新	旧	正热电极	负热电极	长期使用	短期使用
铂铑$_{30}$-铂铑$_6$	WRR	B	LL-2	铂铑$_{30}$合金	铂铑$_6$合金	300～1 600	1 800
铂铑$_{10}$-铂	WRP	S	LB-3	铂铑$_{10}$合金	纯铂	−20～1 300	1 600
镍铬-镍硅	WRN	K	EU-2	镍铬合金	镍硅合金	−50～1 000	1 200
镍铬-铜镍	WRE	E	—	镍铬合金	铜镍合金	−40～800	900
铁-铜镍	WRF	J	—	铁	铜镍合金	−40～700	750
铜-铜镍	WRC	T	CK	铜	铜镍合金	−400～300	350

(2) 所配用的补偿导线如下:

热电偶名称	补偿导线				工作端为 100 ℃,冷端为 0 ℃时的标准热电势(mV)
	正极		负极		
	材料	颜色	材料	颜色	
铂铑$_{10}$-铂	铜	红	铜镍	绿	0.645±0.037
镍铬-镍硅(镍铝)	铜	红	铜镍	蓝	4.095±0.105
镍铬-铜镍	镍铬	红	铜镍	棕	6.317±0.170
铜-铜镍	铜	红	铜镍	白	4.277±0.047

【例 4.11】 说明使用补偿导线时要注意哪几点?

答:使用补偿导线时必须注意:

(1) 两根补偿导线与热电偶两个热电极的接点必须具有相同的温度;

(2) 各种补偿导线只能与相应型号的热电偶配用;

(3) 必须在规定的温度范围内使用;

(4) 极性切勿接反,补偿导线有正、负极,需分别与热电偶的正、负极相连;

(5) 补偿导线的作用只是延伸热电偶的自由端,当自由端 $t_0 \neq 0$ ℃时,还需进行修正。

【例 4.12】 如何使用特性分度表?

答:分度表是指编制出的针对各种热电偶的热电动势与温度的对照表。

实际测温时,冷端温度若为 0 ℃,则只要正确地测量热电势,查分度表,即可得到所测温度。但是,如果此时冷端温度不为 0 ℃,而为室温就不能直接利用特性分度表。这时应测量室温(设为 t_2℃),利用特性分度表反查出其热电势值 $E(t_2,0)$,将该热电势值 $E(t_2,0)$ 与热电偶回路所测得的热电势 $E(t_1,t_2)$相加,才是 $E(t_1,0)$,即

$$E(t_1,0)=E(t_1,t_2)+E(t_2,0)$$

然后再由 $E(t_1,0)$之值查特性分度表,才能得到热电偶热点的实际温度 t_1。

【例 4.13】 热电偶的分度号有哪些? 各有什么特点?

答:热电偶的分度号主要有 S、R、B、N、K、E、J、T 共八种。

S 分度号的特点是抗氧化性能强,宜在氧化性、惰性环境中连续使用。但其最高测量温度较低,如铂铑$_{10}$-铂,适用的最高温度为 1 050 ℃。在所有热电偶中,S 分度号的精确度等级最高,通常用作标准热电偶。

R分度号与S分度号相比除热电动势大外，其他性能几乎完全相同。

B分度号在室温下热电势极小，故在测量时一般不用补偿导线。测量温度范围小，铂铑$_{30}$-铂铑$_6$ 适用的最高温度为 450 ℃，可在氧化性或中性环境中使用，也可在真空条件下短期使用。

N分度号特点是1 300 ℃下高温抗氧化能力强，热电势的长期稳定性及短期热循环的复现性好，耐核辐射及耐低温性能也好，可以部分代替S分度号热电偶。

K分度号的特点是抗氧化性能强，宜在氧化性、惰性环境中连续使用，长期使用温度1 000 ℃，短期1 200 ℃，在所有热电偶中使用最广泛。

E分度号的特点是在常用热电偶中，其热电势最大，即灵敏度最高，宜在氧化性、惰性环境中连续使用，使用温度0～800 ℃。

J分度号的特点是既可用于氧化性环境（使用温度上限750 ℃），也可用于还原性环境（使用温度上限950 ℃），并且耐 H_2 及 CO 气体腐蚀，多用于炼油及化工。

T分度号的特点是在所有廉价金属热电偶中精确度等级最高，通常用来测量400 ℃以下的温度。

【例 4.14】 解释说明热电偶冷端恒温法。

答：冷端恒温法是将热电偶的冷端置于装有冰水混合物的恒温容器中，使冷端的温度保持0 ℃不变。此方法也称冰浴法，它消除了冷端温度不等于0 ℃时引入的误差，由于冰融化较快，所以一般只适用于实验室或研究室中。根据热电偶测得的输出热电势，再查找热电偶的分度表，即可得到测端温度，省去了校正的麻烦。

另外，可以将热电偶的冷端置于电热恒温器中，恒温器的温度略高于环境温度的上限。也可将热电偶的冷端置于大油槽或空气不流动的大容器中，利用其热惯性，使冷端温度变化缓慢。还可以将冷端置于恒温空调房间中，使冷端温度恒定。

但需注意的是，除了冰浴法是使冷端温度保持0 ℃外，后两种方法只是使冷端维持在某一恒定（或变化较小）的温度上，因此，后两种方法必须进行修正。

【例 4.15】 要测1 000 ℃左右的高温，用什么类型的热电偶好？要测1 500 ℃左右的高温呢？

答：测1 000 ℃左右的高温选用热电偶时要考虑测温范围、价格等因素。K型分度热电偶的热电势大，线性好，稳定性好，价廉；多用于工业测量，测温范围－270～1 370 ℃，故可选。还可选N型分度的热电偶。

要测1 500 ℃左右的高温，选择热电偶可选S系列、R系列和B系列，测温范围－50～1 768 ℃；B分度的太贵，R系列的性能稳定，还原性好，但不能在金属蒸气中使用。

【例 4.16】 对热电偶的结构形式有哪些具体要求？

答：(1) 组成热电偶的两个热电极的焊接必须牢固；

(2) 两个热电极彼此之间应很好的绝缘，以防短路；

(3) 补偿导线与热电偶自由端的连接要方便可靠；

(4) 保护套管应能保证热电极与有害介质充分隔离。

【例 4.17】 图 4.2 为利用热电偶和压控振荡器构成的频率式温度测量系统电路图，分析其工作原理。

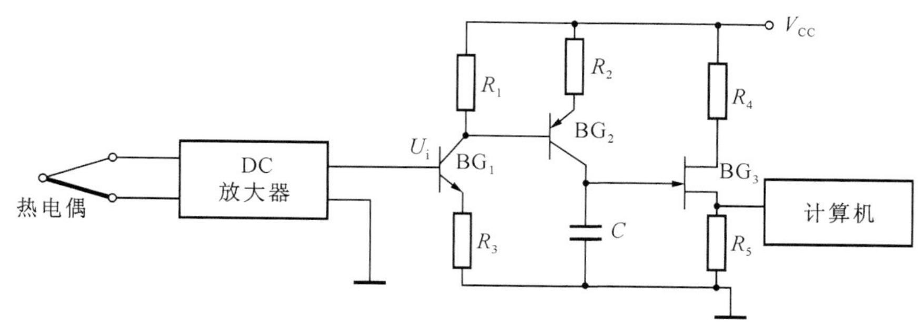

图 4.2　例 4.17 图

答：热电偶输出电势一般在几毫伏到几百毫伏之间，因此热电偶的热电势必须经 DC 放大器放大，然后再转换成对应的频率。BG_1、BG_2 构成晶体管放大电路，BG_3 为单结晶体管(双基极二极管)，组成张弛放大电路。当热电势增大时，U_i 增大，BG_1 管的集电极电流 I_{c1} 增大，使 BG_1 的集电极电位降低，即 BG_2 的基极电位降低，这相当于晶体管 BG_2 的输出电阻减小。同理，当 U_i 减小时，BG_2 的输入电阻变大。因此，U_i 的变化，改变了对电容 C 的充电时间常数，也就改变了输出脉冲信号的频率。

【例 4.18】 测温系统如图 4.3 所示。已知热电偶为 K，但错用与 E 配套的显示仪表，当仪表指示为 160 ℃时，请计算实际温度 t_x 为多少度？(室温为 25 ℃)

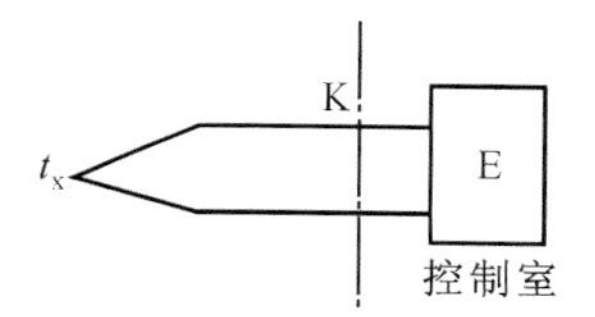

图 4.3　例 4.18 图

解：当与 E 型热电偶配套的显示仪表指示为 160 ℃、室温为 25 ℃时，显示仪表的输入信号应为 E 型热电偶在热端为 160 ℃、冷端为 25 ℃时的热电势 $E_E(160,25)$。而显示仪表外实际配用的是 K 型热电偶，其输入的热电势 $E_E(160,25)$，实际应为 K 型热电偶在热端为 t_x℃、冷端为 25 ℃时的热电势 $E_K(t_x,25)$，即

$$E_K(t_x,25)=E_E(160,25)$$

而

$$E_E(160,25)=E_E(160,0)-E_E(25,0)$$

查 E 型热电偶分度表知 $E_E(160,0)=10\ 501\ \mu V$，$E_E(25,0)=1\ 496.5\ \mu V$，则

$$E_E(160,25)=10\ 501-1\ 496.5=9\ 004.5\ \mu V$$

查 K 型热电偶分度表知 $E_K(25,0)=1\ 000\ \mu V$，则

$$\begin{aligned}E_K(t_x,0)&=E_K(t_x,25)+E_K(25,0)\\&=9\ 004.5+1\ 000=10\ 004.5\ \mu V\end{aligned}$$

反查 K 型热电偶分度表，得 $t_x=246.4$ ℃。

【例 4.19】 铂电阻温度计在 100 ℃时的电阻值为 139 Ω，当它与热的气体接触时，电阻值增至 281 Ω，试确定该气体的温度(设 0 ℃时电阻值为 100 Ω)。

解：由 0 ℃时电阻值为 100 Ω，可知该铂电阻温度计是分度号为 Pt_{100} 的铂热电阻，根据 100 ℃时的电阻值为 139 Ω，进一步确定是分度号为 Pt_{100} 的铂热电阻。对应于 281 Ω 的阻值，查 Pt_{100} 分度表，对应的温度约为 500 ℃。

【例 4.20】 已知铜热电阻 Cu_{100} 的百度电阻比 $W(100)=1.42$，当用此热电阻测量 50 ℃ 的温度时，其电阻值为多少？若测温时的电阻值为 92 Ω，则被测温度是多少？

解：由 $W(100)=R_{100}/R_0=1.42$，则其灵敏度为：

$$K=\frac{R_{100}-R_0}{100-0}=\frac{1.42R_0-R_0}{100}$$

$$=\frac{0.42R_0}{100}=\frac{100\times 0.42}{100}=0.42\ \Omega/℃$$

则温度为 50 ℃时，其电阻值为：

$$R_{50}=R_0+K\times 50=100+0.42\times 50=121\ \Omega$$

当 $R_t=92\ \Omega$ 时，由 $R_t=R_0+Kt$，得：

$$t=(R_t-R_0)/K=(92-100)/0.42=-19\ ℃$$

【例 4.21】 用分度号为 Pt_{100} 铂电阻测温，在计算时错用了 Cu_{100} 的分度表，查得的温度为 140 ℃，问实际温度为多少？

解：查 Cu_{100} 的分度表，140 ℃对应电阻为 159.96 Ω，而该电阻值实际为 Pt_{100} 铂电阻测温时的电阻值，反查 Pt_{100} 的分度表，得实际温度为 157 ℃。

【例 4.22】 对于 Pt_{100} 铂热电阻，在某一温度下其电阻值为 109.1 Ω，那么此时的温度是多少？

解：查表可知，Pt_{100} 在 20 ℃时的电阻值为 $R(20)=107.79\ \Omega$，在 30 ℃时的电阻值为 $R(30)=111.67\ \Omega$，那么对应于 $R(t)=109.1\ \Omega$ 电阻值的温度应介于 20 ℃～30 ℃。

由于 Pt_{100} 在一个较小的温度范围内，其阻值的变化可以认为是线性的，那么采用线性插值的方法计算可得：

$$\frac{R(30)-R(t)}{30-t}=\frac{R(t)-R(20)}{t-20}$$

由此可得：

$$t=\frac{10R(t)-30R(20)+20R(30)}{R(30)-R(20)}$$

进一步计算得 $t\approx 23.38$ ℃。

也可以采用下式：

$$\frac{R(30)-R(20)}{30-20}=\frac{R(t)-R(20)}{t-20}$$

同样解得 $t\approx 23.38$ ℃。

【例 4.23】 常用测温热电阻有哪几种？热电阻的分度号主要有几种？相应的 R_0 各为多少？

解：常用测温热电阻有：铂热电阻和铜热电阻。

铂热电阻的分度号主要有：

Pt_{100}，($R_0=100\ \Omega$)；

Pt_{50}，($R_0=50\ \Omega$)；

$Pt_{1\,000}$，($R_0=1\,000\ \Omega$)，等。

铜热电阻的分度号主要有：

Cu_{100}，($R_0=100\ \Omega$)；

Cu_{50}，($R_0=50\ \Omega$)，等。

【例 4.24】 试述电子自动平衡电桥的工作原理？当热电阻短路、断路或电源停电时，指针应指在什么地方？为什么？

解：电子自动平衡电桥的原理电路如图 4.4 所示。

当被测温度为测量下限时，R_t 有最小值即 R_{t0}，滑动触点应在 R_P 的左端，此时电桥的平衡条件是：

$$R_3(R_{t0}+R_P)=R_2R_4 \tag{1}$$

当被测温度升高后，热电阻阻值增加 ΔR_t，滑动触点应向右移动才能使电桥平衡，此时电桥的平衡条件是：

$$R_3(R_{t0}+\Delta R_t+R_P-r_1)=R_2(R_4+r_1) \tag{2}$$

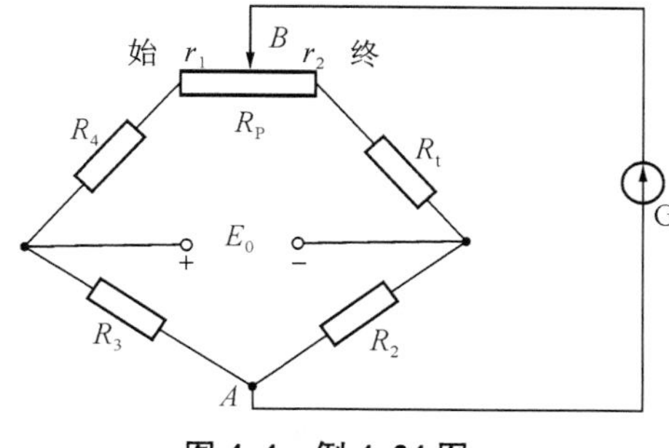

图 4.4　例 4.24 图

用(1)式减(2)式，则得

$$\Delta R_tR_3-r_1R_3=R_2r_1$$

即

$$r_1=\frac{R_3}{R_2+R_3}\Delta R_t$$

从上式可以看出：滑动触点 B 的位置就可以反映热电阻阻值的变化，亦反映了被测温度的变化，且触点的位移与热电阻的增量呈线性关系。

当热电阻短路时，$R_t=0$，为了使电桥平衡，指针应尽可能地向左滑动，直至始端；当热电阻断路时，$R_t=\infty$，为了使电桥平衡，指针应尽可能地向右滑动，直至终端；当电源停电时，指针指在任何位置，电桥输出都为 0。

【例 4.25】 某热敏电阻，其 B 值为 2 900 K，若冰点电阻为 500 kΩ，求该热敏电阻在 100 ℃时的阻抗。

解：具有负温度系数的热敏电阻，其阻值与温度的关系可表示为：

$$R_T=R_0\exp\left(\frac{B}{t}-\frac{B}{t_0}\right)$$

那么

$$\begin{aligned}R_{100}&=R_0\exp\left(\frac{B}{t}-\frac{B}{t_0}\right)\\&=500\times10^3\times\exp\left(\frac{2\ 900}{373.15}-\frac{2\ 900}{273.15}\right)\\&=500\times10^3\times\exp(-2.845\ 2)\\&=500\times10^3\times0.058\ 12=29\ \text{k}\Omega\end{aligned}$$

【例 4.26】 已知某热敏电阻的阻值随温度变化的规律为 $R_T=R_0\cdot e^{B(1/T-1/T_0)}$，其中 R_0、R_T 分别为热力学温度为 $T_0=300$ K 和 T 时的阻值，B 为材料系数。

已测得① $T_1=290$ K，$R_1=14.12$ kΩ；② $T_2=320$ K，$R_2=5.35$ kΩ。求 R_0 和 B。

解：代入数据，可得：

$$14.12=R_0 e^{B\left(\frac{1}{290}-\frac{1}{300}\right)}$$

$$5.35=R_0 e^{B\left(\frac{1}{320}-\frac{1}{300}\right)}$$

联立两个方程，解得：$B=3\ 003$；$R_0=10.05\ k\Omega$。

【例 4.27】 用热敏电阻测温，提高精度的改进措施有哪些？

答：用热敏电阻测温，提高精度的改进措施：由于热敏电阻的非线性，采用并联一个固定阻值的温度特性相反的电阻，或在电路处理上，采用分段处理，提高精度；对于互换性差的处理，在电路上增加调节电位器，在更换新的热敏电阻后，重新标定（调整电路的零点和满量程）。

【例 4.28】 试述热电偶温度计、热电阻温度计各包括哪些元件和仪表？输入、输出信号各是什么？

解：热电偶温度计由热电偶（感温元件）、显示仪表和连接导线组成；输入信号是温度，输出信号是热电势。

热电阻温度计由热电阻（感温元件）、显示仪表和连接导线组成；输入信号是温度，输出信号是电阻。

【例 4.29】 DS18B20 智能型温度传感器与集成温度传感器 AD590 的工作原理和输出信号有什么不同？如何用 DS18B20 实现多点测温？

答：(1) DS18B20 智能型温度传感器是将被测温度 T 转换成频率 f 信号，相当于 T/f（温度/频率）转换器；AD590 是利用 P-N 结电压随温度的变化进行测温，输出为模拟信号。

(2) DS18B20 支持多点组网功能，多个 DS18B20 可并联在唯一的总线上实现多点测温；使用中不需要任何外围器件，测量结果以 9 位数字量方式串行传送。

【例 4.30】 非接触测温方法的理论基础是什么？辐射测温仪表有几种？

答：(1) 辐射式温度传感器是利用物体的辐射能随温度而变化的原理进行测温的，它是一种非接触式测温传感器，测温时只需把辐射式温度传感器对准被测物体，而不必与被测物体接触。辐射式温度传感器的工作原理是基于热辐射基本定律：普朗克定律、斯忒藩-玻尔兹曼定律和维恩定律。

(2) 辐射测温仪表可分为：光学高温计、全辐射高温计和比色温度计。

【例 4.31】 红外辐射探测器分为哪两种类型？这两种探测器有哪些不同？试比较它们的优缺点。

答：(1) 红外探测器主要有两大类型：热探测器（热电型），包括热释电、热敏电阻、热电偶；光子探测器（量子型），利用某些半导体材料在红外辐射的照射下产生光电子效应，使材料的电学性质发生变化，其中有光敏电阻、光敏晶体管、光电池等。

(2) 红外探测器是能将红外辐射能转换为电能的热电或光电器件，当器件吸收辐射能时温度上升，温升引起材料各种有赖于温度的参数变化，检测其中一种性能的变化，既可探知辐射的存在和强弱。光量子型红外探测器是能将红外辐射的光能直接转换为电能的光敏器件。

(3) 光子探测器与热释电传感器的区别：光量子型光电探测器探测的波长较窄，而热探测器几乎可以探测整个红外波长范围。

【例 4.32】 作为实用的温度传感器，必须满足哪些条件？

答：(1) 应只对温度敏感，对其他物理量均不敏感；

(2) 随温度变化的特性应有良好的线性、重复性，无滞后，无时效；

(3) 一般情况下，希望有较高的灵敏度；

(4) 应有较高的精度及可靠性，不需要经常校准，应有互换性；

(5) 机械强度高，物理、化学稳定性好；

(6) 小型化、热响应速度快；

(7) 材料来源容易，纯度要高，易于加工制作，价格便宜。

【例 4.33】 图 4.5 为采用热电阻测量气体流量的电路原理图，试分析其工作原理。

答：利用热电阻上的热量消耗和介质流速的关系可以测量流量、流速、风速等。图中热电阻 R_{t1} 放置在气体流的中央位置，它所耗散的热量与被测介质的平均流速成正比；另一热电阻 R_{t2} 放置在不受气体流干扰的平静小室中，它们分别接在电桥的两个相邻桥臂上。测量电路在气体静止时处于平衡状态，桥路输出为零。当气体流动时，被测介质会将 R_{t1} 的热量带走，从而使 R_{t1} 和 R_{t2} 的散热情况不一样，致使 R_{t1} 的电阻发生相应的变化，使电桥失去平衡，产生一个与气体流量变化相对应的不平衡信号，并由检流计 P 显示出来。

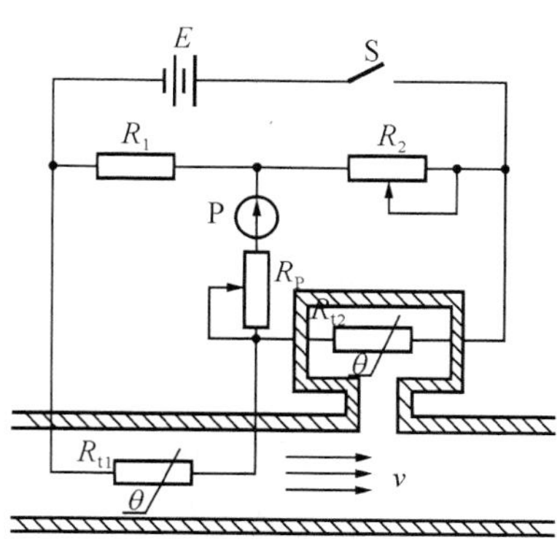

图 4.5　例 4.33 图

【例 4.34】 流量仪表的主要技术指标有哪些？

答：表征流量仪表性能的大部分技术指标与其他种类测量仪表的技术指标相似，如灵敏度、线性度、重复性、精度等；但也有些技术指标不同，主要包括：

(1) 流量范围

流量范围指流量计可测的最大流量与最小流量的范围。正常使用条件下，在该范围内流量计的测量误差不超过允许值。

(2) 量程和范围度

流量范围内最大流量与最小流量值之差称为流量计的量程。最大流量与最小流量的比值称为流量计的范围度。范围度是评价流量计计量性能的重要参数，它可用于不同流量范围的流量计之间比较性能。流量计的流量范围越宽越好，但流量计范围度的大小受仪表测量原理和结构的限制。

(3) 压力损失

压力损失通常用流量计的进、出口之间的静压差来表示，它随流量的不同而变化。压力损失的大小是流量仪表选型的一个重要技术指标。压力损失小，流体能耗小，输运流体的动力要求小，测量成本低。反之则能耗大，经济效益相应降低，故希望流量计的压力损失愈小愈好。

【例 4.35】 流量测量仪表应如何选用？

答：要正确、有效地选择流量测量方法、检测仪表，必须熟悉仪表本身和所测量流体特性两方面的技术问题，同时还要考虑经济因素。一般而言，可按下列步骤进行流量检测仪表的选型。

对要选择的仪表，向各制造厂收集样本、技术数据、选用手册等，从下列五个方面进行综合比较、分析、评价。

(1) 仪表性能，包括精度、重复性、线性度、范围度、压力损失、上限流量、下限流量、信号输出特性、响应时间等。

(2) 流体特性，包括流体压力、温度、密度、黏度、润滑性、化学性质、磨损、腐蚀、结垢、脏污、气体压缩系数、等熵指数、比热容、热导率、声速、多相流、脉动流。

(3) 安装条件，包括管道布置方向、流动方向、上游管道和下游管道的长度、管道口径、维护空间、管道振动、接地、电源、气源、附属设备(过滤、消气)、防爆。

(4) 环境条件，包括环境温度、湿度、安全性、电磁干扰、维护空间。

(5) 经济因素，包括购置费、安装费、维修费、校验费、使用寿命、运行费(能耗)、备品备件。

【例 4.36】 电磁流量计的正常维护工作有哪些?

答:(1) 传感器零点的检查和调整

电磁流量计投入运行前，传感器必须充满实际测量流体。通电后，在流体静止状态进行零点调整。投入运行后，也要根据被测流体及使用条件，定期停止流体流动检查零点，尤其对易沉淀、易污染电极、含有固体的非清洁流体等，在运行初期应加大检查次数，以获得经验、确定正常检查周期。

(2) 定期检查传感器的电气性能

电磁流量传感器的电气性能主要包括电极间电阻、电极绝缘电阻及励磁线圈绝缘电阻。

① 测量电极间电阻

卸下传感器与转换器之间的信号连接线，使传感器内充满被测介质，用万用表测量各电极与接地端之间的电阻值，其值应处于制造厂规定的范围之内，且所测两电极的值应大体上相等。如果不是，应检查原因。

② 检查电极绝缘电阻

放空传感器内被测介质，擦净测量管内壁。待内壁完全干燥后，用兆欧表测量各电极与接地端之间的绝缘电阻。如果绝缘电阻下降，应检查原因。

③ 检查励磁线圈绝缘电阻

卸下传感器励磁线圈接线端子与转换器之间的连接线，用兆欧表测量励磁线圈接地端之间的绝缘电阻。如果绝缘电阻下降，应该检查原因。

(3) 清除测量管内壁的结垢层

由于电磁流量计经常用来测量非清洁流体，测量管内壁常会附着沉积物或结垢层，应及时清除。如果附着物的电导率和被测流体的电导率相等，尚不会产生原理性误差，只是零点仍有可能漂移;若附着物的电导率小于被测流体的电导率，则增加了传感器电极间的电阻，若该电阻仍远小于转换器的输入阻抗，不影响传感器和转换器之间的传输精度，则仪表尚能正常工作。若附着物为绝缘层，则电极回路将出现断路，仪表不能正常工作;若附着物的电导率显著高于被测流体的电导率，则电极回路将出现短路，仪表也不能正常工作。

【例 4.37】 流量测量仪表的校验方法有哪些？

答：流量计的校验可分为间接校验法和直接校验法。

（1）间接校验法

间接校验法，又称为干校验法，它是通过校核流量计各部分的几何形状和尺寸、测定与流量有关的物理量、检查流量计安装与使用条件、操作是否按规程进行等来校验流量计的方法。大口径电磁流量计及节流装置都可采用干校验法校验。

一般来说，干校验法方法简便，校验设备投资少。但是，由于流量计的特性不仅与仪表的几何特性、电磁特性有关，而且与管道特性、流体物性、流态、流速分布等多种因素有关，因此即使是几何相似、动力相似的两个流量计，其示值也很难保证完全一致。所以，干校验法精度较低，如果需要较高的校验精度，一般要采用直接校验法。

（2）直接校验法

直接校验法又可分为实流校验法和替代介质法两种。

实流校验法要求用实际被测流体作为校验介质。因此，这种方法能获得较高的精度，但工程实践中被测流体的种类多种多样，这些流体的化学特性、物理特性、组分等各不相同，这就给实流校验法带来了很大的困难。

一般选用常温常压下的水、空气、煤油、机油、天然气等作为校验介质。用这些校验介质代替实际的被测流体对流量计实行校验，称为替代介质法。替代介质法的关键在于找出实际被测流体与校验流体之间因化学特性、物理特性的不同，对流量计示值所造成的影响，从而对这种影响提出修正。

【例 4.38】 测量高温液体（指它的蒸气在常温下要冷凝的情况）时，经常在负压管上装有冷凝罐，如图 4.6 所示，问这时用差压变送器来测量液位时，要不要迁移？如要迁移，迁移量应如何考虑？

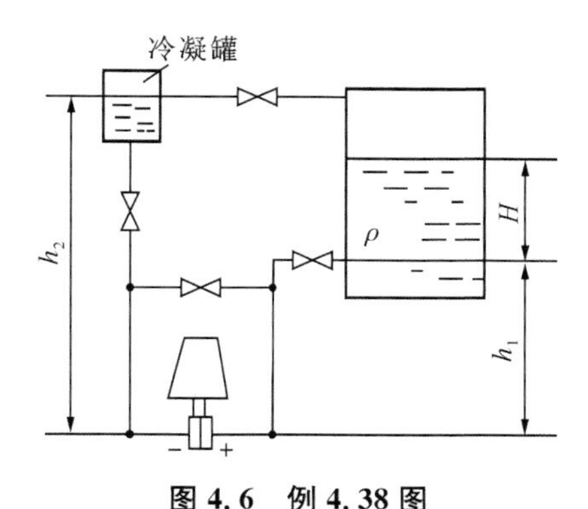

图 4.6 例 4.38 图

解：差压液位计正、负压室的压差：

$$\Delta p = p_1 - p_2 = \rho g(H + h_1) - \rho g h_2$$
$$= \rho g H - \rho g(h_2 - h_1)$$

$H=0$ 时，$\Delta p = -\rho g(h_2 - h_1)$。

这种液位测量时，具有“负迁移”现象，为了使 $H=0$ 时，$\Delta p=0$，该差压变送器测液位时需要零点迁移，迁移量为 $\rho g(h_2 - h_1)$。

【例 4.39】 油箱油量检测系统如图 4.7 所示，分析其工作原理。

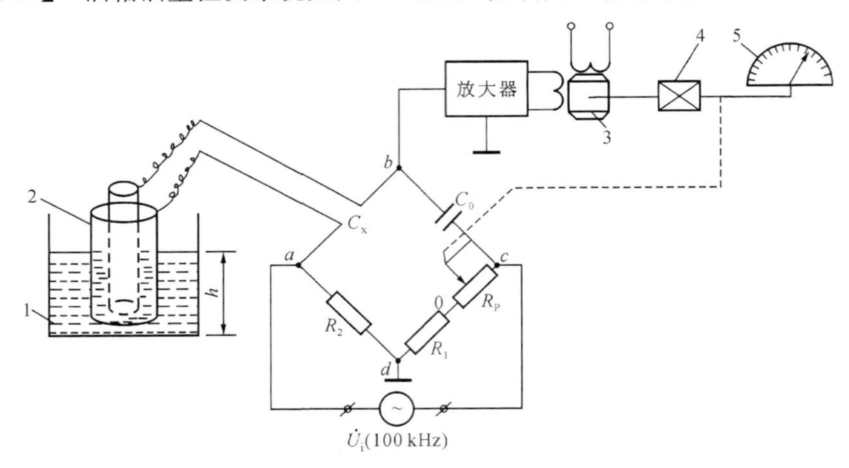

图 4.7　例 4.39 图

1—油箱；2—圆柱形电容；3—伺服电动机；4—减速器；5—油量表

答：油箱油量检测系统由电容式液位传感器、电阻—电容电桥、放大器、伺服电动机、减速器及油量表等组成。电容式液位传感器作为电桥的一个桥臂，C_0 为标准电容，R_1 和 R_2 为标准电阻，R_P 为调整电桥平衡的电位器，R_P 的转轴与油量表 5 同轴连接，并经减速器 4 由伺服电动机 3 带动。

当油箱 1 中无油时，圆柱形电容 2 有一起始电容 C_{x0}，如果 $C_0=C_{x0}$，且 R_P 的触点位于零点时，即 R_P 的电阻为零，油量表 5 的指针指在零位置。此时，电桥输出端无电压输出，伺服电动机 3 不转动，系统处于平衡状态。当油箱 1 注入油且液面升高到 h 时，则 $C_x=C_{x0}+\Delta C_x$，电桥失去平衡，电桥输出端有电压输出，经放大器放大后，驱动伺服电动机 3 转动，经减速器 4 同时带动 R_P 的转轴(实际是改变触点的位置)和油量表 5 上的指针转动。当 R_P 的转轴转到某个位置时，使电桥又处于一个新的平衡状态，这时电桥输出端电压又变为零，伺服电动机 3 停转，油量表 5 上的指针停止在某一相应的指示角上。

由于油量表 5 的指针及 R_P 的转轴同时被伺服电动机 3 所带动，因此，R_P 与指针偏转角 θ 间存在着确定的对应关系，即 θ 正比于 R_P。而 R_P 又正比于液位的高度 h，因此可直接从油量表 5 的刻度盘上读得液位高度。

当油箱 1 中的液位高度降低时，伺服电动机 3 反转，油量表 5 的指针逆时针偏转，同时带动 R_P 的转轴转动，使 R_P 减小。当 R_P 减小到一定值时，电桥又达到新的平衡状态，于是伺服电动机 3 再次停转，油量表 5 的指针停留在与该液位相对应的转角 θ 处。

【例 4.40】 物位检测的工艺特点有哪些？

答：(1) 液位检测的主要工艺特点如下：

① 液面通常是一个规则的表面。但是，当物料流进、流出时，或者在生产过程中出现沸腾、起泡等现象时，会发生明显波动。

② 大型容器中常会出现液体各处温度、密度、黏度等物理量不均匀的现象。

③ 容器中常会存在高温、高压，或液体黏度很大，或含有大量杂质悬浮物等。

(2) 料位检测的工艺特点主要有：

① 物料自然堆积时，有堆积倾斜。因此，料面是不平的，难以确定料位准确的高度；物料进出时存在滞留区，影响到物位最低位置的检测。

② 储仓或料斗中，物料内部可能存在大的孔隙，或粉料之中存在小的间隙。前者影响物料储量的计算，后者则在震动或压力、温度变化时使物位也随之变化。

③ 对于固体物料，其物理、化学性质较复杂。例如，有些是粉末状，有些是颗粒状、并且颗粒大小极为不均匀；物料的温度、含水量等也不均匀等。

至于界面检测，常见的问题是界面位置不明显。泡沫或浑浊段的存在对检测也有影响。

此外，容器中管道、搅拌和加热等设备的存在也会对物位检测带来影响。特别是对于像雷达、超声这些依赖回波信号的检测方法，这类影响必须予以考虑。

【例 4.41】 如何选择物位测量仪表？

答：无论哪类测量仪表，总体选用原则是技术可行、经济合理、管理方便。因此，选用物位测量仪表时，必须考虑仪表的工作条件，同时也要考虑仪表的经济性。工程仪表选型要有统一要求，尽可能减少品种规格，以便减少备品数量，利于节约与管理。

一般而言，在满足要求的前提下，应该尽量选用常规的差压变送器、浮筒式液位变送器。

【例 4.42】 物位测量仪表应考虑的使用条件有哪些？

答：(1) 被测对象的状态。对于液体，应该考虑温度、压力、密度、黏度、黏附性、气泡、悬浮性、介电常数、电导率、液位变化速率等；对于固体，应该考虑温度、压力、密度、黏附性、含水量、粒度、物料变化速度等。

(2) 被测对象是否要求连续测量与控制。

(3) 测量范围与精度要求。

(4) 容器大小与形状，开口还是密闭。

(5) 是否要求防腐、防爆。

(6) 仪表工作环境。温度、湿度，有无烟、灰尘、强磁场、放射性、震动等。

(7) 仪表安装位置。

【例 4.43】 物位检测仪表如何进行分类？

答：物位检测仪表按测量方式可分为连续测量和定点测量两大类：连续测量方式能持续测量物位的变化(连续量，输出标准连续量信号)；而定点测量方式则只检测物位是否达到上限、下限或某个特定位置。定点测量仪表一般称为物位开关(输出开关量信号)。

按工作原理分类，物位检测仪表有直读式、静压式、浮力式、机械式、电气式等。

按工程上的应用习惯分为接触式和非接触式两大类，目前应用的接触式物位仪表主要包括：重锤式、电容式、差压式、浮球式等。非接触式主要包括：射线式、超声波式、雷达式等。

【例 4.44】 某压电式压力传感器为两片石英晶片并联，每片厚度 $h=0.2$ mm，圆片半径 $r=1$ cm，$\varepsilon_r=4.5$，X 切型 $d_{11}=2.31\times10^{-12}$ C/N。当 0.1 MPa 压力垂直作用于 P_X 平面时，求传感器输出电荷 Q 和电极间电压 U 的值。

解：当两片石英晶片并联时，所产生电荷为：

$$
\begin{aligned}
Q_{并} &= 2Q = 2d_{11}F = 2d_{11}p\pi r^2 \\
&= 2\times2.31\times10^{-12}\times0.1\times10^6\times\pi\times(1\times10^{-2})^2 \\
&= 145\times10^{-12}\ \text{C} = 145\ \text{pC}
\end{aligned}
$$

总电容为：

$$C_{并}=2C=2\varepsilon_0\varepsilon_r S/h=2\varepsilon_0\varepsilon_r\pi r^2/h$$
$$=2\times 8.85\times 10^{-12}\times 4.5\times\pi\times(1\times 10^{-2})^2/0.2\times 10^{-3}$$
$$=125.1\times 10^{-12}(\mathrm{F})=125.1\ \mathrm{pF}$$

电极间电压为：

$$U_{并}=Q_{并}/C_{并}=145/125.1=1.16\ \mathrm{V}$$

【例 4.45】 何谓压阻效应？扩散硅压阻式传感器与贴片型电阻应变式传感器相比有什么优点，有什么缺点？如何克服？

答："压阻效应"是指半导体材料(锗和硅)的电阻率随作用应力的变化而变化的现象。

优点是尺寸、横向效应、机械滞后都很小，灵敏系数极大，因而输出也大，可以不需放大器直接与记录仪器连接，使得测量系统简化。

缺点是电阻值和灵敏系数随温度稳定性差，测量较大应变时非线性严重；灵敏系数随受拉或压而变，且分散度大，一般在3%～5%之间，因而使得测量结果有±(3～5)%的误差。

压阻式传感器广泛采用全等臂差动桥路来提高输出灵敏度，又部分地消除阻值随温度而变化的影响。

【例 4.46】 压力检测仪表的选择应注意哪些问题？

答：压力检测仪表的选择包括仪表类型、量程、精度等项目的选择，需从测压范围、被测介质的物理与化学性质、测量精度要求等方面综合考虑。

(1) 仪表类型的选择

仪表类型的选择必须满足生产过程的要求，例如生产过程是否要求仪表指示值的远传、变送、自动记录、报警等；被测介质的性质和状态对仪表有无专门要求，例如被测介质的腐蚀性强弱、黏度大小、温度高低、脏污程度、易燃易爆等；使用仪表的现场环境条件有无对仪表提出特殊要求，例如高温、高压、电磁场、振动、安装条件等。

(2) 仪表量程的选用

检测仪表的量程要根据被测压力的大小及在测量过程中被测压力变化的情况等条件来选取。为保证测压仪表安全可靠地工作，应确保仪表测量上限高于生产过程中可能出现的最高压力。为保证安全性，在被测压力较稳定的场合，最大工作压力不超过仪表量程的2/3；在被测压力波动较大的场合，最大工作压力不超过仪表量程的1/2。为保证准确度，被测压力的最小值不应低于满量程的1/3。因此，测量稳定压力时，常使用在仪表量程的1/3～2/3；测量脉动压力时，常使用在仪表量程上限的1/3～1/2处。对于瞬间内的压力测量，可允许作用到仪表量程上限的3/4处。

当被测压力变化范围大，最大和最小工作压力可能不能同时满足上述要求时，应首先满足最大工作压力条件。

(3) 仪表精度的选择

一般而言，对工业现场用压力计，其精度可选2.5级、1.5级、1.0级；对实验室用压力检测仪表或校验用压力检测仪表，其精度可选0.5级、0.25级。根据预选的仪表精度可以计算出用该仪表测量可能引起的最大示值绝对误差。

【例 4.47】 什么是压力测量仪表的校验？具体怎么校验？

答:所谓压力测量仪表的校验,就是将被校验压力表和标准压力表通以相同压力,比较它们的指示数值。如果被校表对于标准表的读数误差,不大于被校表规定的最大准许绝对误差时,则认为被校表合格。压力传感器、变送器、仪表在使用之前,必须检定和校准。长期使用的压力仪表也应定期检定,检定周期应根据使用频繁程度和重点程度而定。当仪表带有远距离传送系统及二次仪表时,应连同二次仪表一起检定、校准。

压力测量仪表的具体校验方法如下:

(1) 检验点应在测量范围内均匀选取 3~4 个点,一般应选在带有刻度数字的大刻度点上。

(2) 均匀增压至刻度上限,保持上限压力三分钟,然后均匀降至零压力,主要观察指示有无跳动、停止、卡塞现象。

(3) 单方向增压至校验点后读数,轻敲表壳再读数。用同样的方法增压至每一校验点进行校验。然后再单方向缓慢降压至每一校验点进行校验。计算出被校表的基本误差、变差、零位等。

【例 4.48】 某压电式压力传感器的灵敏度为 80 pC/Pa,如果它的电容量为 1 nF,试确定传感器在输入压力为 1.4 Pa 时的输出电压。

解:当传感器受压力 1.4 Pa 时,所产生的电荷为:

$$Q=80\ \text{pC/Pa}\times1.4\ \text{Pa}=112\ \text{pC}$$

输出电压为:

$$U_a=Q/C_a=112\times10^{-12}/(1\times10^{-9})=0.112\ \text{V}$$

【例 4.49】 如果有一台压力表,其测量范围为 0~10 MPa,经校验得出下列数据:

标准表读数(MPa)	0	2	4	6	8	10
被校表正行程读数(MPa)	0	1.98	3.96	5.94	7.97	9.99
被校表反行程读数(MPa)	0	2.02	4.03	6.06	8.03	10.01

(1) 求出该压力表的变差;

(2) 问该压力表是否符合 1.0 级精度?

解:(1) 校验数据处理:

标准表读数(MPa)	0	2	4	6	8	10
被校表正行程读数(MPa)	0	1.98	3.96	5.94	7.97	9.99
被校表反行程读数(MPa)	0	2.02	4.03	6.06	8.03	10.01
压力表的变差(%)	0	0.4	0.7	1.2	0.6	0.2
被校表正、反行程读数平均值(MPa)	0	2.00	3.995	6.00	8.00	10.00
仪表绝对误差(MPa)	0	0.00	−0.005	0.00	0.00	0.00

由以上数据处理表知,该压力表的变差为 1.2%;

(2) 仪表误差:

$$\gamma=\pm\frac{0.005}{10}\times100\%=\pm0.5\%$$

但是,由于仪表变差为 1.2%>1.0%,所以该压力表不符合 1.0 级精度。

【例 4.50】 某压力表的测量范围为 0～1 MPa，精度等级为 1.0 级，试问此压力表允许的最大绝对误差是多少？若用标准压力计来校验该压力表，在校验点为 0.5 MPa 时，标准压力计上读数为 0.508 MPa，试问被校压力表在这一点是否符合 1 级精度，为什么？

解：压力表允许的最大绝对误差为：

$$\Delta p_{max}=1\ \text{MPa}\times 1.0\%=0.01\ \text{MPa}$$

在校验点 0.5 MPa 处，绝对误差为：

$$\Delta p=0.5-0.508=-0.008\ \text{MPa}$$

该校验点的测量误差为：

$$\gamma=\frac{-0.008}{0.508}\times 100\%=-1.57\%$$

故该校验点不符合 1.0 级精度。

4.3 习题

4.1 经验温标主要有哪几种？它们是如何定义的？

4.2 在国际实用温标 ITS-90 中对温度范围作了怎样的规定？在每个温度范围里各规定了用什么仪表和测温方法来确定温度？

4.3 试述双金属温度计工作原理和适用场合。为什么双金属片常做成螺旋管状？

4.4 什么叫热电效应？

4.5 简述热电偶的工作原理。

4.6 什么叫做热电动势、接触电动势和温差电动势？而在热电偶测量闭合回路中，起主导作用的是哪一部分？

4.7 热电偶产生热电动势的必要条件是什么？

4.8 热电偶的基本定律有哪些？并分别说明它们的实用价值。

4.9 用 K 型热电偶测炉温时，测得参比端温度为 38 ℃，测得测量端和参比端间的热电动势为 29.90 mV，试求实际炉温。

4.10 用镍铬-镍硅(K)热电偶测量温度，已知冷端温度为 30 ℃，用高精度毫伏表测得这时的热电势为 35.5 mV，求被测点的温度。

4.11 已知镍铬-镍硅(K)热电偶的热端温度为 500 ℃，冷端温度为 20 ℃，求 $E(t,t_0)$ 是多少毫伏？

4.12 用一铂铑$_{30}$-铂铑$_6$ 热电偶测量某生产线的温度，在冷端温度 25 ℃时，热端的热电势为 0.675 mV，计算测量端的温度值。

4.13 利用铜-康铜热电偶测量某一温度，设参比端温度 $T_0=21$ ℃，测得的热电势为 $E(T,T_0)=1.999$ mV，求测量端的实际温度。

4.14 用分度号为 E 的热电偶测量某 800 ℃的对象温度，其冷端温度为 30 ℃，$E(t,t_0)$ 等于多少？

4.15 某热电偶的热电势在 $E(600,0)$ 时，输出 $E=5.257$ mV，若冷端温度为 0 ℃时，测某炉温输出热电势 $E=5.267$ mV。试求该加热炉实际温度是多少？

4.16　测量端温度为 200 ℃、冷端温度为 20 ℃时，铂铑$_{13}$与镍合金组成的热电偶的热电势为 3.72 mV，而铂与镍合金组成的热电偶的热电势为 0.15 mV，那么铂铑$_{13}$与铂组成的热电偶的热电势是多少？

4.17　将一灵敏度为 0.06 mV/℃的热电偶与电位计相连接测量其热电势，电位计接线端是 40 ℃，若电位计上读数是 55 mV，热电偶的热端温度是多少？

4.18　用分度号为 K 型镍铬-镍硅热电偶测温度，在未采用冷端温度补偿的情况下，仪表显示 500 ℃，此时冷端为 60 ℃。试问实际测量温度为多少度？若热端温度不变，设法使冷端温度保持在 20 ℃，此时显示仪表指示多少度？

4.19　用一铂铑$_{10}$-铂(S 型)热电偶测量温度，热电偶冷端温度为 25 ℃，热电偶测量温度为 503 ℃时，输出的热电势是多少？设计一个测量电路，使 503 ℃时输出电压为 3 V。

4.20　工程上实用性良好的热电偶对其热电极材料有哪些要求？

4.21　热电偶结构由哪几部分组成？

4.22　由同一种导体组成的闭合回路能产生热电势吗？

4.23　什么是铠装热电偶？其主要特点是什么？

4.24　在热电偶测温回路中经常使用补偿导线的最主要目的是什么？

4.25　热电偶的冷端补偿方法有几种？具体描述冷端为 0 ℃的恒温补偿方法。

4.26　补偿导线真正的作用是什么？如何鉴别其极性？

4.27　用镍铬-镍硅(K)热电偶测量某炉温，已知冷端温度固定在 $t_0=30$ ℃，用补偿导线接至 0 ℃，再接仪表。仪表指示温度为 230 ℃，后发现由于工作上的疏忽把补偿导线 A'和 B'相互接错了，问炉温的实际温度。

4.28　为什么热电偶的参比端在实际应用中很重要？对参比端的温度处理有哪些方法？

4.29　热电偶常用的测温线路有哪些？各自的特点是什么？

4.30　热电偶温度传感器的输入电路如图 4.8 所示。已知铂铑-铂热电偶在温度 0～100 ℃之间变化时，其平均热电势波动为 6 μV/℃，桥路中供桥电压为 4 V，三个锰铜电阻(R_1、R_2、R_3)的阻值均为 1 Ω，铜电阻的电阻温度系数为 $\alpha=0.004$/℃。已知当温度为 0 ℃时电桥平衡，为了使热电偶的冷端温度在 0～50 ℃范围其热电势得到完全补偿，试求可调电阻的阻值 R_5。

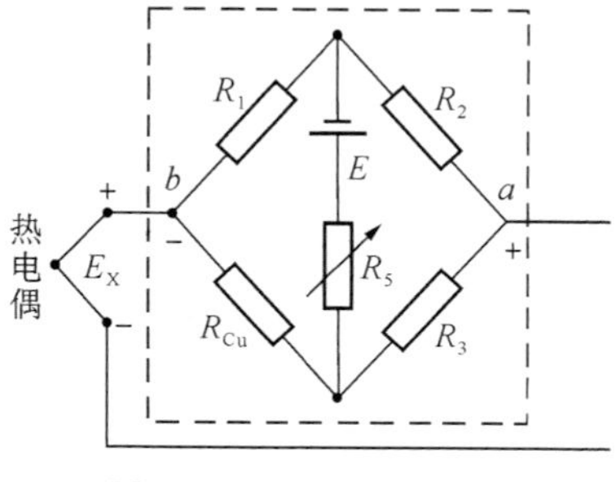

图 4.8　习题 4.30 图

4.31　分析热电偶测温的误差因素，并说明减小误差的方法。

4.32　在含有单片机的热电偶测温系统中，如何用软件实现冷端补偿？

4.33　热电阻温度计的测温原理是什么？

4.34　目前应用最广泛的是哪几种热电阻式传感器？各有何特点？它们应用在什么不同场合？

4.35　制造热电阻的材料应具备哪些特点？

4.36　什么是热电阻的分度表？

4.37　在某一温度下，Pt_{100}的电阻值为 111.3 Ω，那么此时的温度是多少？

4.38　假若采用Cu_{100}接入一电桥中测量某一温度，供桥电压为直流 6 V，其他 3 个桥臂的电阻值为$R_1=R_2=R_3=100$ Ω，那么将Cu_{100}放入 80 ℃的水中，此时电桥输出电压是多少？

4.39　在某一温度下，Pt_{100}的电阻值为 87.5 Ω，计算这个温度值。设计一个测量电路，使输出电压值为 3 V。

4.40　Pt_{100}热电阻的阻值R_t与温度t的关系在 0～100 ℃范围内可用式$R_t=R_0(1+\alpha t)$近似表示，$\alpha=3.85\times10^{-3}$/℃。

① 求当温度为 50 ℃时的电阻值为多少？

② 查分度表，50 ℃时的电阻值为 119.40 Ω，求计算法的绝对误差为多少？相对误差又为多少？示值相对误差又为多少？

4.41　有一个金属热电阻，分度号为Pt_{100}，采用直流单臂电桥测量电路，其他三个桥臂电阻均为 100 Ω，电桥输入电压$U_i=5$ V，$t=40$ ℃时，热电阻阻值为 115.54 Ω。求：

① 该电阻的材料；

② 测温范围；

③ 0 ℃时的电阻值；

④ $t=40$ ℃时电桥的开路输出电压。

4.42　热电阻在应用的过程中有哪些典型的引线方式？试对各种引线方式做比较。

4.43　什么是热电阻温度计的三线制连接？它有何优点？

4.44　试分析三线制和四线制接法在热电阻测量中的原理及其不同特点。

4.45　半导体温度传感器的测温原理是什么？

4.46　半导体电阻随温度变化的典型特性有哪些？

4.47　试解释负电阻温度系数热敏电阻的伏安特性，并说明其用途。

4.48　举例说明正温度系数热敏电阻与负温度系数热敏电阻应用的实例。

4.49　用 PTC 设计一个温度开关电路，并说明其工作原理。

4.50　热敏电阻和热电阻、热电偶等其他换能式感温元件相比有哪些显著的特点？

4.51　试比较热电偶测温与热电阻测温的区别。

4.52　试比较热电阻和半导体热敏电阻的异同。

4.53　在用热电偶和热电阻测量时，若出现如下几种情况，问仪表的指示值如何变化？

① 当热电偶开路、短路或极性接反时；

② 当热电阻开路、短路或热电阻使用二线制时；

③ 当正确地使用补偿导线将热电偶冷端延长时，若补偿导线极性反了又会如何？

4.54　从工作原理、测量精度、应用场合及主要特点这几方面对接触式测温方法与非接触式测温方法进行比较。

4.55　有哪些非接触式测温方法？请简述其基本工作原理。

4.56　什么是集成温度传感器？PN 结为什么可以用来作为温敏元件？

4.57　集成温度传感器按信号输出方式不同可分哪几种类型？

4.58　AD590 是哪一种形式输出的温度传感器，可以测量的温度范围是多少？有什么特点？

4.59　已知一个 AD590KH 两端集成温度传感器的灵敏度为 1 μA/℃，并且当温度为 25 ℃时，输出电流为 298.2 μA。若将该传感器按图 4.9 所示电路接入，问当温度分别为－30 ℃和＋120 ℃时，电压表的读数为多少？

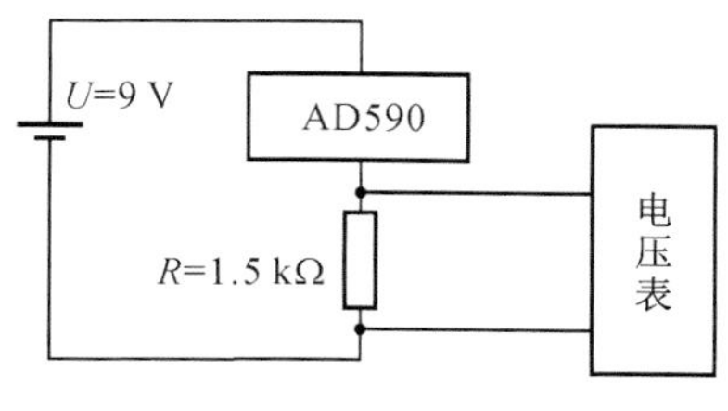

图 4.9　习题 4.59 图

4.60　用 AD590 设计一可测量温度范围 0～100 ℃的数字温度计，画出电路原理图。

4.61　试用一线制数字温度传感器 DS18B20 和单片机设计一个简易的温度测量电路，可以实现温度的测量和测量结果的显示。

4.62　全辐射温度传感器依据的是什么机理？

4.63　简述红外辐射的基本定律。

4.64　简述红外探测器的原理、种类、特点及应用。

4.65　光学高温计、全辐射高温计和比色高温计测量的是什么温度？与真实温度间的关系如何？

4.66　试述光纤温度传感器的分类和各类光纤传感器的工作原理，说明光纤温度传感器的典型应用有哪些？

4.67　传感器的标准化可以带来哪些益处？传感器标准化的前提是什么？为什么对热敏电阻至今没有标准化的分度表？

4.68　在温度变送器中，当使用热电偶或热电阻接入时，接线方法上有什么不同？工作原理有什么不同？在与热电偶连接时，如何完成线性化工作？

4.69　温度为 1 200 ℃，选用一个合适的传感器进行测量，并计算传感器的输出电压值，设计一个合适的测量电路，使输出的电压值为 4.5 V。

4.70　希望用温度传感器控制蔬菜大棚的室内温度，请设计一个方案，画出温度测控系统的原理图。

4.71　解释流量的概念。流量的单位有哪些？

4.72　说明流量的表示方法，流量测量有哪些方法？

4.73　质量流量和体积流量有何关系？

4.74　解释瞬时流量和累积流量的概念。

4.75　流量计通常可分为哪几种类型？

4.76　简述容积式流量计的特点。

4.77　以椭圆齿轮流量计为例，探讨如何利用容积法实现体积流量的测量。

4.78　腰轮流量计与椭圆齿轮流量计相比较有哪些不同？各有哪些优缺点？

4.79　简述差压式流量计的工作原理，并写出测量基本方程式。

4.80 差压式流量传感器包括哪几种流量计?

4.81 差压式流量计由哪几部分组成?简述每部分的功能。

4.82 说明节流式流量计的组成和原理。

4.83 节流装置由哪几部分构成?其各部分的作用是什么?为什么要保证测量管路在节流装置前后有一定的直管段长度?

4.84 节流装置测量流量,现配备了一DDZ-Ⅲ型差压变送器,其测量范围为:0~12 000 Pa,对应流量为 0~480 m^3/h。当差压变送器输出信号为 16 mA 时,差压为多少?流量为多少?

4.85 当被测流体的温度、压力值偏离设计值时,对节流式流量计的测量结果会有何影响?

4.86 简述转子流量计的工作原理和主要特点。

4.87 转子流量计使用时什么时候需要进行刻度换算,为什么?

4.88 用一转子流量计测量二氧化碳的流量,测量时被测气体温度为 50 ℃,压力是 74.5 kPa(表压),如果流量计读数在 80~100 m^3/h 之间波动,问此二氧化碳流量的实际变化范围?已知流量计出厂前是在 20 ℃且 101.32 kPa(绝对压力)下用空气标定,二氧化碳的密度为 1.842 kg/m^3,空气密度为 1.205 kg/m^3,当地大气压为101.32 kPa。

4.89 有一内径为 0.1 m 的气体管道,测得管道横截面上的气体平均流速 $U=8$ m/s,又知工作状态下的气体密度 $\rho=13$ kg/m^3,试求气体流过测量管道内的体积流量和质量流量。

4.90 速度式流量传感器包括哪几种流量计?

4.91 简述电磁流量计的工作原理和基本组成,简述每部分的功能。

4.92 电磁流量计的特点有哪些?

4.93 电磁流量计为什么要采用交变磁场?

4.94 电磁流量计主要干扰源有哪些?如何克服?

4.95 总结电磁流量计的选择要点。

4.96 简述超声波流量计的工作原理。

4.97 比较差压流量计、电磁流量计、超声流量计的优缺点。

4.98 质量流量测量有哪些方法?

4.99 简述科里奥利质量流量计的工作原理及特点。

4.100 说明热式质量流量计的工作原理。

4.101 说明间接式质量流量计有哪几种,它们分别采用什么原理?

4.102 如何选择流量测量仪表?

4.103 阐述流量测量仪表的直接校验法和间接校验法。

4.104 流量计有哪几种常用校准方法?

4.105 为什么液位检测可以转化为压力检测?

4.106 简述压力式液位测量原理。

4.107 差压式液位计的零点迁移量的实质是什么?有几种?如何判断计算?

4.108 简述浮筒液位计的测量原理。

4.109 试述电容式液位计的理论依据,测量导电液体和非导电液体的电容式液位计有何不同? 如何提高测量的灵敏度?

4.110 超声波液位计根据的原理是什么? 由几部分组成? 有哪些特点?

4.111 电容式料位计为什么常使用单电极作为测量电极? 为什么要使用辅助电极?

4.112 试设计一个油料液位监测系统。当液位高于 H_1 时,鸣响振铃并点亮红色 LED 灯;当液位低于 H_2 时,鸣响振铃并点亮黄色 LED 灯;当液位处于 H_1 和 H_2 之间时,点亮绿色 LED 灯。

4.113 啤酒发酵罐的温度大约在 −1~20 ℃范围内,压力大约在 0~0.4 MPa 范围内。设某啤酒发酵罐的液位测量范围为 0~20 m,请选用一种合适的液位传感器。

4.114 用水代替被测介质校验浮筒式液位变送器。已知被测介质的密度为 800 kg/m³,水的密度为 1 000 kg/m³,变送器输出信号 4~20 mA,求当变送器输出为 20%、40%、60%、80%、100%时,浮筒理论上应该被水淹没的高度(提示:无论被测物质是水还是其他介质,在同样的变送器输出下,弹簧的变形量相同)。

4.115 简述"压力"的定义、单位及各种表示方法。

4.116 绝对压力、表压力和真空度各自的含义是什么? 它们的相互关系是怎样的?

4.117 某容器的顶部压力和底部压力分别为 50 kPa 和 300 kPa,若当地的大气压力为标准大气压,试求容器顶部和底部处的绝对压力以及顶部和底部间的差压。

4.118 常用的压力检测元件有几种? 各有何特点?

4.119 作为感受压力的弹性元件有哪几种?

4.120 弹簧管压力计的测压原理是什么? 试述弹簧管压力计的主要组成及测压过程。

4.121 举例说明常见的弹性压力计电远传方式。

4.122 现有一台测量范围为 0~1.6 MPa,精度为 1.5 级的普通弹簧管压力表,校验后,其结果为:

被校表读数(MPa)	0.0	0.4	0.8	1.2	1.6
标准表上行程读数(MPa)	0.000	0.385	0.790	1.210	1.595
标准表下行程读数(MPa)	0.000	0.405	0.810	1.215	1.595

试问这台表合格否? 它能否用于某空气贮罐的压力测量(该贮罐工作压力为 0.8~1.0 MPa,测量的绝对误差不允许大于 0.05 MPa)?

4.123 简述应变式和压电式压力传感器的工作原理。

4.124 电容式压力传感器的工作原理是什么? 有何特点?

4.125 试设计电容式压差测量方案,并简述其工作原理。

4.126 某压力变送器的测量范围为 0~10 MPa,输出 4~20 mA 标准电流信号,其输出电流为 10 mA 时,意味着被测压力是多少?

4.127 压力传感器有哪几种动态校准方法? 各有什么特点?

4.128 准备用标准压力传感器校准一块 0~1.6 MPa,1.5 级的工业用压力表,应选择下列压力传感器中的哪一块?

① 0～1.6 MPa，0.5 级；② 0～2.5 MPa，0.35 级；③ 0～6 MPa，0.25 级。

4.129　如果某反应器最大压力为 0.8 MPa，允许最大绝对误差为 0.01 MPa。现用一台测量范围为 0～1.6 MPa，精度为 1.0 级的压力表来进行测量，问能否符合工艺上的误差要求？若采用一台测量范围为 0～1.0 MPa，精度为 1.0 级的压力表，问能符合误差要求吗？试说明其理由。

4.130　某压力检测系统的测量范围是 0～100 kPa，在 50 kPa 处计量检定值为 49.6 kPa，求其在 50 kPa 处的示值绝对误差、示值相对误差和示值引用误差。若通过检定，发现在整个测量范围内 50 kPa 处的示值绝对误差最大，则该压力检测系统精度等级为多少？

5 阻抗式结构型传感器

5.1 内容概要

阻抗式结构型传感器依靠敏感结构的变形、运动，将被测量转变成测试电路的阻抗，主要有电阻应变式传感器、电容式传感器、电感式传感器。

电阻应变计也称为电阻应变式传感器，它的工作原理基于四个基本的转换环节：力(F)→应变(ε)→电阻变化(ΔR)→电压输出(ΔU)。其中，力→应变由敏感元件完成，这一转换依赖于传感器的结构；应变→电阻变化由电阻应变式转换元件完成，即金属应变效应；电阻变化→电压输出则由测试电路完成，三个转换过程构成一个完整的电阻应变式传感器。

常用的电阻应变片有三种类型：电阻丝式应变片、箔式应变片和半导体式应变片。表征应变计静态特性的主要指标有灵敏系数(灵敏度指标)、机械滞后(滞后指标)、蠕变(稳定性指标)、应变极限(测量范围)等。实际应变片的电阻值会受温度影响，造成电阻应变计温度误差的原因可分为两类：① 电阻的热效应，即敏感栅金属丝电阻自身随温度产生的变化；② 试件与应变丝的材料线膨胀系数不一致，使应变丝产生附加变形，从而造成电阻变化。热输出补偿方法主要有：单丝自补偿、双丝自补偿、双丝半桥补偿、补偿块法、热敏元件补偿法和差动补偿法等。

电容式传感器是将被测非电量的变化转换为电容量变化的一种传感器。结构简单、分辨力高、可非接触测量，并能在高温、辐射和强烈振动等恶劣条件下工作，这是它的独特优点。电容式传感器可分为变极距型、变面积型和变介质型三种类型。其中，变极距型具有很高的灵敏度，用以测量微小位移如纳米级的位移，或者把力、加速度、位移及转速等力学量转换成极距的微小变化的测量；变面积型有较大的量程，可测出从角秒级至几十度的的角度，也用以测量较大的线性位移；变介质型主要用以测量液体物位、材料厚度、空气湿度以及接近觉和触觉等。

电容式传感器在应用中存在的问题主要有：变极距型平板电容传感器的非线性问题、电路分布参数的影响、电容的边缘效应、静电引力和温度的影响。

电感式传感器种类很多，本章主要介绍基于变磁阻原理的自感式和互感式传感器，以及电涡流式传感器。它们主要特点是：结构简单、可靠、寿命长、灵敏度高、精度高、性能稳定、重复性好、输出信号强。常用来检测位移、振动、力、变形、比重、流量等物理量。由于适用范围宽广，能在较恶劣的环境中工作，因而在计量技术、工业生产和科学研究领域中得到了广泛应用。其主要缺点是：频率响应低，不适于调频动态信号测量；存在交流零位误差；由于线圈的存在，体积和重量都比较大，也不适合于集成制造。

根据工作原理自感式和互感式传感器又可分为变气隙式、变面积式与螺管式三种类型，它们的输出误差主要有：非线性误差、零位误差和温度误差等。电涡流式传感器是利用电涡流效应进行工作，其结构简单、灵敏度高、频响范围宽、不受油污等介质的影响，并能进行非接触测量，适用范围广。根据工作原理电涡流式传感器可分为反射式和透射式两种。

5.2　例题分析

【例 5.1】　试分析如图 5.1 所示的圆形平膜，在均布载荷 p（单位：Pa）的作用下的应力和应变，并说明其随半径 r 的变化特点。

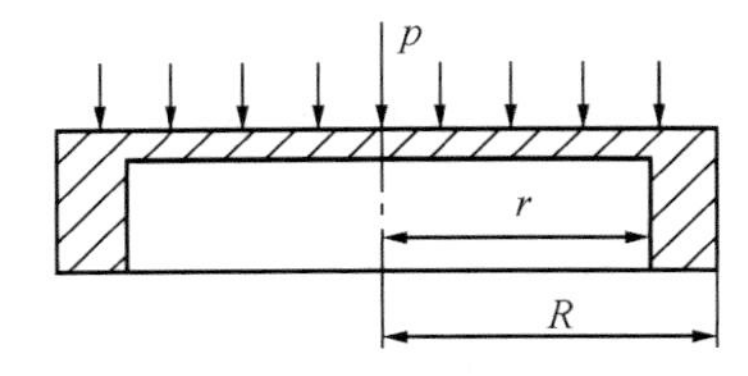

图 5.1　平薄膜受均布载荷

解：径向应力为：

$$\sigma_r=\frac{3p}{8h^2}[R^2(1+\mu)-r^2(3+\mu)]$$

切向应力为：

$$\sigma_t=\frac{3p}{8h^2}[R^2(1+\mu)-r^2(1+3\mu)]$$

小变形条件下，径向应变为：

$$\varepsilon_r=\frac{1}{E}(\sigma-\mu\sigma_t)=\frac{3p(1-\mu^2)}{8Eh^2}(R^2-3r^2)$$

切向应变为：

$$\varepsilon_t=\frac{1}{E}(\sigma_t-\mu\sigma_r)=\frac{3p(1-\mu^2)}{8Eh^2}(R^2-r^2)$$

在膜中心 $r=0$ 处，膜的切向应力和径向应力相等，切向应变和径向应变也相等，而且达到正的最大值，为：

$$\sigma_{r0}=\sigma_{t0}=\frac{3pR^2}{8Eh^2}(1+\mu)$$

$$\varepsilon_{r0}=\varepsilon_{t0}=\frac{3pR^2}{8Eh^2}(1-\mu^2)$$

在膜片边缘 $r=R$ 处，膜的切向应力和径向应力、径向应变都达到负的最大值，而切向应变为零：

$$\sigma_{ra}=-\frac{3pR^2}{4h^2},\quad \sigma_{ta}=-\frac{3pR^2}{4h^2}\mu,\quad \varepsilon_{ru}=-\frac{3pR^2}{4h^2}(1-\mu^2),\quad \varepsilon_{tu}=0$$

可见，径向应力和应变有一拐点，拐点在 $r=0.573R$ 处，此时 $\varepsilon_r=0$，$\sigma_r=0$。

【例 5.2】　一应变片的电阻 $R_0=120\ \Omega$，$K=2.05$，用作应变为 800 μm/m 的传感元件。求：

(1) ΔR 与 $\Delta R/R$；

(2) 若电源电压 $U_i=3$ V，求其惠斯通测量电桥的非平衡输出电压 U_o。

解：由 $K=\dfrac{\Delta R/R}{\varepsilon}$，得：

$$\frac{\Delta R}{R}=K\varepsilon=2.05\times\frac{800\ \mu\text{m}}{10^6\ \mu\text{m}}=1.64\times10^{-3}$$

则
$$\Delta R = 1.64\times10^{-3}\times R = 1.64\times10^{-3}\times120\ \Omega = 0.1968\ \Omega$$

其输出电压为：

$$U_0 = \frac{U_i}{4}\frac{\Delta R}{R} = \frac{3}{4}\times1.64\times10^{-3} = 1.23\times10^{-3}\ \text{V} = 1.23\ \text{mV}$$

【例 5.3】 试分析图 5.2 所示用于电容或电感传感器的相敏检波电路的辨向原理。

解：如图 5.2 所示，它实际是由二极管组成的整流电路。以电感式传感器为例，若衔铁上移，Z_1 增大，Z_2 减小。如 A 点电位高于 B 点，二极管 VD_1、VD_4 导通，VD_2、VD_3 截止。在 A—E—C—B 支路中 C 点电位由于 Z_1 增大而降低；在 A—F—D—B 支路中，D 点电位由于 Z_2 减小而增高。因此 D 点电位高于 C 点；如 B 点电位高于 A 点，二极管 VD_2、VD_3 导通，VD_1、VD_4 截止。在 B—C—F—A 支路中，C 点电位由于 Z_2 减小而降低；在 B—D—E—A 支路中，D 点电位由于 Z_1 增大而增高。因此 D 点电位高于 C 点，所以，根据输出电压的极性可以分辨衔铁的运动方向。

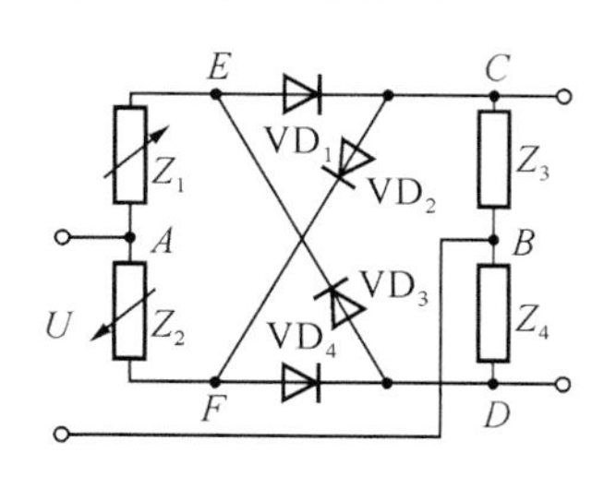

图 5.2　相敏检波电路

【例 5.4】 如图 5.3 所示气隙型电感传感器，衔铁截面积 $S=4\times4\ \text{mm}^2$，气隙总长度 $\delta=0.8$ mm，衔铁最大位移 $\Delta\delta=\pm0.08$ mm，激励线圈匝数 $W=2\ 500$ 匝，导线直径 $d=0.06$ mm，电阻率 $\rho=1.75\times10^{-6}\ \Omega\cdot\text{cm}$，当激励电源频率 $f=4\ 000$ Hz 时，忽略漏磁及铁损，求：

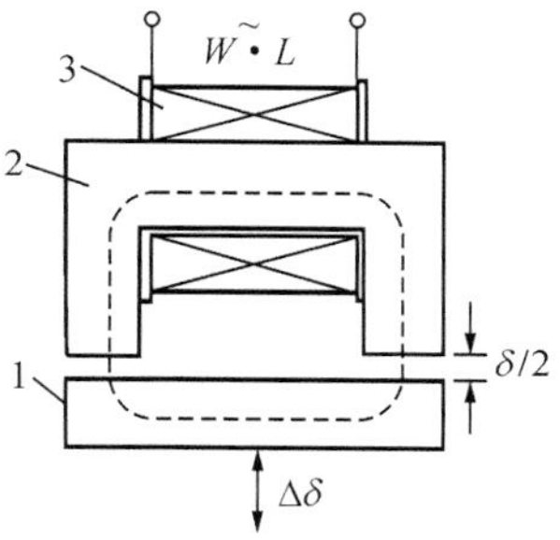

图 5.3　气隙型电感传感器

(1) 线圈电感值；

(2) 电感的最大变化量；

(3) 线圈的直流电阻值；

(4) 线圈的品质因数；

(5) 当线圈存在 200 pF 分布电容与之并联后其等效电感值。

解：(1) 线圈电感值

$$L = \frac{\mu_0 W^2 S}{\delta} = \frac{4\pi\times10^{-7}\times2\ 500^2\times4\times4\times10^{-6}}{0.8\times10^{-3}} = 1.57\times10^{-1}\ \text{H} = 157\ \text{mH}$$

(2) 衔铁位移 $\Delta\delta=+0.08$ mm 时，其电感值

$$L_+ = \frac{\mu_0 W^2 S}{\delta+\Delta\delta\times2} = \frac{4\pi\times10^{-7}\times2\ 500^2\times4\times4\times10^{-6}}{(0.8+2\times0.08)\times10^{-3}}$$
$$= 1.31\times10^{-1}\ \text{H} = 131\ \text{mH}$$

衔铁位移 $\Delta\delta=-0.08$ mm 时，其电感值

$$L_- = \frac{\mu_0 W^2 S}{\delta-\Delta\delta\times2} = \frac{4\pi\times10^{-7}\times2\ 500^2\times4\times4\times10^{-6}}{(0.8-2\times0.08)\times10^{-3}}$$
$$= 1.96\times10^{-1}\ \text{H} = 196\ \text{mH}$$

故位移 $\Delta\delta=\pm0.08$ mm 时，电感的最大变化量为：

$$\Delta L = L_- - L_+ = 196-131 = 65\ \text{mH}$$

(3) 线圈的直流电阻

设 $l_{Cp}=4\times\left(4+\frac{0.06}{2}\right)$ mm 为每匝线圈的平均长度，则

$$R=\rho\frac{l}{S}=\rho\frac{Wl_{\mathrm{Cp}}}{\pi d^2/4}$$

$$=1.75\times10^{-6}\frac{2\,500\times4\times\left(4+\frac{0.06}{2}\right)\times10^{-1}}{\frac{\pi}{4}\times(0.06\times10^{-1})^2}=249.6\ \Omega$$

（4）线圈的品质因数

$$Q=\frac{\omega L}{R}=\frac{2\pi fL}{R}=\frac{2\pi\times4\,000\times1.57\times10^{-1}}{249.6\ \Omega}=15.8$$

（5）当存在分布电容 200 pF 时，其等效电感值

$$L_{\mathrm{p}}=\frac{L}{1-\omega^2LC}=\frac{L}{1-(2\pi f)^2LC}$$

$$=\frac{1.57\times10^{-1}}{1-(2\pi\times4\,000)^2\times1.57\times10^{-1}\times200\times10^{-12}}$$

$$=1.60\times10^{-1}\ \mathrm{H}=160\ \mathrm{mH}$$

【例 5.5】 何谓电涡流效应？怎样利用电涡流效应进行位移测量？

答：电涡流效应指的是这样一种现象：根据法拉第电磁感应定律，块状金属导体置于变化的磁场中或在磁场中做切割磁感线运动时，通过导体的磁通将发生变化，产生感应电动势，该电动势在导体内产生电流，并形成闭合曲线，状似水中的涡流，通常称为电涡流。

利用电涡流效应测量位移时，可使被测物的电阻率、磁导率、线圈与被测物的尺寸因子、线圈中激磁电流的频率保持不变，而只改变线圈与导体间的距离，这样测出的传感器线圈的阻抗变化，可以反映被测物位移的变化。

5.3 应用举例

1）电阻应变式传感器

应变式传感器最基本的功能是测量微变形，凡是能将被测量转化为敏感结构形变的物理量都可以用电阻应变式传感器来测量。引起结构变形的直接原因是力，因此，电阻应变式传感器又称为力敏传感器。总的来讲，电阻应变式传感器的应用主要体现在以下两个方面：① 将应变片粘贴于被测构件上，直接用来测定构件的应变和应力。例如，为了研究或验证机械、桥梁、建筑等某些构件在工作状态下的应力、变形情况，可利用形状不同的应变片，粘贴在构件的测量部位，可测得构件的拉、压应力、扭矩或弯矩等，从而为结构设计、应力校核或构件破坏的预测等提供可靠的实验数据。② 将应变片贴于弹性元件上，与弹性元件一起构成应变式传感器。这种传感器常用来测量力、位移、加速度等物理参数。在这种情况下，弹性元件将得到与被测量成正比的应变，再通过应变片转换为电阻变化的输出。典型应用如图 5.4 所示加速度传感器，由悬臂梁、质量块、壳体等组成。测量时，基座固定在振动体上，振动加速度使质量块产生惯性力，悬臂梁则相当于惯性系统的“弹簧”，在惯性力作用下产生弯曲变形。因此，梁的应变在一定的频率范围内与振动体的加速度成正比。图 5.4 是一种典型的结构型传感器，也是典型的加速度传感器的结构，其中，质量块的作用是敏感加速度并将其转换为对弹性梁的作用力，因此是敏感元件，弹性梁的作用将力转换为变形以便

于电阻应变计的测量，因此，弹性梁和应变计都是转换元件。利用这种结构还可以设计电容式和电感式加速度传感器。

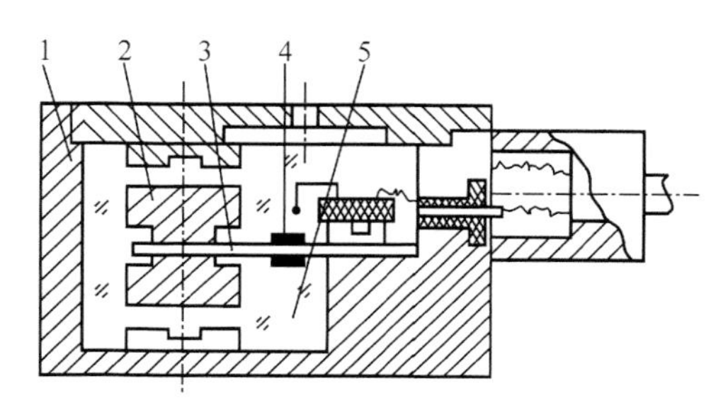

图 5.4　电阻应变式加速度传感器

1—壳体；2—质量块；3—悬臂梁；4—应变片；5—阻尼

目前，电阻应变式传感器最广泛的应用是重力测量，即称重传感器。有三种应力被应用于称重传感器的设计中，即拉伸与压缩应力、弯曲应力和剪切应力。相应地，力敏感结构也有柱式(或圆筒式，拉压)、梁式(弯曲、剪切)、柱销式(剪切)、轮辐式(弯曲、剪切)等多种结构。

2) 电容式差压传感器

膜在结构型传感器中有很多应用。图 5.5 是电容式差压传感器结构示意图。这种传感器结构简单、灵敏度高、响应速度快(约 100 ms)、能测微小压差(0～0.75 Pa)。它由两个玻璃圆盘和一个金属(不锈钢)膜片组成。两玻璃圆盘上的凹面深约为 25 μm，其上镀金作为电容式传感器的两个固定极板，而夹在两凹圆盘中的膜片则为传感器的可动电极，则形成传感器的两个差动电容 C_1、C_2。当两边压力 P_1、P_2 相等时，膜片处在中间位置与左、右固定电容间距相等，因此两个电容相等；当$P_1>P_2$ 时，膜片弯向 P_2，那么两个差动电容一个增大、一个减小，且变化量大小相同；当压差反向时，差动电容变化量也反向。这种差压传感器也可以用来测量真空或微小绝对压力，此时只要把膜片的一侧密封并抽成高真空($\times 10^{-5}$ Pa)即可。

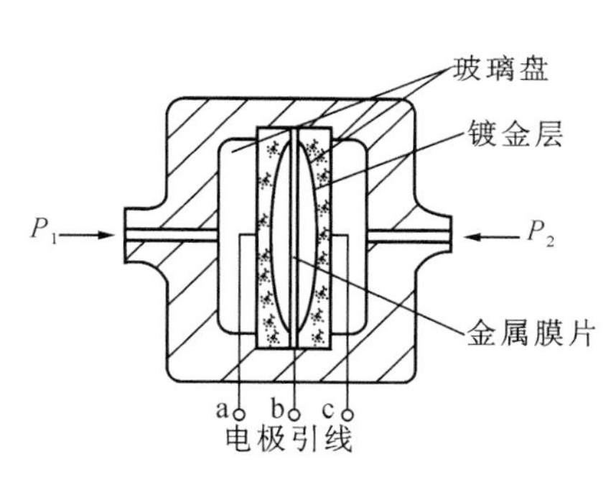

图 5.5　电容式差压传感器原理结构

3) 电容式接近开关

接近开关是一类能探测待测物体目标与传感器间距离阈值并输出开关信号的传感器，在航空、航天技术以及工业生产中都有广泛的应用。在日常生活中，如宾馆、饭店、车库的自动门，自动热风机上都有应用。在安全防盗方面，如资料档案、财会、金融、博物馆、金库等重地，通常都装有由各种接近开关组成的防盗装置。在测量技术中，如长度，位置的测量；在控制技术中，如位移、速度、加速度的测量和控制，也都使用着大量的接近开关。接近开关的种类很多，按检测原理可分为电容式、电感和电涡流式、光电式、超声波式、霍尔式、磁敏式等多种。电容式接近开关的原理如图 5.6 所示。

电容接近开关的感应面由两个同轴金属电极构成，很像“打开的”电容器电极，这两个电极构成一个电容，串接在 RC 振荡回路内。通常其中一个极板就是开关的外壳。这个外壳在测量过程中通常是接地或与设备的机壳相连接。当有物体移向接近开关时，不论它是否为导体，由于它的接近，使极板间介质的介电常数发生变化，从而使电容量发生变化。图 5.6 为这种传感器的测量电路。主要由高频振荡器、整流器、整形和放大电路组成。电源接通时，RC 振荡器不振荡，当一目标朝着电容器的电极靠近时，电容器的容量增加，振荡器开始振荡。通过后级电路的处理，将停振和振荡两种信号转换成开关信号，从而起到了检测有无物体接近的目的。该传感器的检测距离通常为几毫米；能检测金属物体，也能检测非金属物体，对金属物体可以获得最大的动作距离，对非金属物体动作距离决定于材料的介电常数，材料的介电常数越大，可获得的动作距离越大，还能检测液体或粉状物等。

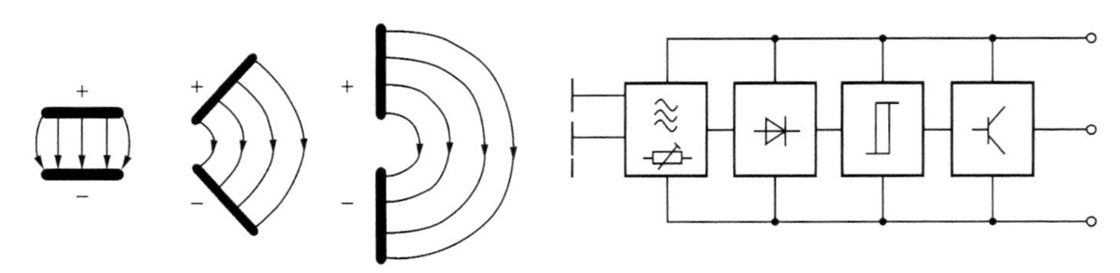

图 5.6　电容式接近传感器

近年来，电容式触控技术发展非常快，其应用也越来越广泛，如利用电容式接近传感器原理的电容式触摸屏、手机按键等对原有产品的性能提高起到了更新换代的作用。

4）深亚微米精度电感式位移传感器

随着工业生产水平的不断提高，往往需要对一些精密位移量进行准确测量，其测量精度需要达到亚微米或深亚微米级，频率响应一般要求达到 100 Hz 以上。一种差动自感式位移传感器的结构如图 5.7 所示。线圈的电感可用下式计算：

$$\Delta L=\frac{\mu_0\pi\omega^2}{h^2}(\mu_r-1)r^2\Delta t=\frac{L_0\Delta t}{\left[1+\frac{h}{t_0}\left(\frac{R}{r}\right)^2\left(\frac{1}{\mu_r-1}\right)\right]t_0}$$

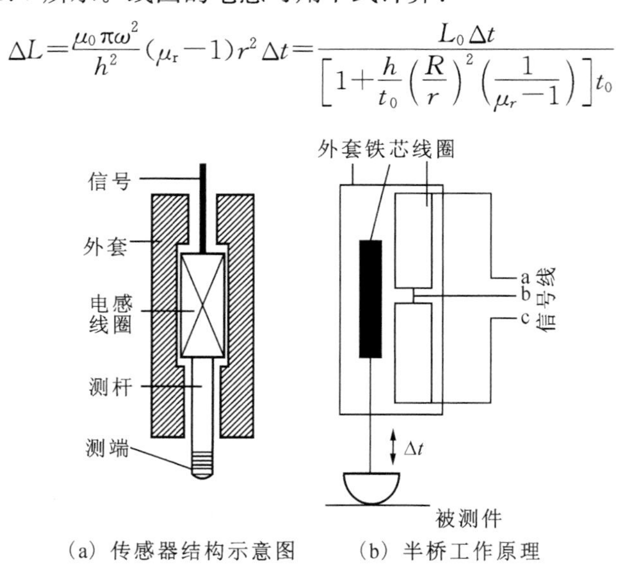

（a）传感器结构示意图　　（b）半桥工作原理

图 5.7　差动自感式微位移传感器原理图

式中：h 为线圈的高度；R、r 为线圈的外径和内径；L_0 为线圈初始电感；t_0 为铁心位于该线圈中的初始长度。可见线圈电感量的变化正比于测杆位移的变化量 Δt，并且当测杆上升时，单个线圈（以下面的线圈为例）阻抗减小，$Z=Z-\Delta Z$；当测杆下降时，线圈阻抗增加 $Z=Z+\Delta Z$。

传感器采用半桥式测量电路。由于电桥驱动与信号调理电路性能的好坏直接影响测量精度，采用了单片集成信号调理器件 AD698。AD698 内部集成有振荡器，可产生一个正弦信号驱动传感器线圈，振荡器产生激励信号的频率和幅值大小由外接电容和电阻来调节。通过相敏解调电路与滤波电路，将线圈电压转换成直流信号。AD698 采用了低噪声前置放大器，并采用 A/B 同步解调方式。A 相输入信号(从中间抽头 b 引出的单个线圈电感)与铁心的位置成正比，从 ac 接入 B 相输入信号(串联线圈总电感) 不随铁心的位置发生变化，内部振荡器产生的激励信号同时加载在 A 相线圈和 B 相线圈上，此时激励信号的漂移和干扰由 B 相输入体现出来，经过 AB 比率解调后，A 相中的激励信号的漂移和干扰即可抵消掉，再经过低通滤波滤掉载波信号，输出一个与电感变化成正比的直流输出。该检波方式的优点是利用比例技术来消除振荡器漂移带来的误差，大大提高了温度稳定性和传感器的兼容性，保证了亚微米级位移测量的实现和测量系统的通用性。后续电路主要有 Σ—△型 22 位高精度 AD 转换器 ADS1213，软件上采取滤波技术，并配以非线性误差的校正措施，传感器在 1 mm 量程内的精度为 0.01 μm，实现了亚微米级的测量。

5) 自感式电动阀门扭矩测量系统

智能电动阀门执行器是阀门的驱动装置，在石油、化工、水处理等领域应用十分广泛。由于实际工况复杂，当阀门工作中出现咬死、负载过大等状况时，可能导致阀门或执行器损坏。因此，扭矩保护是智能电动阀门执行器的一项重要功能。自感式扭矩传感器测量系统主要由蜗轮、蜗杆、铁心、感应线圈和电子电路等组成，如图 5.8 所示。铁心置于感应线圈内，并和蜗杆联接。感应线圈由 2 个绕组构成，其中一个与振荡电路相连，产生交流电压，在线圈周围产生磁场，另一个为感应绕组，产生信号电压。扭矩测量原理是：在开启和关闭阀门时，电机带动蜗杆、蜗轮转动，通过蜗轮轴驱动与之相联的阀门。设阀门负载扭矩值为 T(N·m)，蜗轮分度圆半径为 R，则作用在蜗轮分度圆上的力为 F($F=T/R$)，蜗轮作用在蜗杆上的反作用力为 F_1。在 F_1 的作用下，蜗杆将产生微量的轴向位移或变形，导致铁心随蜗杆联动，使线圈的电感发生变化。图 5.9 是测量电路原理图。图中：L_2 是作为基准用的电感线圈，它的各种参数如几何尺寸、材质、线径、匝数等与 L_1 相同，但不安装在轴上。L_1、L_2 及电阻 R_1 和 R_2 组成交流电桥，并由 $VD_1 \sim VD_4$ 及 $VD_5 \sim VD_8$ 二极管组成的桥式整流电路，使 A、B 两点为电桥直流输出端，并经 LC 滤波器滤去高次谐波。输出反映 2 个电感线圈的电感量之差，亦即反映了被测扭矩值。

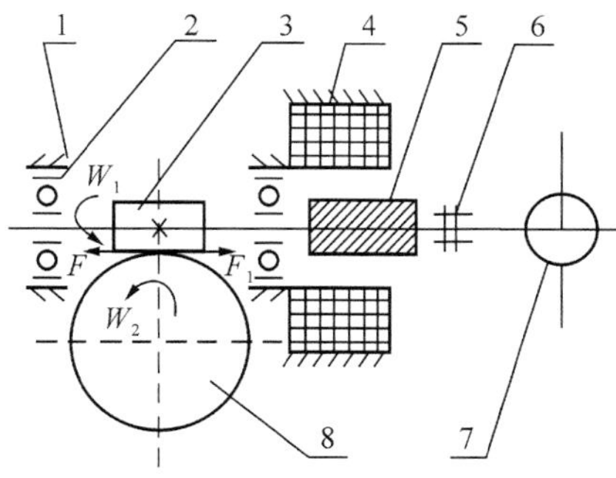

图 5.8　自感式扭矩测量装置

1—机体；2—轴承；3—蜗杆；4—线圈；5—铁心；6—联轴器；7—电机；8—蜗轮

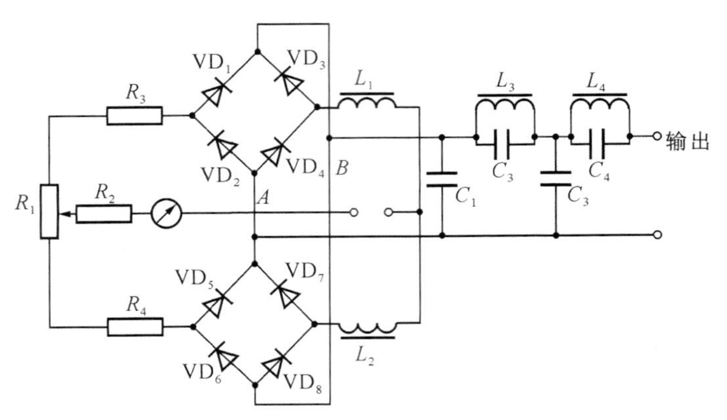

图 5.9　自感式扭矩测量装置测试电路原理图

5.4　习题

5.1　什么是金属导电丝材的电阻应变效应?

5.2　应变丝的灵敏度与应变计的灵敏度有何差异?产生差异的原因是什么?

5.3　简述电阻应变计温度误差的产生原因及补偿方法。

5.4　简述电阻应变计的主要指标及作用。

5.5　怎样用电阻应变计测量剪应力?

5.6　有无可能用电阻应变计构成测量流量的传感器?

5.7　查资料,说明电阻应变计式传感器在动态测量时的注意事项。

5.8　简述电容式传感器的原理、分类。

5.9　如何改善变极距式电容传感器的输出非线性?

5.10　在压力比指示系统中采用差动式变极距型电容传感器,已知原始极距 $\delta_1=\delta_2=0.25$ mm,极板直径 $D=38.2$ mm,采用电桥电路作为其转换电路,电容传感器的两个电容分别接 $R=5.1$ kΩ 的电阻作为电桥的两个桥臂,电源电压为 $U=60$ V,$f=400$ Hz,另两个桥臂的固定电容 $C=0.001$ μF,求该电容传感器的电压灵敏度,若 $\Delta\delta=10$ μm,求输出电压的有效值。

5.11　求图 5.10 所示的电容式位移传感器,位移 x 与电容值的关系。

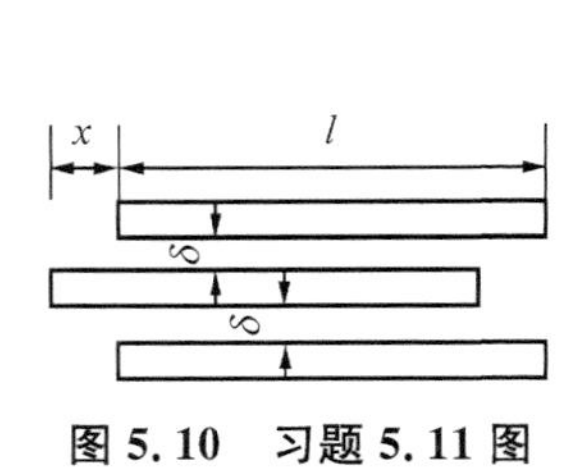

图 5.10　习题 5.11 图

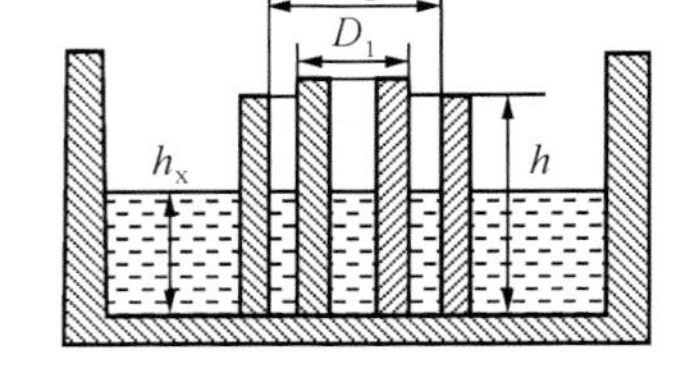

图 5.11　习题 5.14 图

5.12　什么是电容式传感器的边缘效应?应如何克服?

5.13　说明电容式传感器测量纸张厚度的原理。

5.14　某电容式液位传感器如图 5.11 所求,由直径为 $D_2=40$ mm 和 $D_1=8$ mm 的两个同心圆柱体组成。储存灌也是圆柱形，直径为 50 cm，高为 $h=1.2$ m。被储存液体的 $\varepsilon_r=2.1$。计算传感器的最小电容和最大电容以及当用在储存灌内传感器的灵敏度(pF/cm)。

5.15　如何用 555 定时器构成测量电容的脉宽调制电路？

5.16　试述变磁阻式传感器的原理。

5.17　比较差动自感式传感器与差动变压器结构、原理上的异同之处。

5.18　差动自感式传感器为什么常用相敏检波器？分析相敏检波器的工作原理。

5.19　图 5.12 的电路也能起到相敏检波器同样的作用，试分析这种电路的工作原理。

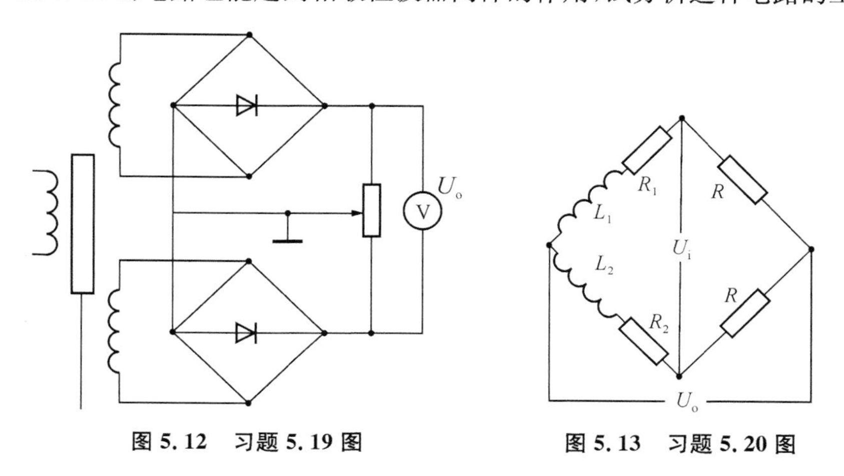

图 5.12　习题 5.19 图　　**图 5.13　习题 5.20 图**

5.20　图 5.13 为差动变间隙式自感传感器测量电路，如果 $Z_1=R_1+\mathrm{j}\omega L_1$，$Z_2=R_2+\mathrm{j}\omega L_2$，$\omega$ 为电源角频率，零位时 $Z_1=Z_2$，求灵敏度表达式($K=U_o/\Delta\delta$)。

5.21　图 5.14 电涡流式接近开关测量转轴角速度的示意图，说明其工作原理并分析测量误差。

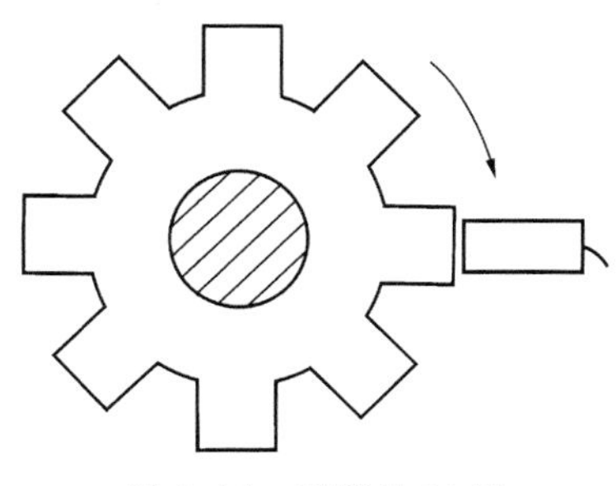

图 5.14　习题 5.21 图

5.22　试比较电阻应变式传感器、电容式传感器、变磁阻式传感器测量位移的异同点。

5.23　差动式测量有何优点？试举例说明之。

5.24　讨论分别以电阻应变式、电容、变磁阻原理实现加速度测量的方法，并比较各自的特点。

6 压电式传感器

6.1 内容概要

压电式传感器是一种能量转换型传感器。它既可以将机械能转换为电能，又可以将电能转化为机械能。压电式传感器是以具有压电效应的压电器件为核心组成的传感器。压电效应是指某些介质在施加外力造成本体变形而产生带电状态或施加电场而产生变形的双向物理现象，是正压电效应和逆压电效应的总称。正压电效应中，如果所生成的电位差方向与压力或拉力方向一致，即为纵向压电效应；如所生成的电位差方向与压力或拉力方向垂直时，即为横向压电效应；如果在一定的方向上施加的是切应力，而在某方向上会生成电位差，则称为切向压电效应。迄今已出现的压电材料可分为三大类：一是压电晶体（单晶），它包括压电石英晶体和其他压电单晶；二是压电陶瓷；三是新型压电材料，其中有压电半导体和有机高分子压电材料两种。

逆压电效应可以使压电体振动，可以构成超声波换能器、微量天平、惯性传感器以及声表面波传感器等。振动可分成四大类，① 垂直于电场方向的伸缩振动；② 平行于电场方向的伸缩振动；③ 垂直于电场平面内的剪切振动；④ 平行于电场平面内的剪切振动。

压电器件实质上是一个有源电容器，当需要压电器件输出电压时，可把它等效成一个与电容串联的电压源，在开路状态，其输出端电压为 $U_n=Q/C_n$；当需要压电器件输出电荷时，则可把它等效成一个与电容相并联的电荷源，在开路状态，输出端电荷为 $Q=C_aU_a$。因此，压电传感器的测量电路有两种形式：电压放大器和电荷放大器。

超声是指频率高于 20 kHz 的声音。超声波探头是实现声、电转换的装置，又称超声换能器或传感器。这种装置能发射超声波和接收超声回波，并转换成相应的电信号。超声波探头按其作用原理可分为压电式、磁致伸缩式、电磁式等数种，其中以压电式为最常用。

SAW 传感器是以 SAW 技术、电路技术、薄膜技术相结合设计的部件，由 SAW 换能器、电子放大器和 SAW 基片及其敏感区构成，采用瑞利波进行工作。其优点如下：高精度，高灵敏度；SAW 传感器将被测量转换成数字化的频率信号进行传输、处理；SAW 器件的制作与集成电路技术兼容；体积小、重量轻、功耗低。SAW 传感器的核心是 SAW 振荡器，它属于谐振式传感器，有延迟线型（DL 型）和谐振器型（R 型）两种。

6.2 例题分析

【例 6.1】 有一零度 X 切的纵向石英晶体，其面积为 20 mm^2，厚度为 10 mm，当受到压

力 $P=10$ MPa 作用时，求产生的电荷量及输出电压。

解：由题意知，压电晶体受力为：

$$F=PS=10\times10^{6}\times20\times10^{-6}=200\ \mathrm{N}$$

0°X 切割石英晶体，则

$$\varepsilon_r=4.5,\quad d_{11}=2.31\times10^{-12}\ \mathrm{C/N}$$

等效电容为：

$$C_a=\frac{\varepsilon_0\varepsilon_r S}{d}=\frac{8.85\times10^{-12}\times4.5\times20\times10^{-6}}{10\times10^{-3}}=7.97\times10^{-14}\ \mathrm{F}$$

受力 F 产生电荷为：

$$Q=d_{11}F=2.31\times10^{-12}\times200=462\times10^{-12}\ \mathrm{C}=462\ \mathrm{pC}$$

输出电压为：

$$U_a=\frac{Q}{C_a}=\frac{462\times10^{-12}}{7.97\times10^{-14}}=5.796\times10^{3}\ \mathrm{V}$$

【例 6.2】 上例中，若压电晶体为纵向效应的 $BaTiO_3$，求产生的电荷量及输出电压。

解：利用纵向效应的 $BaTiO_3$，则

$$\varepsilon_r=1\,900,\quad d_{33}=191\times10^{-12}\ \mathrm{C/N}$$

等效电容为：

$$C_a=\frac{\varepsilon_0\varepsilon_r S}{d}=\frac{8.85\times10^{-12}\times1\,900\times20\times10^{-6}}{10\times10^{-3}}$$
$$=33.6\times10^{-12}\ \mathrm{F}=33.6\ \mathrm{pF}$$

受力 F 产生电荷为：

$$Q=d_{33}F=191\times10^{-12}\times200=38\,200\times10^{-12}\ \mathrm{C}=3.82\times10^{-8}\ \mathrm{C}$$

输出电压为：

$$U_a=\frac{Q}{C_a}=\frac{3.82\times10^{-8}}{33.6\times10^{-12}}=1.137\times10^{3}\ \mathrm{V}$$

【例 6.3】 某压电式压力传感器为两片石英晶片并联，每片厚度 $h=0.2$ mm，圆片半径 $r=1$ cm，$\varepsilon_r=4.5$，X 切型 $d_{11}=2.31\times10^{-12}$ C/N。当 0.1 MPa 压力垂直作用于 P_X 平面时，求传感器输出电荷 Q 和电极间电压 U 的值。

解：当两片石英晶片并联时，所产生电荷为：

$$Q_{并}=2Q=2d_{11}F=2d_{11}p\pi r^2$$
$$=2\times2.31\times10^{-12}\times0.1\times10^{6}\times\pi\times(1\times10^{-2})^2$$
$$=145\times10^{-12}\ \mathrm{C}=145\ \mathrm{pC}$$

总电容为：

$$C_{并}=2C=2\varepsilon_0\varepsilon_r S/h=2\varepsilon_0\varepsilon_r\pi r^2/h$$
$$=2\times8.85\times10^{-12}\times4.5\times\pi\times(1\times10^{-2})^2/0.2\times10^{-3}$$
$$=125.1\times10^{-12}\ \mathrm{F}=125.1\ \mathrm{pF}$$

电极间电压为：

$$U_{并}=Q_{并}/C_{并}=145/125.1=1.16\ \mathrm{V}$$

【例 6.4】 用石英晶体加速度计及电荷放大器测量机器的振动，已知：加速度计灵敏度

为5 pC/g，电荷放大器灵敏度为 50 mV/pC，当机器达到最大加速度值时相应的输出电压幅值为 2 V，试求该机器的振动加速度。（g 为重力加速度）

解：由题意知，振动测量系统（压电式加速度计加上电荷放大器）的总灵敏度

$$K=K_q \cdot K_u=5\ \mathrm{pC}/g\times 50\ \mathrm{mV/pC}=250\ \mathrm{mV}/g=U_o/a$$

式中，U_o 为输出电压；a 为振动系统的加速度。

则当输出电压 $U_o=2$ V 时，振动加速度为：

$$a=U_o/K=2\times 10^3\ \mathrm{mV}/250\ \mathrm{mV}/g=8g$$

【例 6.5】 为什么压电式传感器不能用于静态测量，只能用于动态测量中？

答：如果作用在压电组件上的力是静态力，则电荷会泄漏，无法进行正确测量。所以压电传感器通常都用来测量动态或瞬态参量。

6.3　应用举例

1）压电式加速度传感器

目前压电加速度传感器的结构型式主要有压缩型、剪切型和复合型三种，这里只介绍第一种。图 6.1 所示为常用的压缩型压电加速度传感器结构；压电元件选用 d_{11} 和 d_{33} 形式。

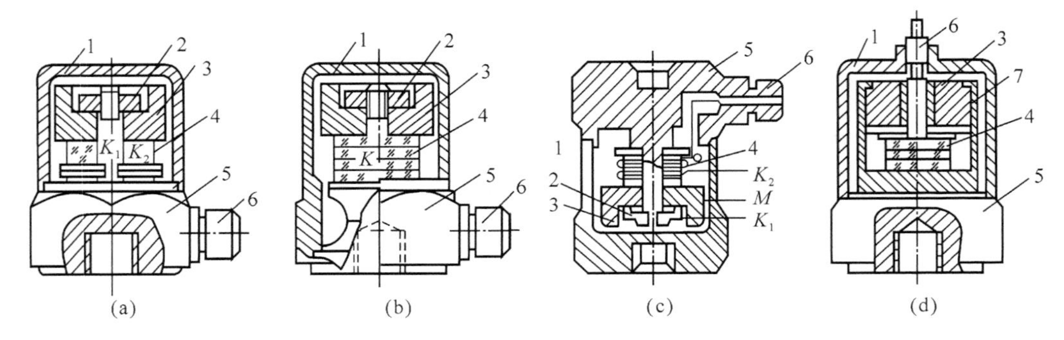

图 6.1　压缩型压电加速度传感器

(a) 正装中心压缩式；(b) 隔离基座压缩式；(c) 倒装中心压缩式；(d) 隔离预载筒压缩式

1—壳体；2—预紧螺母；3—质量块；4—压电元件；5—基座；6—引线接头；7—预紧筒

图 6.1(a)正装中心压缩式的结构特点是，质量块和弹性元件通过中心螺栓固紧在基座上形成独立的体系，以与易受非振动环境干扰的壳体分开，具有灵敏度高、性能稳定，频响好，工作可靠等优点。但基座的机械和热应变仍有影响。为此，设计出改进型如图 6.1(b)所示的隔离基座压缩式和图 6.1(c)的倒装中心压缩式。图 6.1(d)是一种双筒双屏蔽新颖结构，它除外壳起屏蔽作用外，内预紧套筒也起内屏蔽作用。由于预紧筒横向刚度大，大大提高了传感器的综合刚度和横向抗干扰能力，改善了特性。这种结构还在基座上设有应力槽，可起到隔离基座机械和热应变干扰的作用，不失为一种采取综合抗干扰措施的好设计，但工艺较复杂。

2）压电式力传感器

压电式测力传感器是利用压电元件直接实现力－电转换的传感器，在拉、压场合，通常

较多采用双片或多片石英晶片作压电元件。它刚度大，测量范围宽，线性及稳定性高，动态特性好。当采用大时间常数的电荷放大器时，可测量准静态力。按测力状态分，有单向、双向和三向传感器，它们在结构上基本一样。图 6.2 为单向压缩式压电力传感器。两敏感晶片同极性对接，信号电荷提高一倍，晶片与壳体绝缘问题得到较好解决。

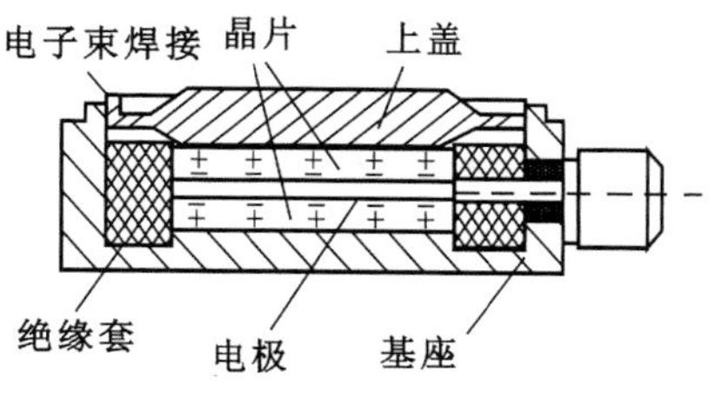

图 6.2　单向压缩式压电力传感器

压电式力传感器的工作原理和特性与压电式加速度传感器基本相同。以单向力 F_z 作用为例，仍可由述的典型二阶系统加以描述。将其代入 $F_z=ma$，即可得单向压缩式压电力传感器的电荷灵敏度幅频特性：

$$\left|\frac{Q}{F_z}\right|=A(\omega_n)\cdot d_{11}=\frac{d_{11}}{\sqrt{\left[1-\left(\frac{\omega}{\omega_n}\right)^2\right]^2+\left(2\xi\frac{\omega}{\omega_n}\right)^2}}$$

可见，当$(\omega/\omega_n)\ll 1$（即 $\omega\ll\omega_n$）时，上式变为：

$$\frac{Q}{F_z}\approx d_{11}\quad 或\quad Q\approx d_{11}F_z$$

这时，力传感器的输出电荷 Q 与被测力 F_z 成正比。

3）压电角速度陀螺

利用压电体的谐振特性，可以组成压电体谐振式传感器。压电晶体本身有其固有的振动频率，当强迫振动频率与它的固有振动频率相同时，就会产生谐振。各种不同类型的压电谐振传感器按其调制谐振器参数的效应或机理可以归纳为下列几种：应变敏感型压电谐振传感器，热敏型压电谐振传感器，声负载（复阻抗 Z）敏感型压电谐振传感器，质量敏感型压电谐振传感器，回转敏感型压电谐振传感器，即压电角速度陀螺。

压电陀螺是利用晶体压电效应敏感角参量的一种新型微型固体惯性传感器。压电陀螺消除了传统陀螺的转动部分，故陀螺寿命取得了重大突破，MTBF 达 10 000 h 以上。压电陀螺最初是应近程制导需求发展起来的。这里仅介绍振梁型压电角速度陀螺。

振梁型压电角速度陀螺的工作原理如图 6.3 所示。这种陀螺的心脏元件是一根矩形振梁，振梁材料可以是恒弹性合金，也可以是石英或铌酸锂等晶体材料。在振梁的四个面上贴上两对压电换能器，当其中一对换能器（驱动和反馈换能器）加上电信号时，由于逆压电效应，梁产生基波弯曲振动，即

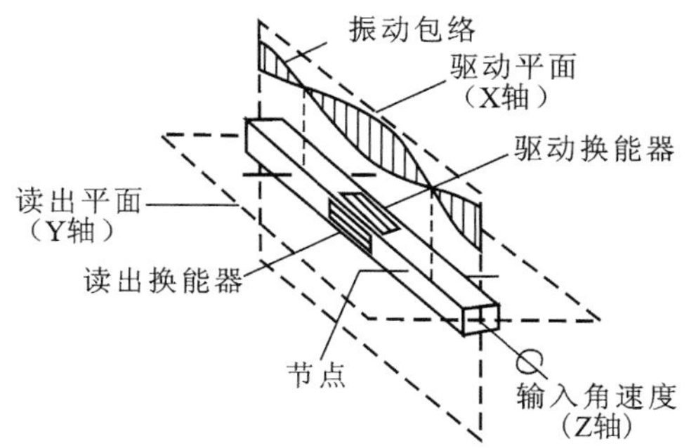

图 6.3　振梁型压电角速度陀螺的工作原理

$$X(t)=X_0\sin\omega_c t$$

式中：X_0 为振动的最大振幅；ω_c 为驱动电压的频率。

上述振动在垂直于驱动平面的方向上产生线性动量 mv（v 是质点的线速度，m 是质点的质量）。当绕纵轴（Z 轴）输入角速度 ω_z 时，在与驱动平面垂直的读出平面内产生惯性力（柯里奥利力）

$$F=-2m(\omega_z\times v)$$

惯性力使读出平面内的一对换能器也产生机械振动，其振幅为：

$$Y(t)=\frac{2X_0\omega_z}{\omega_c\left[\left(1-\frac{\omega_c^2}{\omega_0^2}\right)+\left(\frac{\omega_c}{\omega_0 Q_0}\right)^2\right]^{1/2}}\cos(\omega_c t-\phi_c)$$

$$\phi_c=\arctan\left[\frac{\omega_c\omega_0}{Q_0(\omega_0^2-\omega_c^2)}\right]$$

式中：ω_0 和 Q_0 分别是读出平面的谐振频率和机械品质因数。

由于压电效应，惯性力在读出平面内产生的机械振动使读出平面内的压电换能器产生电信号输出。输出电压的量值决定于振幅 $Y(t)$。当振梁、压电换能器和驱动电压一定时，输出电信号的大小仅与输入角速度 ω_z 的大小有关。

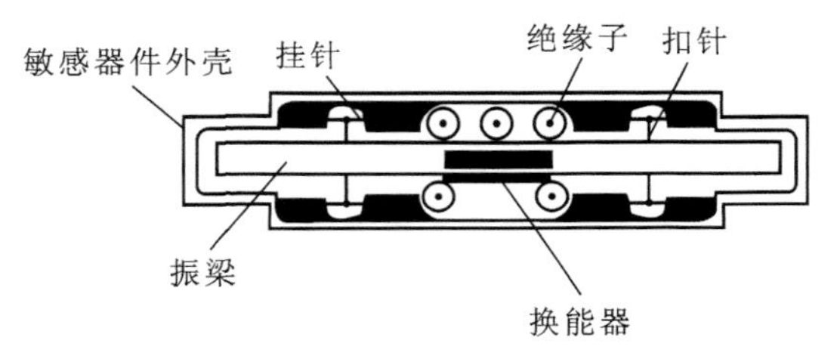

图 6.4　压电陀螺的敏感器件结构

压电陀螺的敏感器件结构如图 6.4 所示。振梁尺寸根据使用要求确定，梁的驱动谐振频率和尺寸的关系：

$$f_c=\frac{\alpha h}{2\pi l}\sqrt{\frac{Eg}{12\rho}}$$

式中：α 是与振动模式有关的常数；E 是杨氏弹性模量；l 是梁的长度，根据使用要求，可设计成 30～150 mm；h 是梁弯曲方向的厚度，根据使用要求，可设计成 2～6 mm；ρ 是梁的密度；g 是重力加速度。

4）超声波测厚度

超声波检测厚度的方法有共振法、干涉法、脉冲回波法等。图 6.5 所示为脉冲回波法检测厚度的工作原理。超声波探头与被测物体表面接触。主控制器控制发射电路，使探头发出的超声波到达被测物体底面反射回来，该脉冲信号又被探头接收，经放大器放大加到示波器垂直偏转板，标记发生器输出时间标记脉冲信号也同时加到该垂直偏转板上。而扫描电压则加在水平偏转板上。因此，在示波器上可直接读出发射与接收超声波之间的时间间隔 t。被测物体的厚度 h 为

$$h=\frac{ct}{2}$$

式中：c 为超声波的传播速度。

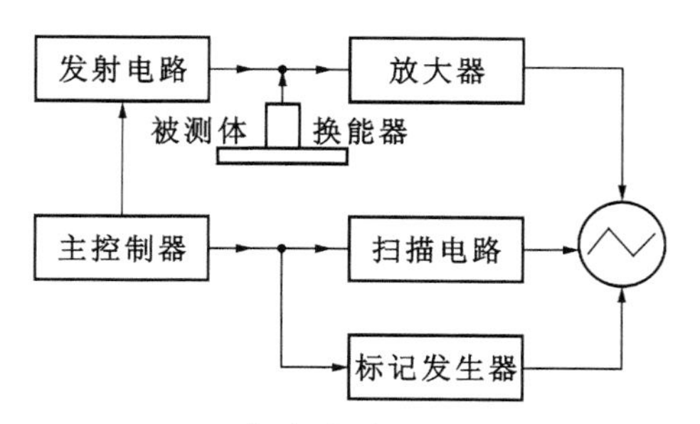

图 6.5 超声波测厚工作原理图

超声测厚使用的声波类型主要是纵波，大多数超声测试仪为脉冲回波式。目前工业上尚需解决的特殊问题主要有：薄试件、非均匀材料及高温材料的测厚。薄试件的超声测厚以往多采用共振方法。图 6.5 所示系统也用来发现共振频率。随着现代高速电子器件的发展，只需将超声信号送入微机，就可以在微机上实现共振谱分析，各种现代谱分析技术为高精度测厚提供了有效的手段。实验证明，谱估计的 AR 模型方法非常适合超声共振法测薄试件的厚度，得到的精度达微米数量级。

非均匀材料声衰减大，散射剧烈，使得常规超声测厚方法无法实现。现在人们从两方面入手，以期圆满解决此问题。一是制作聚焦的高能量超声波发射换能器，增强声波的穿透能力；二是用相关及分离谱技术突出反映厚度特征的超声信号。采取这些措施后已使超声技术扩展到复合材料、混凝土材料及陶瓷材料的测厚领域。最新发展起来的非接触激光超声技术省去了检测高温材料时的声耦合问题。这种方法的优点是可对任意高温度的试件测厚，且测厚的动态范围优于常规超声方法。

5）超声波无损检测

为了探测物体内部的结构与缺陷，人们发明了 A 型、B 型、C 型等超声仪。图 6.6 为压电换能器接收到的超声回波电压信号波形。

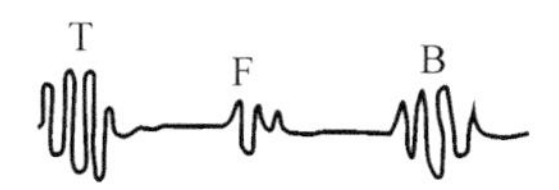

图 6.6 超声回波电压信号波形

T—换能器接触面反射波；F—内部缺陷反射波；B—被测物地面反射波

A 型超声仪主要利用超声波的反射特性，在荧光屏上以纵坐标代表反射回波的幅度，以横坐标代表反射回波的传播时间，如图 6.7(b)。根据缺陷反射波的幅度和时间，确定缺陷的大小和存在的位置。B 型超声仪以反射回波作为辉度调节信号，用亮点显示接收信号，在荧光屏上，纵坐标代表声波的传播时间，如图 6.7 (c)，横坐标代表探头水平位置，反映缺陷的水平延伸情况，整个显示的是声束所扫剖面的介质特性。C 型超声仪，声束被聚焦到材料内部一定深度，通过电路延时控制，接收来自这个深度的介质的反射信号。反射的强弱用辉度来反映，换能器作二维扫描，就可得同一深度处介质的一个剖面图[见图 6.7(d)]。下面具体介绍它们的工作原理。当被检材料中出现不均匀现象时，出现声阻的变化，声波在声阻抗变化的地方发生反射和折射，这些反射、折射的强弱反映了材料的结构、分布或状态。目前所使用的探头材料绝大多数为压电陶瓷。

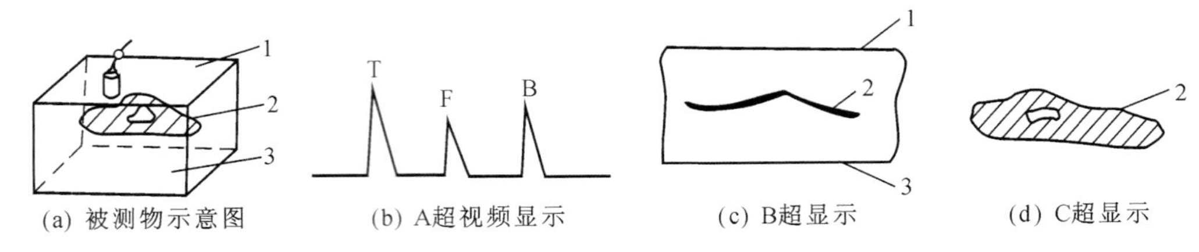

图 6.7　三种出超声测试仪的图形显示

1—被测物上表面(Top)；2—内部缺陷(Flaw)；3—被测物底面(Bottom)

6.4　习题

6.1　参照图 6.8 用电偶极矩理论解释石英晶体在电轴、机轴受到压力以及受到剪切力时压电特性。

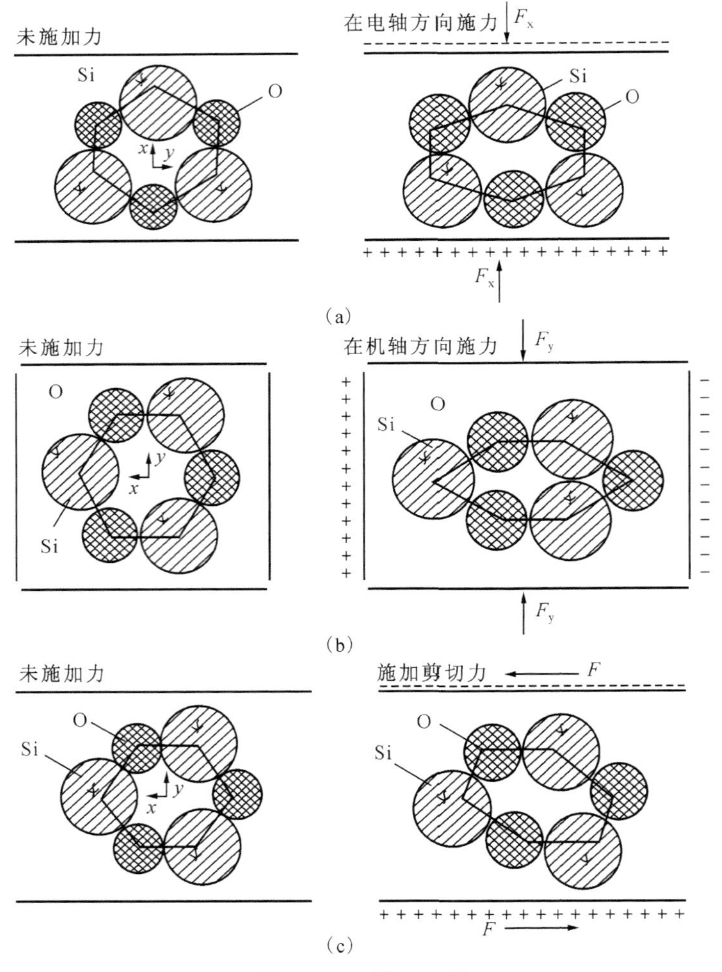

图 6.8　习题 6.1 图

6.2 什么是压电效应？试比较石英晶体和压电陶瓷两种材料的异同。

6.3 有一石英压电晶体，其面积 $S=3\ cm^2$，厚度 $t=0.3\ mm$。在零度，X 切型纵向压电系数 $d_{11}=2.31\times10^{-12}\ C/N$。求受到压力 $p=10\ MPa$ 作用时产生的电荷 q 及输出电压 U_o。（石英相对介电常数 $\varepsilon_r=4.5$）

6.4 YDL-1 型压电式力传感器，压电元件采用石英晶体，原理是依据纵向压电效应。主要技术指标为：量程测拉力为 460 N；测压力为 5 000 N，非线性误差<1%FS，电荷灵敏度为 2.5 pC/N。如果被测压力为 2 000 N，问传感器产生的电荷量是多少？如果压电元件改为锆钛酸铝压电陶瓷，若此材料的纵向压电系数为 460 pC/N，问产生的电荷量将是石英晶体的多少倍？

6.5 分析压电加速度计的频率响应特性。若压电前置放大器总输入电容 $C=1\ 000\ pF$，输入电阻 $R=500\ M\Omega$，传感器机械系统固有频率 $f_0=30\ kHz$，相对阻尼系数 0.5。求幅值误差小于 2%及 5% 时的使用频率范围。

6.6 沿厚度方向做剪切振动的石英压电谐振器的振动频率与温度相关，试了解压电式温度传感器原理，并设计检测电路。

6.7 压电元件在串联和并联使用时各有什么特点？为什么？

6.8 简述压电式传感器分别与电压放大器和电荷放大器相连时各自的特点。

6.9 在测力或加速度传感器中往往存在“横向效应”问题，即非检测方向的力或加速度会影响传感器的输出信号，试比较电阻应变片和压电传感器在这方面所存在的问题，以及解决途径。

6.10 测量大型机械和建筑振动，分析其频谱特征可以判断其状态和故障隐患。试考虑检测振动的传感器(不局限于压电式)，并画出振动分析仪的组成框图。

6.11 设想几种可以利用超声波进行传感的物理量。参考相关资料进一步了解超声换能器。

6.12 设想几种可以利用声表面波进行传感的物理量、化学量、生物量，并设想传感器的结构。

7 光电式传感器

7.1 内容概要

光电式传感器是以光电器件作为转换元件的传感器，它具有非接触、响应快、性能可靠等特点，因此在工业自动化装置和军事装置中获得广泛应用。对于光的计量有两种描述方法：一种是测量其客观物理实质的辐射度学量，另一种是测量其对人眼生理作用的光度学量，许多图像传感器常用光度学量标明其性能。常用的光源与光辐射体有：白炽光源、气体放电光源、发光二极管、激光器和红外辐射源。

红外辐射又称红外光、热辐射等，它和所有电磁波一样，具有反射、折射、散射、干涉、吸收等特性。能全部吸收投射到它表面的红外辐射的物体称为黑体；能全部反射的物体称为镜体；能全部透过的物体称为透明体；能部分反射、部分吸收的物体称为灰体。

所谓光电效应是指物体吸收了光能后转换为该物体中某些电子的能量而产生的电效应。这里将紫外光、可见光和红外光做统一考虑，把光电探测器分为光子探测器和热探测器。在光子探测器中研究外光电效应和内光电效应两类。在光的照射下，使电子逸出物体表面而产生光电子发射的现象称为外光电效应。外光电效应从光开始照射至金属释放电子几乎在瞬间发生，所需时间不超过 10^{-9} s。基于外光电效应原理工作的光电器件有光电管和光电倍增管。

内光电效应按其工作原理可分为两种：光电导效应和光生伏特效应。半导体受到光照时会产生光生电子一空穴对，使导电性能增强，光线愈强，阻值愈低。这种光照后电阻率变化的现象称为光电导效应，基于这种效应的光电器件有光敏电阻和反向偏置工作的光敏二极管与三极管；光生伏特效应是光照引起 PN 结两端产生电动势的效应。

热探测器也通称为能量探测器，其原理是利用辐射的热效应，通过热电变换来探测辐射。入射到探测器光敏面的辐射被吸收后，引起响应元的温度升高，响应元材料的某一物理量随之而发生变化。利用不同物理效应可设计出不同类型的热探测器，其中最常用的有电阻温度效应（热敏电阻）、温差电效应（热电偶、热电堆）和热释电效应。

光电传感器的光照特性、光谱特性、峰值探测率、响应时间和温度特性等是其主要参数。

光的波动性，光的电磁波本质，造成了光的干涉现象。干涉测试是以光学干涉原理为基础进行精密测试的技术，其测量灵敏度都达到了光波长的量级。干涉条纹的形成是由于相互干涉的两路（或多路）光波的光程差在空间的分布而致，而光程为光波所经几何长度与介质折射率的乘积，因此利用干涉方法可以直接测量几何长度和介质折射率。常见干涉仪有：迈克尔逊干涉仪、马赫一曾特尔干涉仪、萨格纳克干涉仪、法布里一珀罗干涉仪。激光具有非常好的单色性、高亮度、方向性和相干性，在测试应用中比较容易产生清晰的干涉条纹和衍射图像。激光衍射测试方法是一种基于夫琅禾费衍射效应的非接触精密测试方法，具有操作简单、计算方便、性能稳定、灵敏度高等优点。

当光源与探测器之间处于相对运动状态时，探测器所接收到的光波频率与静止状态相比将会发生改变，即出现频移；另一方面，当光源与探测器之间相对静止，探测器接收到的是经相对于光源或探测器运动的物体反射或散射回来的光波，则同样会出现光波频移，这种现象被称为光学多普勒效应。利用光学多普勒效应可以测量物体运动速度、流体流速、振动和长度等相关物理量。

光纤传感器以其高灵敏度、抗电磁干扰、耐腐蚀、可挠曲、体积小、结构简单，以及与光纤传输线路相容等独特优点，可应用于位移、振动、转动、压力、弯曲、应变、速度、加速度、电流、磁场、电压、湿度、温度、声场、流量、浓度、pH 等对多个物理量的测量，具有十分广泛的应用潜力和发展前景。光纤传感器一般可分为两大类：一类是功能型传感器，另一类是非功能传感器。前者是利用光纤本身的特性，把光纤作为敏感元件，所以又称传感型光纤传感器；后者是利用其他敏感元件感受被测量的变化，光纤仅作为光的传输介质，用以传输来自远处或难以接近场所的光信号，也称传光型光纤传感器。光纤传感器中几种常用的光强调制技术有：微弯效应、光强度的外调制、折射率光强度调制和偏振调制等。

7.2 例题分析

【例 7.1】 光电传感器一般由哪几部分组成，各起什么作用？

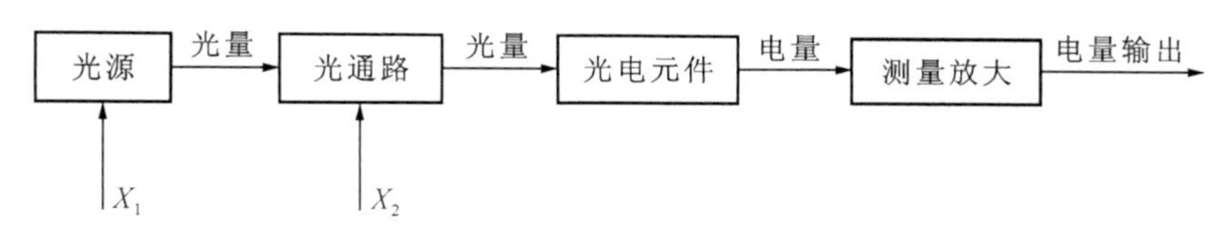

图 7.1 光电式传感器的组成

答：光电式传感器通常由四部分组成，如图 7.1 所示。图中 X_1 表示被测量能直接引起光量变化的检测方式；X_2 表示被测量在光传播过程中调制光量的检测方式。光电元件（敏感元件）可以敏感照射其上光的功率，然后将其转变为电量，经调理放大电路输出。

【例 7.2】 简述 CCD 的结构和工作原理。

答：CCD 是一种半导体器件，在 N 型或 P 型硅衬底上生长一层很薄的 SiO_2，再在 SiO_2 薄层上依次序沉积金属电极，这种规则排列的 MOS 电容数组再加上两端的输入及输出二极管就构成了 CCD 芯片，CCD 可以把光信号转换成电脉冲信号。每一个脉冲只反映一个光敏元的受光情况，脉冲幅度的高低反映该光敏元受光的强弱，输出脉冲的顺序可以反映光敏元的位置，这就起到图像传感器的作用。

【例 7.3】 求光纤 $n_1=1.46$，$n_2=1.45$ 的数值孔径（NA）值；如果外部的 $n_0=1$，求光纤的临界入射角。

解：当 $n_0=1$ 时，

$$NA=\sqrt{n_1^2-n_2^2}=\sqrt{1.46^2-1.45^2}=0.170\ 6$$

所以，
$$\theta_c = \arcsin NA = 9.82°$$

【例 7.4】 一光电管与 5 kΩ 电阻串联，若光电管的灵敏度为 30 μA/lm，试计算当输出电压为 2 V 时的入射光通量。

解：外光电效应所产生的电压为：
$$U_o = IR_L = k\varphi R_L$$

入射光通量为：
$$\varphi = \frac{U_o}{kR_L} = \frac{2}{30\times10^{-6}\times5\ 000} = 13.13\ \text{lm}$$

【例 7.5】 用硒光电池制作照度计，图 7.2 为电路原理图，已知硒光电池在 100 lx 照度下，最佳功率输出时 $V_m = 0.3$ V，$I_m = 1.5$ mA。选用 100 μA 表头改装指示照度值，表头内阻 R_M 为 1 kΩ，若指针满刻度值为 100 lx，计算电阻 R_1 和 R_2 的值。

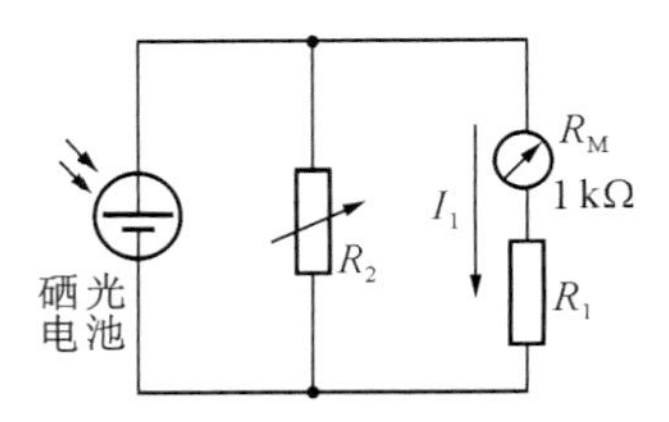

图 7.2 光电池照度计原理图

解：由题意得：
$$V_m = I_1(R_M + R_1)$$

当 $V_m = 0.3$ V 时，$I_1 = 100$ μA
$$R_1 = \frac{V_m - I_1R_M}{I_1} = \frac{0.3 - 100\times10^{-6}\times1\times10^3}{100\times10^{-6}} = 2\times10^3\ \Omega = 2\ \text{k}\Omega$$

硒光电池运用在最佳功率输出时要满足负载匹配条件，即 $R_L = R_{opt}$。

由电路图得 $R_L = R_2 /\!/ (R_M + R_1)$ 且 $R_{opt} = \dfrac{V_m}{I_m}$，

所以
$$R_2 /\!/ (R_M + R_1) = \frac{V_m}{I_m}$$

$$R_2 = \frac{(R_M + R_1)V_m/I_m}{R_M + R_1 - V_m/I_m} = \frac{(1\times10^3 + 2\times10^3)\times\dfrac{0.3}{1.5\times10^{-3}}}{1\times10^3 + 2\times10^3 - \dfrac{0.3}{1.5\times10^{-3}}} = 214.3\ \Omega$$

取 $R_2 = 220\ \Omega$。

【例 7.6】 光敏二极管的光照特性曲线和应用电路如图 7.3 所示，图中 L 为反相器，R_L 为 20 kΩ，求光照度为多少 lx 时 U_o 为高电平。

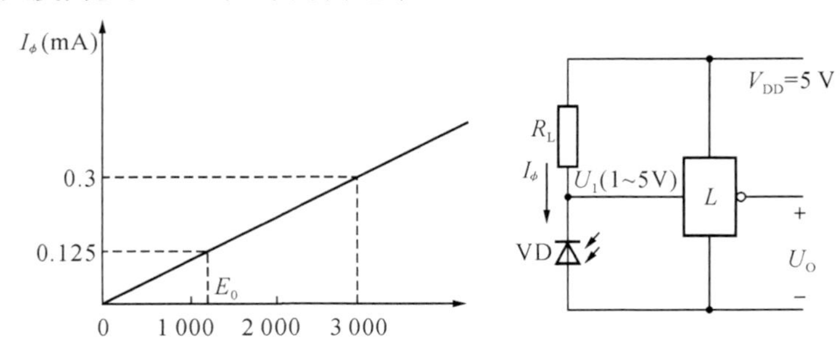

图 7.3 光敏二极管的光照特性曲线和应用电路图

解：当反相器的输入 U_i 满足翻转条件 $U_i<\frac{1}{2}V_{DD}$ 时，反相器翻转，U_o 为高电平。现图中标明 $U_{DD}=5$ V，所以 U_i 必须小于 2.5 V，U_o 才能翻转为高电平。由于光敏二极管的伏安特性十分平坦，所以可以近似地用欧姆定律来计算 I_ϕ 与 U_o 的关系。

$$(V_{DD}-I_\phi R_L)<\frac{1}{2}V_{DD}$$

$$I_\phi>\frac{V_{DD}-\frac{1}{2}V_{DD}}{R_L}=\frac{5-2.5}{20\times10^3}=0.125\times10^{-3}\ \text{A}=0.125\ \text{mA}$$

从图中可以看出光敏二极管的光照特性是线性的，所以根据比例运算得到 $I_\phi=0.125$ mA 时的光照度 E_0。

$$\frac{E_0}{0.125}=\frac{3\ 000}{0.3}$$

所以 $E_0=\frac{3\ 000}{0.3}\times0.125=1\ 250$ lx，

即光照度 E 必须大于 $E_0=1\ 250$ lx 时 U_o 才为高电平。

7.3　应用举例

1）模拟式光电传感器

这类传感器将被测量转换成连续变化的光电流，要求光电元件的光照特性为单值线性，而且光源的光照均匀恒定，属于这一类的光电式传感器有下列几种工作方式：辐射式、吸收式、反射式、透射式和时差测距等。现以反射式为例说明其具体应用。

恒定光源释放的光投射到被测物体上，再从其表面反射到光电元件上，根据反射的光通量多少测定被测物表面性质和状态，例如测量零件表面粗糙度、表面缺陷、表面位移以及表面白度、露点、湿度等。图 7.4 为反射式光电传感器示意图，图(a)、(b)是利用反射法检测材质表面粗糙度和表面裂纹、凹坑等疵病的传感器示意图。图(a)为正反射接收型，用于检测浅小的缺陷，灵敏度较高；图(b)为非正反射接收型，用于检测较大的几何缺陷；图(c)是利用反射法测量工件尺寸或表面位置的示意图。当工件位移 Δh 时，光斑移动 Δl，其放大倍数为 $\Delta l/\Delta h$。在标尺处放置一排光电元件即可获得尺寸分组信号。

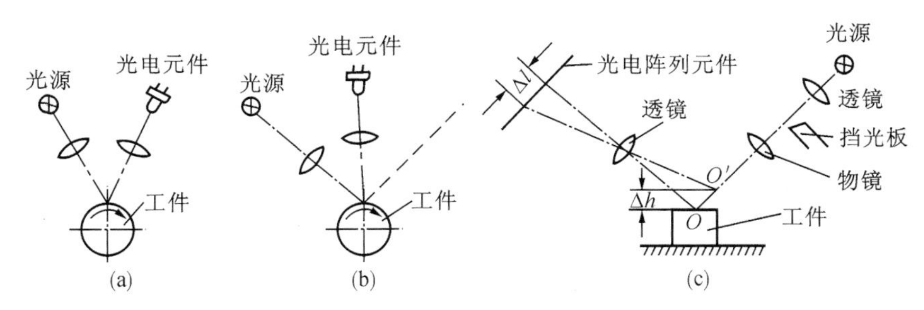

图 7.4　反射式光电传感器示意图

2）开关式光电传感器

这类光电传感器利用光电元件受光照或无光照时“有”“无”电信号输出的特性将被测量转换成断续变化的开关信号。为此，要求光电元件灵敏度高，而对光照特性的线性要求不高。这类传感器主要应用于零件或产品的自动记数、光控开关、电子计算机的光电输入设备、光电编码器以及光电报警装置等方面。

图 7.5 为光电式数字转速表工作原理图，电机转轴上涂了黑白两种颜色。当电机转动时，反光与不反光交替出现，光电元件间断地接收反射光信号，输出电脉冲。经放大整形电路转换成方波信号，由数字频率计测得电机的转速。

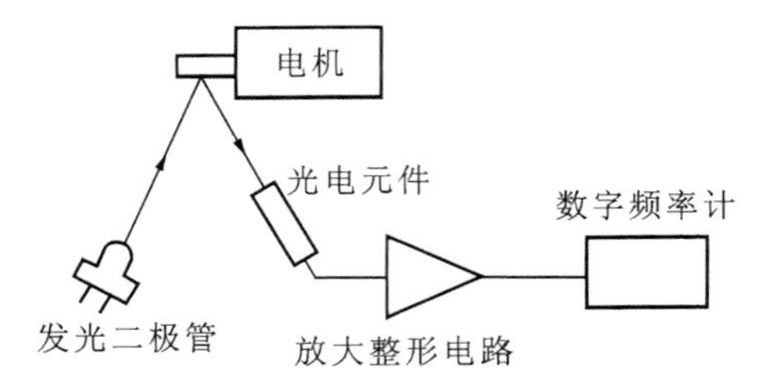

图 7.5　光电式数字转速表工作原理

3）光电尺寸测量

图 7.6 是用线型 CCD 传感器测量物体尺寸的基本原理。

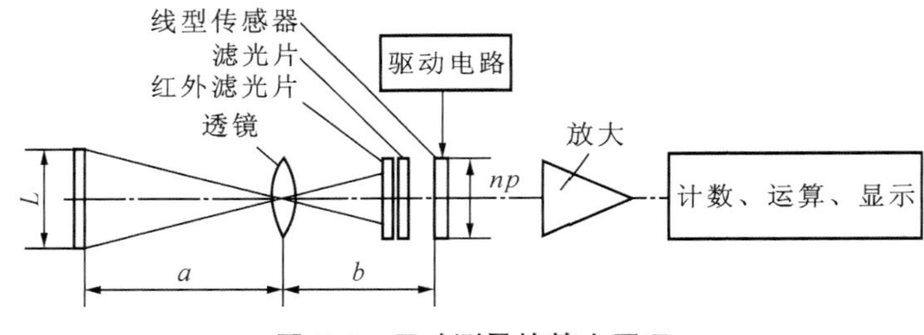

图 7.6　尺寸测量的基本原理

当所用光源含红外光时，可在透镜与传感器间加红外滤光片。若所用光源过强时，可再加一滤光片。

设所用透镜焦距为 f、物距与像距分别为 a 和 b，光学成像倍率为 M，p 和 n 分别为像素间距和像素数。由几何光学可知，被测对象长度 L 与系统参数间的关系为：

$$\frac{1}{a}+\frac{1}{b}=\frac{1}{f}$$

$$M=\frac{b}{a}=\frac{(np)}{L}$$

若已选定透镜（即 f 和视场 L 已知），并且已知物距为 a，那么所需传感器的长度 L_s（$=np$）可由下式求出：

$$L_s=\frac{f}{a-f}L$$

上述系统的测量精度取决于传感器像素数与透镜视场的比值，为提高测量精度应当选用像素多的传感器并且尽量压缩视场。

4）激光位移干涉仪

激光位移干涉仪通常采用经典的迈克尔逊干涉仪结构，由于使用了激光，光源的相干性和亮度均较好，因此一般情况下不需要用小孔光阑来提高相干度，由于激光的相干长度较长，在实际应用中无需补偿板即可进行较大长度和位移的测量。

在实际测量中，通常将一个反射镜固定不动，另一反射镜与被测件相连，当被测件沿测量臂光束方向移动时，即可出现干涉条纹的移动。干涉条纹移动 N 条时，位移为：

$$\Delta L=N\frac{\lambda}{2}=N\frac{\lambda_0}{2n}$$

式中：λ 为光波真空中波长；n 为光路处介质折射率。

干涉仪若在空气中测量，一般可取 $n=1$，但在一些特别精密的测量中，环境温度、气压、湿度等将会对测量造成影响，因此需要对测量结果进行修正。

如图 7.7 所示，其中图(a)为两个反射镜均用角隅棱镜代替，这种干涉仪的调节较为容易掌握，其测量稳定性也得以提高，并且没有反射光进入激光器，不会引起激光器输出功率的波动，在测量中 M_1、M_2 均可作为动镜。但由于两角隅棱镜必须配对加工，其精度要求很高，于是人们又设计了只用一个角隅棱镜的光路，如图 7.7(b)。其中 G_1、G_2 为半反射镜，被 G_1 反射的光束为参考光，由 G_1 透射的光束为测试光，M 为动镜，被固定在可移动的待测件上，这种光路同样也可避免反射光进入激光器。

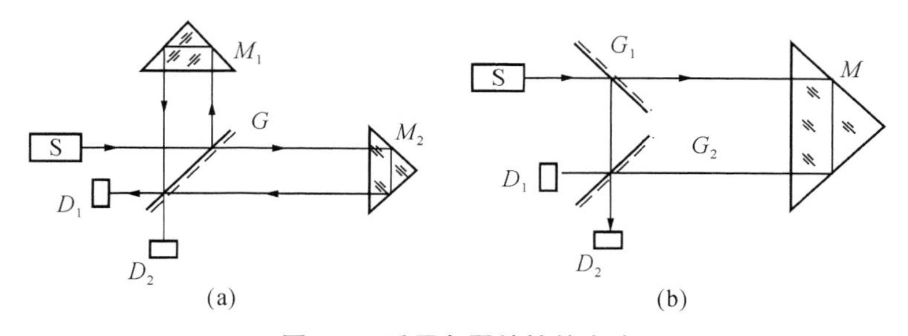

图 7.7　采用角隅棱镜的光路

5）光纤电流传感器

图 7.8 为偏振态调制型光纤电流传感器原理图。根据法拉第旋光效应，由电流所形成的磁场会引起光纤中线偏振光的偏转；检测偏转角的大小，就可得到相应的电流值。如图 7.8 所示，从激光器发出的激光经起偏器变成偏振光，再经显微镜（×10）聚焦耦合到单模光纤中。为了消除光纤中的包层模，可把光纤浸在折射率高于包层的油中，再将单模光纤以半径 R 绕在高压载流导线上。设通过其中的电流为 I，由此产生的磁场 H 满足安培环路定律，对于无限长直导线，则有：

$$H=\frac{I}{2\pi R}$$

由磁场 H 产生的法拉第旋光效应，引起光纤中线偏振光的偏转角为：

$$\theta=\frac{VlI}{2\pi R}$$

式中：V 为费尔德常数，对于石英：$V=3.7\times10^{-4}$ rad/A；l 为受磁场作用的光纤长度。

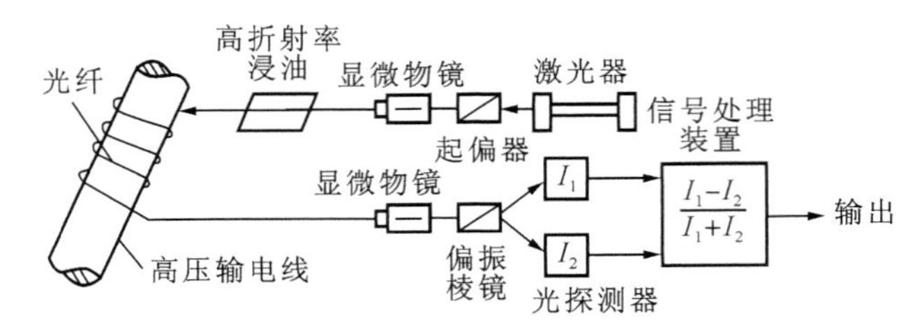

图 7.8　偏振态调制型光纤电流传感器测试原理图

由此得：

$$I=\frac{2\pi R\theta}{Vl}$$

受磁场作用的光束由光纤输出端经显微物镜耦合到偏振棱镜，并分解成振动方向相互垂直的两束偏振光，分别进入光探测器，再经信号处理后输出信号为：

$$P=\frac{I_1-I_2}{I_1+I_2}=\sin 2\theta\approx\frac{VlI}{\pi R}=2VNI$$

式中：N 为输电线链绕的单模光纤匝数。

6）机器人视觉传感器的应用

图 7.9 是机器人视觉传感器的一个典型应用。两个光源从不同方向向传送带发送两条水平缝隙光，而且预先把两条缝隙光调整到刚好在传送带上重合的位置。这样，当传送带上没有零件时，缝隙光合成了一条直线。操作过程中，系统自动执行零件传送功能，操作器将零件以随机位置放到运动着的传送带上。当零件随传送带通过缝隙光处时，缝隙光变成两条线，其分开的距离同零件的厚度成正比。视觉传感系统在对视觉图像分析处理的基础上，确定零件的类型、位置与取向，并将此信息送入机器人控制器，从而机器人就可以完成对零件的准确跟踪和抓取。

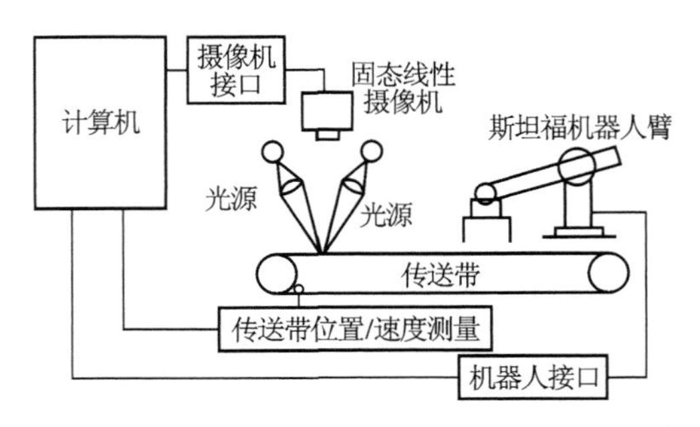

图 7.9　机器人视觉传感器的应用(Consign 系统)

7.4　习题

7.1　简述把被测物理量和化学量转变成敏感元件上辐照度变化的方法。

7.2　举出你所知道的不同原理的光电敏感器件。查阅有关资料(包括网站)给出你对光电敏感器件发展的看法。

7.3　采用光学分析仪器测量含有一氧化碳(CO)和甲烷(CH_4)的气体。已知一氧化碳吸收光谱带在 4.65 μm 处,甲烷的吸收光谱带在 3.3 μm 和 7.2 μm 处。试考虑用何种半导体材料光电元件检测合适,并考虑对滤光片的要求。

7.4 何谓光电池的开路电压及短路电流?为什么检测元件时常用短路电流输出形式?

7.5 实现光学图像采集有哪些传感方法,可用哪些传感器?进一步考虑一下其他物理量(声、磁、重力场等)的图像采集传感方法。

7.6 光电器件中的光照特性、光谱特性分别描述的是光电器件的什么性能?

7.7 用遮光法和激光衍射方法都可以在线测量细丝(如漆包线)线径。试简述二者的基本原理,并考虑影响测量稳定性的主要因素,试寻找一些可能的解决途径。

7.8 试比较激光多普勒效应和超声多普勒效应测量速度时的实现方法。考虑二者适用范围的异同。

7.9 光纤数值孔径 NA 的物理意义是什么?

7.10 某光纤陀螺用波长 $\lambda=0.6328\ \mu m$ 的光,圆形环光纤的半径 $R=4\times10^{-2}$ m,光纤总长 $l=500$ m,试分别计算当 $\omega=0.01°/h$ 和 $400°/s$ 时的塞格纳克相移。以本题 ω 为测量量程范围,估计放大器噪声带宽,假设探测器光电流为 1 μA,$NA=0.2$,估算测量误差。

7.11 钱币防伪中使用了红外上转换油墨(IR ink),某些部位被 980 nm 的红外激光照射后产生 515 nm~565 nm 绿光谱带和 640 nm~680 nm 红光谱带,但钱币反射或透射的激光强度是上述红绿光的 1 000 倍以上。试选择合适的光电传感器,设计合适的光电系统结构(框图),提出可行的技术要求,较低成本地实现利用此效应的防伪检测。

8 磁敏传感器

8.1 内容概要

磁敏传感器是指对磁信号及其变化比较敏感、并能按照一定的规律将其转换成为可用输出信号（主要是电信号）的器件或装置。在利用半导体材料的磁敏感特性而工作的一类磁敏传感器中，比较重要的有霍尔磁敏传感器、磁敏二极管、磁敏三极管以及半导体磁阻器件等，其中应用最广泛的是霍尔磁敏传感器。

当在长方形半导体片的长度方向通以直流电流 I 时，若在其厚度方向存在一磁场 B，那么在该半导体片的宽度方向就会产生电位差 E_H，此即霍尔效应。霍尔元件有恒压和恒流两种驱动方式，一般情况下，GaAs 霍尔器件宜选用恒流源驱动，InSb 霍尔器件宜选用恒压源驱动方式。

结型磁敏器件是指由 PN 结构成的磁敏器件，主要包括磁敏二极管和磁敏三极管两大类。磁敏二极管是指其电特性随外部磁场改变而有显著变化的一种结型二端器件，它的电阻随磁场的大小和方向均会发生改变。磁敏二极管具有 P^+—I—N^+ 的结构，其中 I 区由高阻本征半导体硅或锗组成，其长度为 L，因 L 远大于载流子扩散长度，故又称之为长基区二极管；P^+、N^+ 分别为重掺杂区域。磁敏二极管加工过程中，需对 I 区的两个侧面进行不同的处理：一侧磨光，另一侧通过扩散杂质或喷砂制成高复合区，又称为 R 区。若在其两极施加恒定电压，同时在垂直于电场方向施以磁场，那么由于洛伦兹力的作用将使载流子偏向或远离复合区，表现为其磁阻大小发生变化。

磁敏二极管测磁具有如下特点：① 既可以测量磁场的强度又可以测量磁场的方向；② 可用来检测交、直流磁场，特别适合于测量弱磁场；③ 可以正反向测量，利用这一特性可制作成无触点开关；④ 灵敏度高，即使在小电流下，也可获得很高的灵敏度；⑤ 线性性能不如霍尔元件。

磁敏三极管是基于双注入、长基区二极管设计制造的一种结型磁敏晶体管，它可分为 NPN 和 PNP 两种类型，制作的材料既可以是 Ge 也可以是 Si。锗磁敏三极管的磁敏特性由两部分组成：一个是集电极电流增益特性；另一个是基极电流增益特性。对于硅管来说，因为不存在复合区 R，所以它的磁敏特性只包含集电极电流增益特性，而不包含基极电流增益特性。

磁敏三极管主要用在磁场测量、大电流测量、直流无刷马达、磁力探伤、接近开关、程序控制、位置控制、转速测量、速度测量和各种工业过程自动控制等领域。

磁阻式磁敏传感器又称为磁敏电阻，它包括使用 InSb 材料制作的半导体磁敏电阻器与使用 CoNi(镍钴合金)强磁材料制作的强磁性材料磁敏电阻器，以及韦根德器件等，它们统称为 MR(Magnetic Resistor)。除此之外，还有正在逐渐得到广泛使用的新型磁阻元件，如巨磁阻效应器件(GMR)以及 Z 元件等。

位于磁场中的通电半导体，因洛伦兹力的作用，其载流子的漂移方向将发生偏转，致使与外加电场同方向的电流分量减小，电阻增大，这种现象称为磁阻效应。它包括物理磁阻效应与几何磁阻效应。磁敏电阻可以用来探测磁场，还可以用来测量位移、角度、功率、电流以及制作交流放大器、振荡器等。

韦根德器件是利用韦根德效应制成的一种无源磁敏器件，该传感器无需外加工作电源便能将磁信号转变成电信号，因此它又被称为零功耗磁敏传感器。

韦根德器件具有以下特点：① 韦根德器件属有源传感器，工作时无须使用外加电源；② 输出信号幅值与磁场的变化速度无关，可实现“零速”传感；③ 无触点、耐腐蚀、防水、防爆，使用寿命长；④ 可采用双磁极交替触发工作方式。触发磁场极性变化一周，传感器输出一对正负双向脉冲电信号，幅值大于 1 V，信号周期为磁场交变周期；⑤ 触发磁感应强度可小至 5 mT 左右。

铁磁性金属薄膜磁敏材料电阻率随流过它的电流密度 J 与外加磁场 H 的夹角变化而变化的现象称为铁磁材料磁电阻的各向异性效应。金属膜磁敏电阻的特点包括：① 灵敏度高；② 温度特性好；③ 频率特性好；④ 灵敏度与磁场方向有关；⑤ 饱和特性；⑥ 倍频特性。

巨磁阻效应器件(GMR)是一种由多层金属薄膜制成的磁阻元件。其特点是：对磁场强度在 5～15 kA/m 范围内的变化不太敏感，但对磁场强度的方向变化却非常敏感。

机械式(或称磁力式)磁敏传感器是利用被测磁场中的磁化物体或通电流的线圈与被测磁场之间相互作用的机械力矩来测量磁场的一种经典测量装置。

感应式磁敏传感器是以电磁感应定律为基础来进行磁场测量的，可分为两种类型，一种是被动型的，另一种是主动型的。前者只含有磁场信号检测部分；后者则既包括磁场信号的检测部分，又包括磁场信号的发射部分。

磁通门式磁敏传感器是一种基于法拉第电磁感应定律和软磁材料磁饱和特性研制成功的一种测磁装置，它广泛应用于航空、地面、测井等方面的磁法勘探工作中。该传感器适合在零磁场附近工作，进行弱磁场的测量，其测磁灵敏度可达 0.01 nT。

光纤磁敏传感器在磁场的精确测量以及军用等方面都有着重要的用途。光纤磁敏传感器主要分为两类，即利用法拉第效应的光纤磁敏传感器和利用磁致伸缩效应的光纤磁致伸缩传感器。

8.2 例题分析

【例 8.1】 已知某霍尔传感器的激励电流 $I=3$ A，磁场的磁感应强度 $B=5\times10^{-3}$ T，导体薄片的厚度 $d=2$ mm，霍尔常数 $R_H=0.5$，试求薄片导体产生的霍尔电势 U_H 的大小。

解：由霍尔效应原理可知：

$$U_H=R_H\frac{IB}{d}$$

将已知数据代入上式得，

$$U_{\mathrm{H}}=0.5\times\frac{3\times5\times10^{-3}}{2\times10^{-3}}=3.75\ \mathrm{V}$$

【例 8.2】 试说明图 8.1(a)所示的霍尔式位移传感器的工作原理。

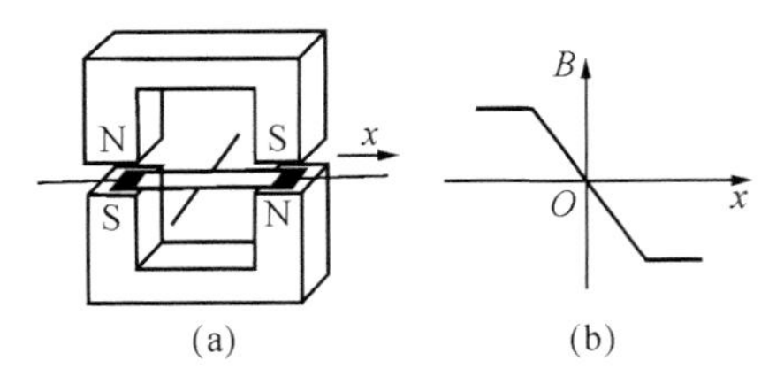

图 8.1　霍尔式位移传感器的磁路结构示意图

解：在极性相反、磁场强度相同的两个磁钢气隙中放置一块霍尔片，当控制电流恒定不变时，则磁场在一定范围内沿 x 方向的变化率 $\mathrm{d}B/\mathrm{d}x$ 为一常数，如图(b)所示。当霍尔元件沿 x 方向移动时，霍尔电势的变化为：

$$\frac{\mathrm{d}U_{\mathrm{H}}}{\mathrm{d}x}=K_{\mathrm{H}}I\frac{\mathrm{d}B}{\mathrm{d}x}=K$$

式中：K 为霍尔式位移传感器输出灵敏度。由上式可知，霍尔电势与位移量 x 成线性关系，并且霍尔电势的极性反映了元件位移的方向。基于霍尔效应制成的位移传感器一般可用来测量 1～2 mm 的小位移，其特点是惯性小，响应速度快。

【例 8.3】 某霍尔压力计弹簧管最大位移±1.5 mm，控制电流 $I=10$ mA，要求变送器输出电动势±20 mV，选用 HZ-3 霍尔片，其灵敏度系数 $K_{\mathrm{H}}=1.2$ mV/(mA·T)。求所要求的线形磁场梯度至少多大？

解：根据 $U_{\mathrm{H}}=K_{\mathrm{H}}IB$ 公式可得：

$$B=\frac{U_{\mathrm{H}}}{K_{\mathrm{H}}I}=\frac{20}{1.2\times10}=1.67\ \mathrm{T}$$

由题意可知在位移量变化 $\Delta X=1.5$ mm 时要求磁场强度变化 $\Delta B=1.67$ T。故得磁场梯度 K_{B} 至少为：

$$K_{\mathrm{B}}=\frac{\Delta B}{\Delta X}=\frac{1.67}{1.5}=1.11\ \mathrm{T/mm}$$

【例 8.4】 简述霍尔电势的产生原理。

解：一块半导体薄片置于磁场中(磁场方向垂直于薄片)，当有电流流过时，电子受到洛伦兹力作用而发生偏转。结果在半导体的后端面上电子有所积累，而前端面缺少电子，因此后端面带负电，前端面带正电，在前后端面形成电场，该电场产生的力阻止电子继续偏转；当两力相平衡时，电子积累也平衡，这时在垂直于电流和磁场的方向上将产生电场，相应的电势称为霍尔电势。

【例 8.5】 什么是几何磁阻效应？样品长宽比 L/W 对其有何影响？试举例说明。

解：几何磁阻效应是指在相同磁场作用下，由于半导体片几何形状的不同而出现电阻值不同的现象。几何磁阻效应又称为形状效应。当外加磁场不为零时，L/W 越大，磁阻比越小，说明几何磁阻效应越弱。

例如常用的圆盘形磁敏电阻器又称为科尔宾元件，它是通过在盘形元件的外圆周边和中心处装上电流电极形成的。科尔宾元件的霍尔电压被全部短路而不在外部出现，电场呈放射形，电流和半径方向形成霍尔角 θ，表现为涡旋形流动，它相当于 $L/W\to 0$ 的情况，可以获得最大几何磁阻效应。

8.3　应用举例

1）霍尔元件用于功率的测量

假设霍尔器件的控制电流 I_c 与负荷电压 U 成正比，即

$$U=k_1 I_c$$

故有：

$$I_c=\frac{U}{k_1}$$

若用负荷电流 I 来产生相应的磁场 B，即

$$B=k_2 I$$

将上述 I_c 和 B 的表达式代入霍尔效应的基本公式：

$$U_H=K_H I_c B$$

可得：

$$U_H=K_H\frac{U}{k_1}k_2 I=\frac{K_H k_2}{k_1}UI=kP$$

式中：$k=\dfrac{K_H k_2}{k_1}$，而 K_H、k_1、k_2 一般情况下都是常数，故 k 也是常数，由此可知，只要测出了霍尔电压 U_H，就可以得到功率 P。

对于上述功率测量方法，可将负荷电压接入霍尔元件的控制端，而负荷电流则通过一种称之为霍尔变流器（或称霍尔 CT，Current Transformer）的器件变换为相应的磁场，霍尔变流器的原理如图 8.2 所示。

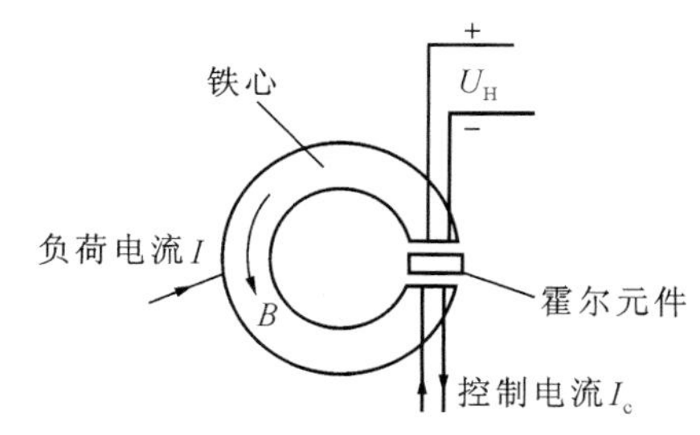

图 8.2　霍尔变流器的原理图

2）霍尔元件用于磁场的测量以及铁磁物体的探测

图 8.3 所示为霍尔元件用于磁场测量的电路原理框图。它是在保持控制电流 I_c 不变的情况下，通过测量霍尔电压 U_H 来得到被测磁场的。

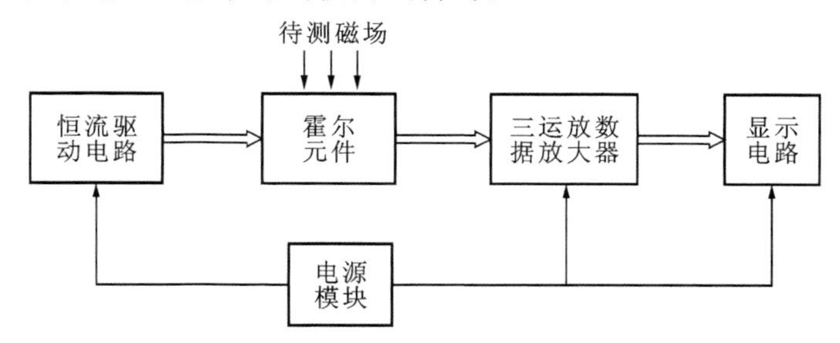

图 8.3　霍尔磁场测量系统原理框图

图 8.4 所示为磁性物体探测电路原理框图。当磁性物体靠近霍尔元件时，会引起霍尔元件感磁面的磁场发生变化，从而引起其输出的霍尔电压发生变化。当该电压大于所设定的阈值电平时，电平比较电路就会输出一高电平(或低电平)，使得后级信号输出电路产生输出信号。该电路适宜用作诸如检测马达转速之类的霍尔元件接口电路。

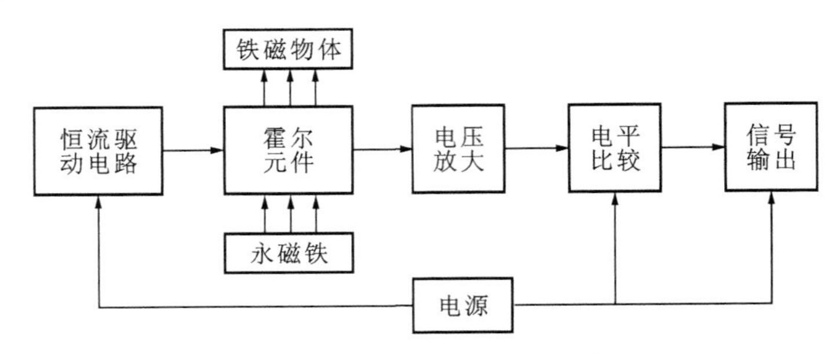

图 8.4　磁性物体探测电路原理框图

3) 霍尔元件用于微位移的测量

一般是将霍尔元件固定在被测的移动物体上，并置于梯度为 a 的均匀磁场中。假定霍尔元件控制电流 I_c 保持不变，且磁感应强度 B 的梯度方向与物体位移方向 x 一致。将霍尔元件基本表达式 $U_H=K_H I_c B$ 两边对 x 求导，得：

$$\frac{dU_H}{dx}=(K_H I_c)\frac{dB}{dx}=K_H I_c a \xrightarrow{K_H,I_c,a\text{ 均为常数}} \frac{dU_H}{dx}=\text{const}$$

两边对 x 积分，可得：

$$U_H=\text{const}\cdot x$$

由上式可知，当霍尔元件在以均匀梯度变化的磁场中运动时，其输出电压 U_H 与霍尔元件在磁场中的位移量成正比，故只要测出霍尔电压，就可以得到相应的位移。图 8.5 是将霍尔元件用于物体位移测量的原理图。该电路霍尔输出电压 U_H 与物体位移 x 有良好的线性关系，适合于测量 0 到 1 mm 的位移。

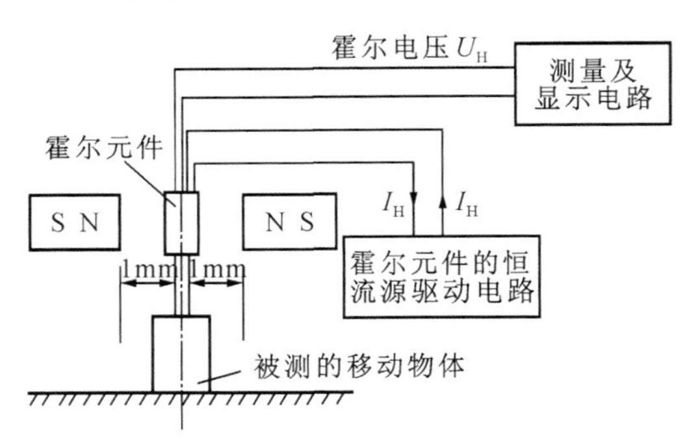

图 8.5　霍尔元件测量物体位移的原理

4) 霍尔转速传感器

通常将永磁铁固定在被测旋转体上，当它转动到与霍尔元件正对位置时，输出的霍尔电压最高。根据这个原理，通过电子线路测出每分钟霍尔元件输出高脉冲的个数，即可得到被测旋转体的转速。在被测旋转体上所安装的磁铁个数越多，转速测量的分辨率就越高。

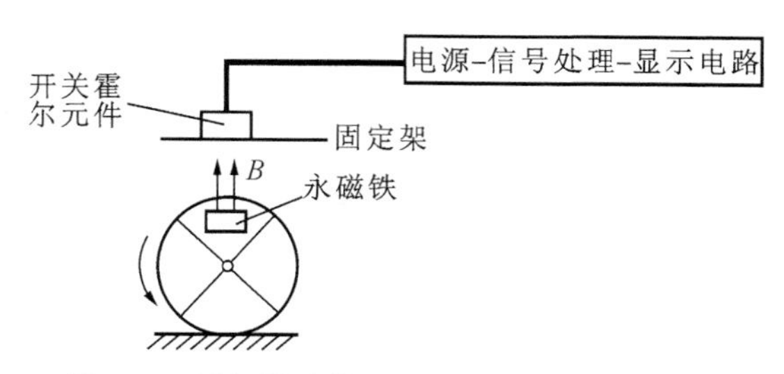

图 8.6 霍尔转速传感器用于测量车轮的转速

图 8.6 所示为霍尔转速传感器用于测量车轮转速的工作原理。图中是在转动体(车轮)上安装单个永久磁铁的形式,转速 n 就是 U_H 的频率乘以 60;若安装有多个磁铁,那么转速 n 就是 U_H 的频率除以永磁铁的个数再乘以 60。

5) 磁敏电阻构成的直线位移传感器

如图 8.7 所示,永磁铁与被测移动物体固定在一起。当位移为 0 时,永磁铁的位置使磁敏电阻 $R_{2-1}=R_{2-3}$,分压比 $U_1/E=50\%$;当物体沿 x 正向移动时,$U_1/E<50\%$;当物体沿 x 反向移动时,$U_1/E>50\%$。在一定运动的范围内,分压比与位移成正比。

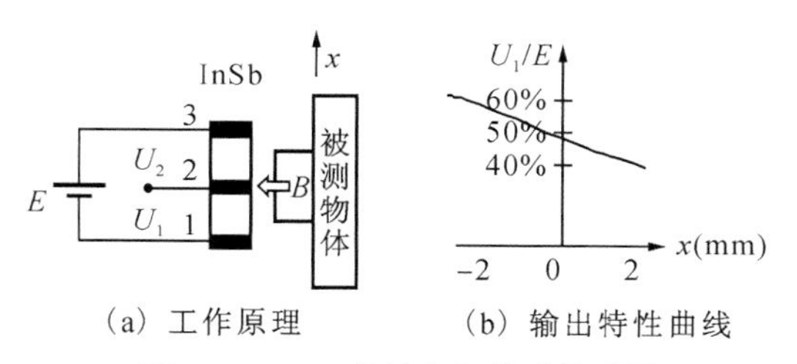

图 8.7 InSb 磁敏电阻位移传感器

6) 韦根德旋转传感器

在非磁性旋转轮上安装了两块永磁铁,用以驱动韦根德器件。其中一块作为饱和磁铁,驱动韦根德器件进入状态 1,另一块做翻转磁铁,使韦根德导线进入状态 2。转轮带动永磁铁旋转,当其经过韦根德器件时,就会在检测线圈上感应出脉冲信号。根据脉冲信号的频率,可测出旋转轮的转速。

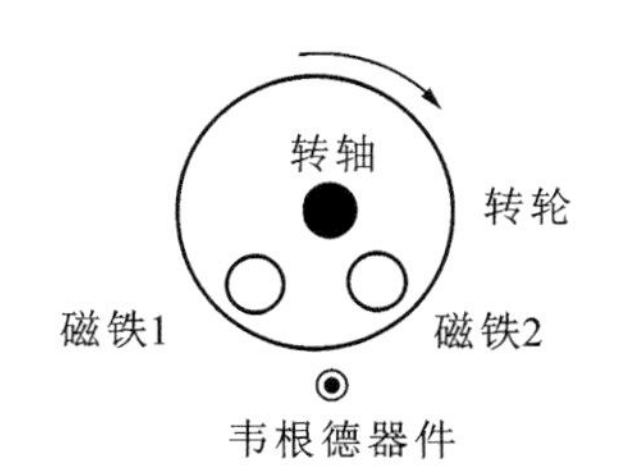

图 8.8 韦根德旋转传感器的原理

7) 金属膜磁敏电阻位移传感器

图 8.9 是四端型金属膜磁敏电阻位移传感器原理图。其中 B_p 为偏置磁场,它与 ac 或 bd 均成 45°角,且大于信号磁场 B_S。若 B_S 不变,则 U_{ac} 电压输出信号为零。如果在 x 方向上永磁体有一个位移,那么作用在磁敏电阻上的输入磁场在强度和方向上都会发生变化。输入磁场和偏置磁场的合成磁场也会改变,则输出电压 U 将随之变化。若将永磁体固定在被测物体上,就可测量出它的直线位移。

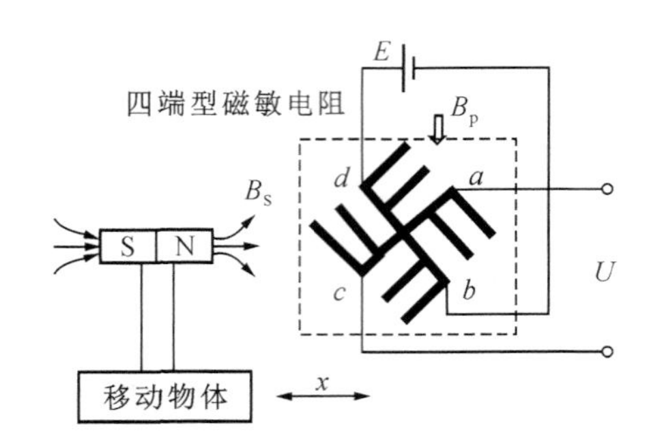

图 8.9　金属膜磁敏电阻位移传感器原理图

8）基于脉冲感应法的低频电磁感应探雷技术

脉冲感应法电路原理框图如图 8.10 所示，其工作过程是：发射器控制发射线圈产生周期性的一次脉冲电磁场；在脉冲电磁场发射过程中，地下金属物体内部产生感应涡流；脉冲电磁场断掉后涡流产生的二次场不立即消失，而是按指数规律衰减并被接收电路检出而报警。

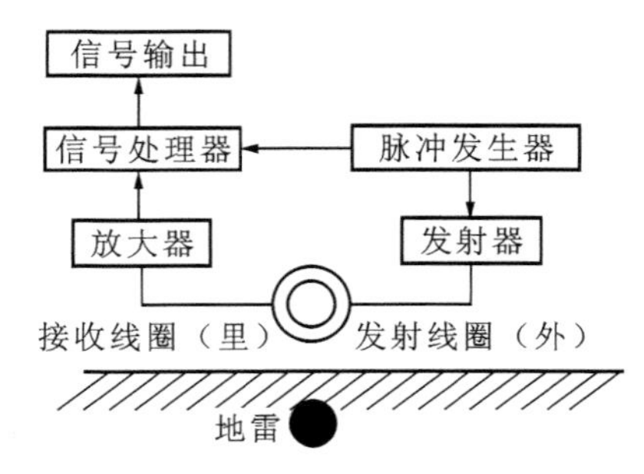

图 8.10　脉冲感应法原理框图

基于脉冲感应法原理的典型产品是奥地利产的 AN-19/2 型探雷器，其结构组成和使用情况见图 8.10。该型探雷器使用 4 节 1 号电池，连续工作时间可达 70 小时，对于标准防坦克地雷，其探测距离达 50 cm；对于含 0.15 g 金属的地雷，其探测距离达 10 cm。

9）微波传感器及应用

微波是无线电波的一种，其波长为 1 mm～1 m（频率范围约为 300 MHz～300 GHz），包括了电磁波谱中分米波、厘米波、毫米波等波段。微波的波段细分还常用字母符号来表示，如 UHF、L、LS、S、C、XC、X、Ku、K、Ka、Q、U、M、E、F、G、R 等波段。

与光、声、热等比较起来，微波具有很多重要的特点，其中与微波传感有关的内容包括：反射性、直线传播性及集束性，穿透性，热效应，散射特性，抗低频干扰特性，分布参数的不确定性等。

微波技术的应用包括两个方面，一是作为信息载体，二是微波能。以下简要介绍与传感技术有关的信息载体方面的应用。

（1）微波雷达。现代雷达大多属于微波雷达，它主要是利用微波对目标的反射特性来进行目标探测和定位的，其应用包括：① 跟踪与定位；② 导航与控制；③ 天气预报；④ 地下目标无损探测等。

（2）微波无源探测：可用于测量隐身飞机。

（3）微波测量：可使用弱功率的微波对各种电量和非电量（如长度、速度、湿度、温度等）进行非接触式的测量。

微波传感系统是指利用微波的特性来实现对某些物理量进行测量的器件或装置。最重要的微波传感系统当是微波雷达，它是利用大功率微波对目标的反射特性来进行目标探测和定位的。此外，还有利用被测物体对弱功率微波的吸收和反射特性来实现的微波测量系统，它包括反射式和透射式两类。

图 8.11 示出的微波液位计，又称微波雷达。它的工作原理是：首先由置于液面上方的微波发射器产生 10 GHz 左右的 X 波段微波，该微波通过抛物面或喇叭状天线射向被测液面，微波到达液面后会被反射，从而被微波传感器所接收。系统通过对发射和接收波的处理，可以测出微波从发射到接收所用的时间 t，再由公式

$$h=\frac{1}{2}vt$$

计算出相应的液位。其中，v 为微波的速度。

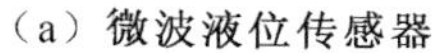

（a）微波液位传感器

（b）显示单元

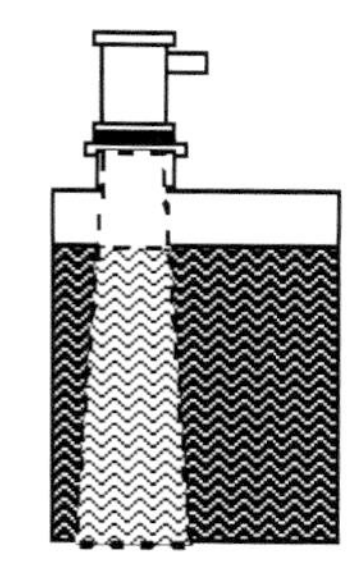

（c）安装在液罐上的微波液位传感器

图 8.11 微波液位计的外形及其在液罐上的安装情况

8.4 习题

8.1 何谓霍尔效应？何谓霍尔元件不等位电势？如何补偿霍尔元件不等位电势？

8.2 试述霍尔元件恒压驱动和恒流驱动以及输出放大电路的原理，并画出电路原理图。

8.3 试述霍尔线性 IC 和开关 IC 的特性区别，并用霍尔线性 IC 设计一个简易磁场测量电路。

8.4 试画出磁敏二极管的互补式、差分式以及全桥温度补偿电路的原理图，并阐述其原理。

8.5 试述磁敏三极管与磁敏二极管原理上的区别。

8.6 半导体材料的物理磁阻效应和几何磁阻效应有何区别？试用 InSb 磁敏电阻设计一位移检测电路。

8.7 试述韦根德器件的结构和原理，为什么韦根德器件又被称为零功耗磁敏传感器？试画出韦根德器件的基本应用电路。

8.8 铁磁性金属膜磁敏电阻的工作原理是什么？试画出金属膜磁敏电阻位移传感器的原理图。

8.9 试述悬丝式磁敏传感器的工作原理。

8.10 试述感应式磁敏传感器的原理。并请画出差拍式金属探测器和脉冲感应法探雷器的原理框图。

8.11 请画出磁通门式磁敏传感器的主要结构，并阐述磁通门的“二次谐波法”测磁

原理。

8.12　试述光纤法拉第效应磁敏传感器和磁致伸缩效应磁敏传感器的原理和特点。

8.13　何谓微波？它有哪些特点？作为信息载体,微波的应用有哪些?

8.14　试画出微波液位计的原理框图,并阐述其原理。

8.15　查阅相关资料,试画出微波含水量测量系统的方框图并阐述其原理。

8.16　查阅相关资料,试述微波无损检测的原理。

9 化学传感器

9.1 内容概要

本章系统介绍了化学传感器的基本定义、概念及其类型划分。重点论述了离子传感器的类型划分、结构构造与响应机理；离子敏场效应晶体管、半导体气敏传感器的类型划分、结构构成与工作原理。主要内容如下：

1）化学传感器的基本定义、构成与类型划分

国标 GB/T 7665-1987《传感器通用术语》对化学传感器定义为“能感受规定的化学量并转换成可用输出信号的传感器”。化学传感器主要由感受器、分离器、信号转换器三部分构成。

根据工作原理的不同，化学传感器可分为：电化学式、光学式、热学式、质量式等。其中电化学式传感器又可以分为电位型传感器、电流型传感器、电导型传感器三类；按照换能器操作原理的不同，化学传感器可分为：电化学式、荧光化学式、光电化学式、光化学式、生物电化学式、光纤化学式等；按照检测对象的不同，化学传感器可分为：气体传感器、湿度传感器、离子敏传感器和生物传感器。

2）离子传感器的类型划分、结构构造与响应机理

离子敏传感器，也称为离子选择性电极，是电位型传感器中的主要类型。它能与溶液（体液）中某种特定的离子产生选择性的响应。

离子敏传感器主要分为基本电极和敏化离子电极两大类。离子选择性电极的构造随敏感膜的不同而不同。主要由敏感膜、内参比溶液和内参比电极组成。

以氢离子选择性电极响应机理分析为例可知：玻璃电极使用前，必须在水溶液中浸泡，表面的 Na^+ 与水中的 H^+ 交换，形成一个三层结构，即中间的干玻璃层和两边的水化硅胶层。而水化硅胶层具有界面，构成单独的一相。在水化层，玻璃上的 Na^+ 与溶液中的 H^+ 发生离子交换而产生相界电位，即道南电位。溶液中 H^+ 经水化层扩散至干玻璃层，干玻璃层的阳离子向外扩散以补偿溶出的离子，离子的相对移动产生扩散电位。两者之和构成膜电位。玻璃膜电位与试样溶液中的 pH 成线性关系。

3）离子敏场效应管（ISFET）传感器的结构构成、工作原理

离子敏场效应管的结构和一般的场效应管之间的不同之处在于，离子敏场效应管没有金属栅电极，让其绝缘体氧化层直接与溶液相接触，或者将栅极用铂膜作引出线，并在铂膜上涂覆一层离子敏感膜。ISFET 是利用其对溶液中离子的选择作用来改变栅极电位，进而控制漏源电流的变化。

4）半导体气敏传感器类型划分、工作原理

气敏传感器是能够感知环境中某种气体及其浓度的一种敏感器件。根据测量原理的不同，气敏传感器可以分为：半导体式、接触燃烧式、化学反应式、光干涉式、热传导式、红外线吸收散射式等传感器类型，其中应用最多的是半导体气敏传感器。

半导体气敏传感器是利用待测气体与半导体表面接触时，产生电导率等物理性质变化来检测气体的。

按照半导体与气体相互作用时产生的变化只限于半导体表面或深入到半导体内部，半导体气敏传感器可分为表面控制型和体控制型。

按照半导体变化的物理特性，半导体气敏传感器可分为电阻型和非电阻型。目前应用较广泛的是电阻型气敏器件，按其结构不同，又可分为烧结型、薄膜型和厚膜型三种。

半导体式气敏传感器工作原理是基于气敏半导体材料特殊的导电机理——分子的化学吸附效应。

9.2　例题分析

【例 9.1】　分析比较离子敏场效应管（ISFET）传感器和一般场效应管（MOSFET）之间结构与特性方面的区别。

解：与一般的场效应管（MOSFET）相比，离子敏场效应管（ISFET）的绝缘层与栅极之间没有金属栅极，而是含有离子的待测量的溶液（或者将栅极用铂膜作引出线，并在铂膜上涂覆一层离子敏感膜。敏感膜的种类很多，不同的敏感膜所检测的离子种类也不同，从而具有离子选择性。），绝缘层与溶液之间是离子敏感膜，可固态可液态。溶液与敏感膜和参比电极同时接触，充当栅极。

MOSFET 是利用金属栅上所加电压 U_{GS} 大小来控制漏源电流的变化；ISFET 则是利用对溶液中离子的选择作用来改变栅极电位，进而控制漏源电流的变化。

当将 ISFET 插入溶液时，被测溶液与敏感膜接触处就会产生一定的界面电势，其大小取决于溶液中被测离子的活度，这一界面电势的大小将直接影响阈值电压 U_T 的值。ISFET 的阈值电压 U_T 与被测溶液中的离子活度的对数成线性关系。根据场效应晶体管的工作原理，漏源电流的大小又与阈值电压 U_T 的值有关。因此 ISFET 的漏源电流将随溶液中离子活度的变化而变化。

【例 9.2】　结合半导体式气敏传感器工作原理，分析氧化型气体与还原型气体的特性区别。

解：半导体式气敏传感器工作原理是基于气敏半导体材料特殊的导电机理——分子的化学吸附效应。半导体气敏传感器工作时通常需要加热，当器件被加热到稳定状态，并有气体吸附时，吸附分子首先在表面自由地扩散，失去其功能。然后，一部分分子蒸发，一部分分子被吸附。若材料的功函数小于吸附分子的电子亲和力，分子将从材料中夺取电子而变成负离子吸附。如 O_2 和 Cl_2 等都倾向于负离子吸附，称为氧化型气体；如果材料的功函数大于吸附分子的离解能，吸附分子将向材料释放电子而成为正离子吸附。H_2、CO、碳氧化合物和醇类都倾向于正离子吸附，称为还原型气体。

【例 9.3】　结合图 9.1 所示氨气敏电极结构构成图，分析氨氮浓度测量传感器的工作原理。

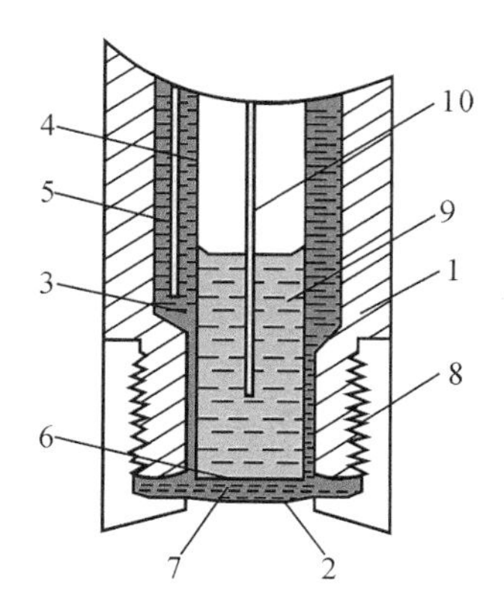

图 9.1 氨气敏电极结构构成示意图

1—电极管;2—透气膜;3—0.1 mol · L^{-1} NH_4Cl 溶液;4—离子电极(pH 玻璃电极);
5—Ag-AgCl 参比电极;6—离子电极的敏感膜(玻璃膜);7—电解质溶液(0.1 mol · L^{-1} NH_4Cl 溶液)
薄层;8—可卸电极头;9—离子电极的内参比溶液;10—离子电极的内参比电极

解:氨气敏电极为一复合电极,以 pH 玻璃电极为指示电极,银-氯化银电极为参比电极。此电极对置于盛有 0.1 mol/L 氯化铵内充液的塑料套管中,管端部紧贴指示电极敏感膜处装有疏水半渗透薄膜,使内电解液与外部试液隔开,与 pH 玻璃电极间有一层很薄的膜。当水样中加入强碱溶液将 pH 提高到 11 以上,使铵盐转化为氨,生成的氨由于扩散作用通过半透膜(水和其他离子则不能通过),使氯化铵电解质薄膜层内反应:

$$NH_4^+ + OH^- \rightleftharpoons NH_3 + H_2O$$

氨气通过透气膜进入溶液,使平衡向左移动,电解质溶液 pH 升高,导致玻璃膜膜电位的产生,并与铵离子浓度相关联。在恒定的离子强度下测得的电动势与水样中氨氮浓度的对数呈一定的线性关系,由此可从测得的电位值,确定样品中氨氮的含量。

【例 9.4】 离子敏传感器构造的主要部分是离子选择性膜,因为膜电位是随着被测定离子的浓度的变化而变化,所以通过离子选择性膜的膜电位可以测定出离子的浓度。请分析离子传感器膜电位工作原理。

解:离子传感器膜电位工作原理:

膜电位与溶液中离子 M^{n+} 活度 $a_{M^{n+}}$ 的关系,可以用能斯特方程来表示:

$$\varphi_{膜} = \varphi_{膜}^{\theta} + \frac{2.303RT}{zF}\lg a_{M^{n+}}$$

对于阴离子 R^{n-} 有选择性的电极,则有如下的关系:

$$\varphi_{膜} = \varphi_{膜}^{\theta} - \frac{2.303RT}{zF}\lg a_{R^{n-}}$$

离子选择性电极与甘汞电极组成电池后,则有:

$$E = \varphi_{参} - \varphi_{膜} = \varphi' + \frac{2.303RT}{zF}\lg a_{M^{n+}}$$

配制一系列已知浓度的标准溶液,并以测得的电动势 E 值与相应的 $\lg a_{M^{n+}}$ 值绘制校正曲线,即可按相同步骤求得未知溶液中欲测离子的浓度。

【例 9.5】 灵敏度是电化学传感器的一个重要的特性指标,一些特殊行业,如室内空气监测、海关检查走私、违禁物品(药品、炸弹或其他易燃易爆品)时,要求能检测 10^{-9}、10^{-12} 数量级甚至更低检测下限的物质浓度。请分析列举出影响电化学传感器灵敏度的主要因素。

解:(1) 待测物在检测系统中的传质速度;

(2) 电极材料的电化学活性(包括电极材料、电极的物理形状和工作时的电极电势);

(3) 反应过程中每摩尔物质传递的电流;

(4) 待测物在电解液中的溶解性和流动性;

(5) 传感器的几何形状和样品进入的方法;

(6) 工作电极产生的噪声信号大小。

9.3 化学传感器的应用

化学传感器在矿产资源的探测、气象观测和遥测、工业自动化、医学远距离诊断和实时监测、农业生鲜保存和鱼群探测、防盗、安全报警和节能等各个领域都有重要应用。

(1) 离子敏场效应管传感器应用举例

① 在生物医学领域的应用

临床医学和生理学的主要检查对象是人或动物的体液,其中包括血液、脑髓液、脊髓液、汗液和尿液等。体液中某种无机离子的微量变化都与身体某个器官的病变有关,因此,利用 ISFET 能够迅速而准确地检测出体液中某种离子的变化,从而可以为正确诊断、治疗及抢救提供可靠的依据。

例如,实用的探针式 ISFET 器件,漏源栅区被设计成平行长条形,用集成技术工艺制造。敏感膜在针端部,用 SiO_2 和 Si_3N_4 绝缘,以防止离子浸入,最外面覆盖离子敏感层(如测 Na^+ 用硅酸铝)。ISFET 做成的微型探针嵌入注射器针头内,可直接检测生物体内所需部位的瞬态离子状况。已做成的微型结构,端部宽仅 30 μm,可插入细胞中直接测量像神经细胞等随着兴奋状态变化的离子体积浓度变化情况,能鉴别正常细胞和癌细胞。

例如,用 ISFET 可做成测胃内 pH 传感器,把参比电极和 pH-ISFET 都装在一根管内,能测量胃内任意时刻的 pH。

例如,把 pH-ISFET 埋在牙内,连续测量牙吸收蔗糖及代用糖溶液在后齿垢下面 pH 的变化情况。

② 在环境监测领域的应用

可以应用 ISFET 检测雨水成分中各种离子的浓度,从而监测大气污染的程度并且可以分析出污染的原因;可以应用 ISFET 对江河湖海中的鱼类及其他动物血液中的有关离子进行检测,从而可以明确水域污染的程度,分析其对生物体的影响;可以应用 ISFET 对植物不同生长期体内的离子进行检测,从而可以研究植物在不同生长期对营养成分的需求情况,并且可以分析土壤污染对植物生长的影响等。

例如,在 pH-ISFET 外表面涂一层疏水汽透膜,只允许 CO_2 气体通过气透膜,膜内是一层 $NaHCO_3$ 溶液,当 CO_2 气体通过气透膜后,使 $NaHCO_3$ 电离平衡发生变化,通过 pH-ISFET 测定 H^+ 活度就可以知道 CO_2 含量。

③ 在食品加工领域中的应用

由于 ISFET 具有小型化、全固态化的优点，对被检样品影响很小，因此也被广泛地应用于食品加工与监测环节。在食品发酵工业中，可以用 ISFET 直接测量发酵面粉的酸碱度，随时监测发酵的情况和质量。

(2) 电流型电化学气体传感器应用举例

电流型电化学气体传感器检测气体的类型非常多，其中许多类型传感器已经实现商品化应用。目前已经商品化应用的电化学传感器可以检测 O_2、CO、H_2S、Cl_2、HCN、PH_3、NO、NO_2、酒精、肼、偏二甲肼等十几种气体，其主要应用领域有：安全检测、环境监测，以及其他特殊用途。如利用 NO 气体传感器测水泥窑温度。

交警在办理交通事故案件时，用酒精传感器检测司机是否酗酒，能为办案提供科学可靠的证据。这种传感器是根据呼吸中所含酒精气体的分压与传感器的极限扩散电流成线性关系的原理而研制的。

在煤矿工业中，为进一步保护矿工的健康和生命安全，已经开发了一种检测浓度范围在 0～250 $\mu L \cdot L^{-1}$的 CO 报警器。

9.4 习题

9.1 简述化学传感器的基本定义，绘制对应工作原理框图。

9.2 简述按照工作原理的不同，化学传感器类型的划分。

9.3 简述按照检测对象的不同，化学传感器类型的划分，并给出具体的应用领域举例。

9.4 结合 ISFET 的结构和工作原理，简述 ISFET 的主要特点。

9.5 简述按照测量原理的不同，气敏传感器的类型划分。

9.6 简述按照半导体变化的物理特性，半导体气敏传感器的类型划分。

9.7 列举出气敏传感器的主要应用领域。

9.8 绘制 pH 玻璃电极基本构造示意图，并分析其响应机理。

9.9 分析解释 pH 玻璃电极使用前必须进行浸泡的原因。

9.10 简述电化学气体传感器的类型划分。

9.11 总结电化学气体传感器的优缺点。

9.12 简述 Clark 电极的基本构成及其工作原理。

9.13 简述气体传感器的主要类型及其对应工作原理。

9.14 简述湿敏传感器的类型划分及其与化学传感器之间的关联性。

9.15 简述化学传感器与生物传感器之间的关联性。

9.16 简述电化学气体传感器的工作原理。

9.17 总结 pH 玻璃电极的特点。

9.18 总结改进气敏传感器选择性最有效的办法，并分析原因。

9.19 选用直热式气敏元件 TGS109 设计一个家用可燃性气体报警器，绘制电路原理图，并分析工作原理。

9.20 简述 Pd-MOSFET 气敏传感器基本结构构成特点及其工作原理。

10 生物传感器

10.1 内容概要

本章系统论述了生物传感器的定义、构成与类型。对生物传感器中的酶传感器、微生物传感器、免疫传感器的工作原理、类型划分、特点及其相关的重要概念、术语分别进行了论述。主要内容如下：

1）生物传感器的定义、构成与类型

生物传感器是用生物活性材料与物理换能器有机结合的器械或装置。主要由两部分构成:生物活性材料和换能器。生物传感器的基本工作原理就是利用生物反应。

根据生物传感器中所用生物活性物质(分子识别元件)的不同,可将其分为七大类:酶传感器、免疫传感器、组织传感器、细胞传感器、核酸传感器、微生物传感器、分子印迹生物传感器;根据生物传感器中换能器件的不同,生物传感器可分为:光生物传感器、热生物传感器、声波生物传感器、电导/阻抗生物传感器、电化学生物传感器、半导体生物传感器、悬臂梁生物传感器、压电晶体生物传感器等。

2）酶传感器的工作原理与类型划分

酶生物传感器是将酶作为生物敏感基元,利用酶的催化作用,在常温常压下将糖类、醇类、有机酸、氨基酸等生物分子氧化或分解,然后通过各种物理、化学信号换能器,捕捉目标物与敏感基元之间反应所产生的与目标物浓度成比例关系的可测信号,实现对目标物定量测定的分析仪器。

根据信号转换器的不同,酶传感器主要有酶电极传感器、离子敏场效应晶体管酶传感器、热敏电阻酶传感器和光纤酶传感器等几类;根据酶促反应的溶剂体系的不同,酶传感器可分为有机相酶传感器和非有机相酶传感器;根据输出信号的不同,酶传感器有两种形式:电流型酶传感器与电位型酶传感器。

3）微生物传感器的工作原理与类型划分

微生物传感器用微生物作为分子识别元件。在不损坏微生物机能的情况下,可将微生物固定在载体上制作出微生物传感器。微生物传感器是由固定化的微生物细胞与电化学装置结合而形成的。

微生物传感器工作原理:微生物传感器由固定化微生物、换能器和信号输出装置组成,利用固定化微生物代谢消耗溶液中的溶解氧或产生一些电活性物质并放出光或热的原理实现待测物质的定量测定。

根据微生物生理特点不同,微生物传感器可分为:呼吸活性测定性微生物传感器和代谢活性测定性微生物传感器两种类型;根据信号测定法的不同,微生物传感器可分为:恒定法和速度法;根据分子识别的微生物膜所得的信息能转换为电信号方式的不同,微生物传感器可分为:电流测定法和电位测定法。

4) 免疫传感器的工作原理与类型划分

免疫传感器的基本原理是免疫学反应。利用抗体能识别抗原并与抗原结合的功能而制成的生物传感器称为免疫传感器。

免疫传感器的种类一般都是根据换能器的不同来划分的,主要分为:电化学免疫传感器、质量检测免疫传感器、热量检测免疫传感器、光学免疫传感器等类型。电化学免疫传感器根据具体检测电参量的不同,又分为电位测量式、电流测量式和导电率测量式三种类型。

10.2 例题分析

【例 10.1】 结合生物传感器的结构构成,论述其工作原理。

解:生物传感器的基本工作原理就是利用生物反应,而生物反应实际上包括了生理生化、新陈代谢、遗传变异等一切形式的生命活动。

生物传感器主要由两部分构成:生物活性材料(也叫生物敏感膜、分子识别元件)和换能器。待测物质经扩散作用进入固定生物敏感膜层,经分子识别,发生生物学反应(物理、化学变化),产生的物理、化学信息被相应的化学或物理换能器转变成可定量传输、可处理的电信号,传输给二次仪表进一步处理。

【例 10.2】 简述生物传感器的生物敏感膜功能,并分析其作用。

解:生物传感器的生物敏感膜,又被称为分子识别元件,是传感器结构中的敏感元件,主要指来源于生物体的生物活性物质,包括酶、抗原、抗体和各种功能蛋白质、核酸、微生物细胞、细胞器、动植物组织等。当它们用作生物传感器的敏感元件时,都无一例外地具有对靶分子(待检测对象)特异的识别功能。它是生物传感器的关键元件,直接决定着生物传感器的功能和质量。

【例 10.3】 由于酶是生物催化剂,与一般催化剂相比具有一些特殊性,请分析酶的催化性的特殊体现。

解:(1) 高度专一性(specification),或称为特异性。

一种酶只能作用于某一种或某一类物质,“一种酶,一种底物”。

(2) 催化效率高。

以分子比为基础,其催化效率是其他催化剂的 $10^7 \sim 10^{13}$ 倍。

(3) 酶催化一般在温和条件下进行。

因为酶是蛋白质,或者以蛋白质为主要成分,遇高温、酸碱容易失活。

(4) 有些酶(如脱氢酶)需要辅酶或辅基,若除去辅助成分,则酶不表现催化活性。

(5) 酶在体内的活力常常受多种方式调控,包括基因水平调控、反馈调节、激素控制、酶原激活等。

(6) 酶促反应产生的信息变化有多种形式,如热、光、电、离子化学等。

【例 10.4】 每一种酶在国际系统分类中的位置用特定的四个数字组成的编号表示,即酶学编号(EC number) 由 4 个数字构成:六大类酶用 EC 加“1.”“2.”“3.”“4.”“5.”“6”编号表示,然后是对应此酶大类下的亚类编号和亚亚类编号,最后为该酶在这亚亚类中的排序。请解读脂肪酶(甘油酯水解酶)的系列编号“EC 3.1.1.3”。

解:“EC 3.1.1.3”表示第三大酶类:水解酶;第一亚类:水解发生在酯键;第一亚-亚类:羟基酯水解。

【例 10.5】 结合图 10.1 所示质量检测免疫传感器硬件结构示意图,分析此传感器的检测工作原理。

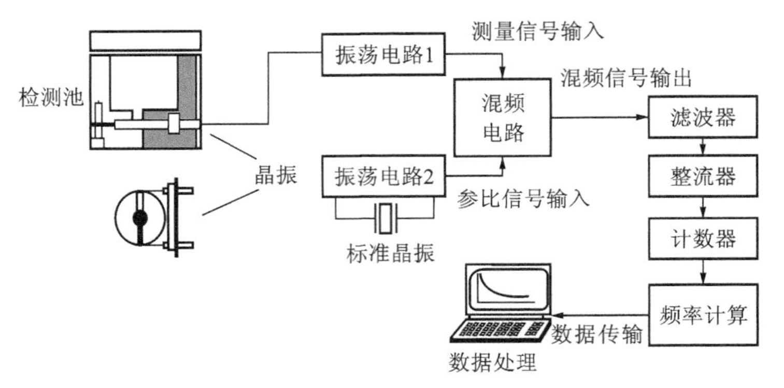

图 10.1　质量检测免疫传感器硬件结构示意图

解:图 10.1 所示结构示意图中,所用传感器敏感器件为压电器件,可知该系统所用传感器属于质量检测免疫传感器中的压电免疫传感器。其基本工作原理是:在压电器件表面包被一种抗体或抗原,样品中若有相应的抗原或抗体,则与之发生特异性结合,从而增加了压电材料的质量,利用其正压电效应,改变了振荡电路的振荡频率。而振荡电路信号频率的变化与待测抗原或抗体浓度成正比。对振荡信号进行混频、滤波、整流、计数等电子技术处理,最终可得到振荡信号的频率,进而可以获得与频率成正比的被测抗原或抗体的浓度。

10.3　生物传感器的应用

(1) 酶传感器的应用

① 在环境监测领域应用:

酶生物传感器可应用于监测在农业生产中广泛使用的农药、杀虫剂的残余物对水源和土壤产生的污染情况。

② 在食品检验领域的应用:

酶传感器在食品检验中的应用相当广泛,几乎渗透到了各个方面,包括食品工业生产在线监测、食品中成分分析(包括糖类的检测、各种氮基酸和蛋白质的测定、脂类的测定、维生素的测定、有机酸的测定等)、食品添加剂分析(如甜味剂、漂白剂、防腐剂)、鲜度的检测、感官指标及一些特殊指标(如食品保质期)的分析。

③ 在生物医学中的应用:

用酶传感器可以快速检测体液中的各种化学成分,为医生的诊断提出依据,如 D-葡萄糖氧化酶传感器:固定在氧电极表面,由于酶的氧化导致工作电极缺氧,通过这种方法,可以对体内、体外的 D-葡萄糖、乳酸盐、叶黄素、维生素 C、微生物群、多巴胺和水杨酸盐(酯)进行监测。

利用生物工程技术生产药物时,将酶传感器用于生化反应的监视,可以迅速地获取各种数据,有效地加强生物工程产品的质量管理。

④ 在军事领域的应用:

现代战争往往是在核武器、化学武器、生物武器威胁下进行的。战争、侦检、鉴定和检测是整个三防医学中的重要环节,是进行有效化学战和生物战防护的前提。由于具有高度特异性、灵敏性和能快速地探测化学战剂和生物战剂包括病毒、细菌和毒素等的特性,酶生物传感器将是最重要的一类化学战剂和生物战剂侦检器材。

(2) 微生物传感器的应用

微生物传感器以微生物活体作为识别元件,特别适用于需要酶和辅酶再生系统参与的生物反应测定,在生化需氧量和生物毒性等综合指标的监测上表现出独特优势。微生物传感器分析周期短,操作简便,自动化程度高,具有较高的精密度和准确度,节省人力、物力。提高了工作效率,能广泛应用于地表水、生活污水及部分工业废水的测定。微生物传感器现已应用于生物工业、环境监测、临床医学等领域,具有广泛的发展前景。

① 在发酵工业领域:

微生物传感器已应用于原材料、代谢产物的测定。应用微生物传感器可不受发酵过程中常存在的干扰物质的干扰,并且不受发酵液混浊程度的限制。

② 在生物工程领域:

微生物传感器已用于酶活性的测定。微生物传感器还能用于测定微生物的呼吸活性,在微生物的简单鉴定、生物降解物的确定、微生物的保存方法的选择等方面也有应用。

③ 在医学领域:

着眼于致癌物质对遗传因子的变异诱发性,人们利用微生物传感器对致癌物质进行一次性筛选。

④ 环境监测领域:

环境监测领域是微生物传感器应用最广泛的领域,其典型代表是 BOD 传感器。它可以测定水中微生物降解有机物的总量即生化需氧量。另外,微生物遇到有害离子 CN^-,Ag^+,Cu^{2+} 等会产生中毒效应,可利用这一性质,实现对废水中有毒物质的评价。微生物传感器还可应用于测定多种污染物:NO_x 气体传感器用于监测大气中氮氧化物的污染;硫化物微生物传感器用于测定煤气管道中含硫化合物;酚微生物传感器能够快速并准确地测定焦化、炼油、化工等企业废水中的酚。

(3) 免疫传感器的应用

① 能够检测食品中的毒素和细菌

用等离子体共振免疫传感器可以检测玉米等抽提物中的 FB_1(主要伏马菌素组分)浓度。用光纤免疫传感器可以检测火腿、奶油制品中的葡球菌肠毒素、黄曲霉毒素、肉毒毒素、金黄色葡萄球菌等。

② 检测 DNA

可以用荧光型和表面等离子体共振(SPR)型两种免疫传感器进行 DNA 分子的识别、

测序。

③ 检测残留农药

可以用表面等离子体共振免疫传感器快速测定脱脂牛奶和生牛奶中的硫胺二甲嘧啶残留物。

④ 毒品和滥用药物的检测

对毒品、麻醉药物和精神药物的检测，可用酶免疫光学测试和荧光免疫光学测试，具有很高的灵敏度、精度和可靠性。

10.4 习题

10.1 简述生物传感器的主要特点。

10.2 根据生物传感器中所用生物活性物质的不同，简述生物传感器类型划分。

10.3 根据生物传感器中换能器件的不同，简述生物传感器类型划分。

10.4 简述生物传感器中分子识别元件的来源和作用。

10.5 简述酶的定义与作用。

10.6 简述酶传感器的工作原理及其类型划分。

10.7 总结酶生物催化作用中的高度专一性特点，根据酶对底物专一性程度的不同，简述三种类型各自特点。

10.8 简述酶催化的化学形式及其作用。

10.9 酶电极电化学电极顶端紧贴一层酶膜，请简述四种酶的固定化技术。

10.10 试分析大肠杆菌改良型葡萄糖传感器的检测机理。

10.11 简述酶联免疫吸附测定法的测试原理。

10.12 同一般酶电极相比，简述微生物传感器具有的优点。

10.13 简述微生物反应类型划分。

10.14 总结微生物反应与酶促反应的共同点。

10.15 分析总结微生物作为传感器分子识别元件存在的不利因素。

10.16 简述微生物传感器的工作原理。

10.17 简述免疫学反应。

10.18 简述抗原抗体反应的类型与主要特点。

10.19 简述压电免疫传感器的工作原理。

10.20 分析总结免疫传感器的发展趋势。

10.21 简述免疫传感器的类型划分。

10.22 简述声波免疫传感器的测量原理。

11 数字式传感器

11.1 内容概要

本章对数字传感器中的主要类型:编码器、栅式传感器、感应同步器、振动式频率传感器分别进行了详细论述,主要包括工作原理、类型划分、信号特点等。另外对数字式传感器应用中的信号长线传输技术中的关键问题进行了分析介绍。

1) 编码器的特点、构成与类型划分

编码器为数字传感器中的一类,是将直线运动或转角运动变换为数字信号进行测量的一种传感器。编码器主要是由码盘(圆光栅、指示光栅)、机体、发光器件、感光器件等部件组成。按照数据检测读出方式的不同,编码器分为接触式和非接触式两种。按照工作原理的不同,编码器可分为增量式和绝对式两类。目前,使用最多的是光电编码器。主要对应增量式光电编码器和绝对式光电编码器两种类型。

2) 栅式传感器

根据栅式数字传感器工作原理的不同,可分为光栅传感器、容栅传感器与磁栅传感器三类。

光栅传感器主要由光源、透镜、主光栅(标尺光栅)、指示光栅和光电元件构成。光栅传感器的主光栅与指示光栅作相对位移会产生莫尔条纹,光电元件在固定位置观测莫尔条纹移动的光强变化,并将光强转换成电信号输出。光电元件输出电压 u_o 与位移量 x 成近似正弦关系。将该电压信号放大、整形使其变为方波,经微分电路转换成脉冲信号,再经过辨向电路和可逆计数器计数,则可在显示器上以数字形式实时地显示出位移量的大小。

磁栅传感器是一种利用磁栅与磁头的磁作用进行测量的位移传感器。磁栅传感器由磁栅(即磁尺)、磁头和检测电路组成。磁栅传感器是利用录磁原理,将具有一定节距、周期变化的方波、正弦波或脉冲电信号,用录磁磁头记录在磁尺(或磁盘)的磁膜上,作为测量的基准。测量时,由拾磁磁头将磁尺上的磁信号转化为电信号,经检测电路处理后得到以数字量表示的磁头相对磁尺的位移量。

容栅传感器是基于变面积工作原理的电容传感器,它的电极不止一对,电极排列呈梳状。根据结构构成的不同,容栅传感器分为三种类型:直线形、圆形、圆筒形。

3) 感应同步器

感应同步器是利用两个平面形绕组的互感随位置不同而变化的原理制成的测位移的数字式传感器。感应同步器由两个印刷电路绕组构成,类似于变压器的初、次级绕组。因此又被称为平面(旋转)变压器。感应同步器可以看做一个耦合系数随相对位移变化的变压器。

4）振动式频率传感器

又称为谐振式频率传感器，是通过弹性体振动的方式，将被测量转换为频率信号进行处理，并转换成数字量输出的装置。

11.2 例题分析

【例 11.1】 简述三通道增量编码器的码盘结构特点，并分析其工作原理。

解：三通道增量编码器的码盘具有两圈光栅、一个零位标志，编码器有三对光电扫描系统。

两圈光栅以 90°相位差排列，即内、外两圈光栅均对应错开半条缝宽。对应的信号输出通道为 A、B。A、B 两相输出脉冲信号，相差 90°。可通过比较 A 相脉冲与 B 相脉冲的时序关系，来判别编码器的码盘是顺时针旋转（正转）还是逆时针旋转（反转）。

零位标志对应信号输出通道为 Z 相通道或零通道，用于基准点定位。码盘每旋转一周，Z 通道只发出一个方波信号。此标志性脉冲用于基准点定位，通常用来指示机械位置或对积累量清零。

三通道增量编码器的三信号输出通道脉冲序列如图 11.1 所示。

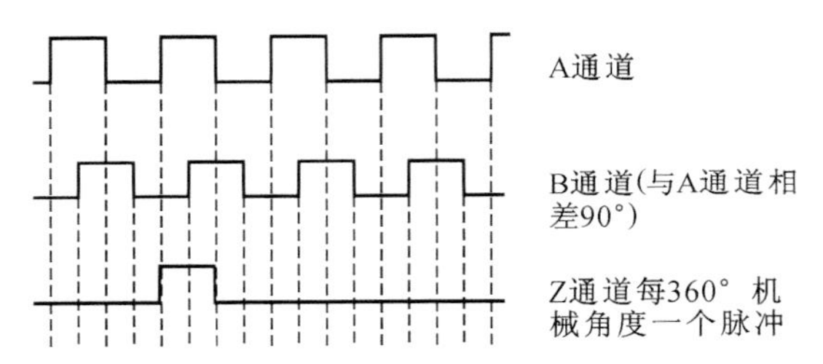

图 11.1 增量式光电编码器输出信号波形时序图

【例 11.2】 选用码盘上的狭缝条纹数 n 为 1 000 的增量式光电编码器测量转角，所能分辨的最小角度 α 为多少？

解：
$$\alpha=\frac{360°}{n}=\frac{360°}{1\ 000}=0.36°$$

【例 11.3】 简要分析绝对式光电编码器一般采用格雷码盘(Groy code)的原因。

解：绝对式光电编码器一般采用格雷码盘的原因是为了避免因位置不分明而引起的粗大误差。

如图 11.2 所示，对于 4 位 8421 二进制码盘，由于光电器件安装误差的影响，当码盘回转在两码段边缘交替位置时，就会产生读数误差。例如，当码盘由位置“0111”变为“1000”时——4 位数要同时变化，可能将数码误读成 1111、1011、1101、…、0001 等，产生无法估计的数值误差，这种误差称为非单值性误差。而格雷编码任意相邻的两个代码间只有 1 位代码有变化，即由“0”变为“1”或“1”变为“0”。因此，读数误差最多不超过“1”，只可能读成相邻两个数中的一个数，因而可以有效地消除非单值性误差。

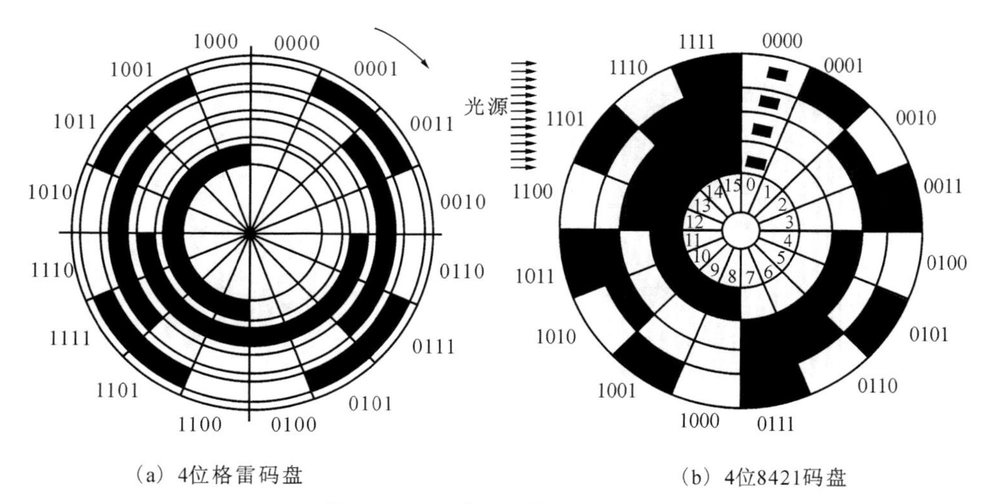

(a) 4位格雷码盘　　(b) 4位8421码盘

图 11.2　绝对式光电编码器码盘

【例 11.4】　选用码道数 n 为 6 的绝对式光电编码器测量转角，所能分辨的最小角度 α 为多少？

解：
$$\alpha=\frac{360^\circ}{2^n}=\frac{360^\circ}{2^6}=5.625^\circ$$

【例 11.5】　用四个光敏二极管接收长光栅的莫尔条纹信号，如果光敏二极管的响应时间为 10^{-6} s，光栅的栅线密度为 50 线/mm，试计算一下光栅所允许的运动速度。

解：设光栅移动速度为 v，只有当移动一条栅线的时间大于等于光敏二极管的响应时间 τ 时，才能保证二极管能正常反应采样，所以光栅所允许的最快速度为：

$$\because \frac{W}{v}\geqslant\tau \qquad \therefore v\leqslant\frac{W}{\tau}$$

$$v\leqslant\frac{1\ \text{mm}/50}{10^{-6}\ \text{s}}=2\times10^4\ \text{mm/s}=20\ \text{m/s}$$

【例 11.6】　若某光栅的栅线密度为 50 线/mm，主光栅与指示光栅之间的夹角为 0.2°。

(1) 说明莫尔条纹形成原理及特点。

(2) 求其形成的莫尔条纹间距 B 是多少？

(3) 当指示光栅移动 100 μm 时，求莫尔条纹移动的距离？

解：(1) 莫尔(Moire)条纹是如图 11.3(a)所示的横向深色条纹。当光栅传感器的指示光栅与主光栅的栅线如图 11.3(b)所示，存在一个微小的夹角 θ 时，由于挡光效应(当线纹密度≤50 条/mm 时)或光的衍射作用(当线纹密度≥100 条/mm 时)，则在近似垂直于栅线的方向上，会显现出比栅距 W 大得多的明暗相间的条纹，相邻的两明暗条纹之间的距离 B 称为莫尔条纹间距。由于 θ 值很小，条纹近似与栅线方向垂直，因此称为横向莫尔条纹。

(2) 当光栅之间的夹角 θ 很小，且两光栅的栅距都为 W 时，莫尔条纹间距 B($a-a$ 间距)为：

$$B=\frac{W}{2\sin\frac{\theta}{2}}\approx\frac{W}{\theta}=KW \tag{11.1}$$

式中：$K=\frac{B}{W}\approx\frac{1}{\theta}$，为放大系数。

(a)

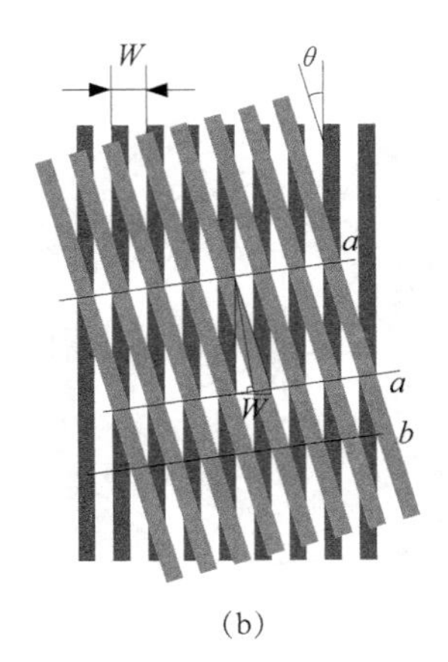

(b)

图 11.3　莫尔条纹形成分析图

光栅的栅距 W 为：

$$W=\frac{1}{50/\text{mm}}=0.02\ \text{mm}$$

莫尔条纹宽度 B 为：

$$B=\frac{W}{2\sin\frac{\theta}{2}}=\frac{0.02\ \text{mm}}{2\sin\frac{0.2^{\circ}}{2}}=5.73\ \text{mm}$$

（3）当标尺光栅移动 100 μm 时，莫尔条纹移动的距离 s 为：

$$s=K\times100\times10^{-3}\ \text{mm}=\frac{B}{W}\times100\times10^{-3}\ \text{mm}$$

$$=\frac{5.73\ \text{mm}}{0.02\ \text{mm}}\times100\times10^{-3}\ \text{mm}=28.65\ \text{mm}$$

11.3　数字式传感器的应用

1）光电编码器的应用

光电编码器具有高分辨率、高精度，结构简单，体积小巧，使用可靠，易于维护，性价比高等优点。现在已经发展成为多规格、高性能的系列工业化产品，在数控机床、机器人、雷达、光电经纬仪、地面指挥仪、高精度闭环调速系统、伺服系统等诸多领域中得到了广泛的应用。

高精度同步控制光电编码器主要应用于对精度、质量可靠性有严格要求的场合，如数控机床、交流伺服电机、电梯等。目前，活跃在我国编码器市场上的国外产品主有德国的 Heidenhain、Meyle、Turck、美国的 GPI，日本的多摩川，英国的 Renishaw，韩国的 Metronix、Autonics。国内生产的光电编码器主要来自中达电通。

如图 11.4 所示，角光电编码器在数控机床中实现旋转刀库的控制连接，编码器的输出为当前的刀具号。

小型化、高分辨率的光电编码器主要应用于机器人的位置和速度控制。

此外，基于图像识别的编码器也已经被研制出来。如 NASA 研制的一种全新的、以图像处理技术为基础的绝对式光电编码器，通过采用计算图像质心移动量的方式来获得位置信息，最高分辨率可达 27 位，目前已被成功应用于NASA 的精密制导传感器、扫描反射镜转台、干涉仪的扫描转台和六自由度平台等项目中。

2）栅式传感器的应用

容栅测量系统于 1973 年问世，1974 年 TRIMOS 公司最先在测高仪上应用。容栅式传感器具有重复性好，精度高，抗干扰能力强，对环境要求不苛刻，易于实现数字化等优点。现在已广泛应用于量具（如电子数显卡尺、千分尺）、量仪（如高度仪、坐标仪）和机床数显装置（如机床行程测量）上。常用容栅测量系统的分辨率为 1 μm、5 μm 和 10 μm，测量速度是1～2 m/s。容栅最大测量范围：高度仪是 2 m，长度仪是 3 m。因此分辨力在 1 μm 和 1 μm 以下的测量系统一般都采用光栅测量系统。此外，容栅数显卡尺最大的问题是不能防水。2001 年瑞士 TESA 公司推出了采用磁栅原理设计的防水型数显卡尺 TESA－CAL IP65。

图 11.4 编码器用于刀库选刀控制

3）感应同步器的应用

感应同步器的输出信号不经过机械传动机构，有较高的精度与分辨力。它基于电磁感应原理，几乎不受温度、油污、尘埃等影响，抗干扰能力强。感应同步器的定尺与滑尺是非接触式测量，使用寿命长，维护简单；可以作长距离位移测量，行程从几米到几十米；工艺性好，成本较低，便于复制和成批生产。

直线式感应同步器目前被广泛应用于大位移静态与动态测量中，例如用于三坐标测量机、程控数控机床及高精度重型机床及加工中心的测量装置、自动定位装置等；圆感应同步器被广泛地用于机床和仪器的转台，各种回转伺服系统以及导弹制导、陀螺平台、射击控制、雷达天线的定位等。

4）振动式频率传感器的应用

振动式频率传感器主要应用于建筑结构的振动测量、废气涡轮增压振动测量、风机振动测量、皮带振动幅度测量、电梯电机振动频率测量、机械手振动位移测量等。

11.4 习题

11.1 简述数字式传感器的四种常见类型。

11.2 简述增量式光电编码器五种信号输出方式的适用条件。

11.3 总结编码器的功能及其类型划分。

11.4 简述增量式光电编码器的构成及其工作原理。

11.5 比较三种结构增量式光电编码器的功能区别。

11.6 简述绝对式光电编码器工作原理。

11.7 简述绝对式光电编码器的三种信号输出方式的适用条件。

11.8 简述栅式传感器的类型划分。

11.9　简述计量光栅的类型划分。

11.10　简述光栅传感器的构成。

11.11　简述光栅传感器的工作原理。

11.12　简述细分技术实现思路。

11.13　简述磁栅传感器的结构与工作原理。

11.14　总结磁栅传感器的信号处理方法。

11.15　简述容栅传感器类型划分与工作原理分析。

11.16　简述感应同步器的特点与类型划分。

11.17　以直线型感应同步器为例分析其工作原理。

11.18　总结感应同步器的信号处理方式。

11.19　总结振弦式频率传感器的激励方式。

11.20　简述脉冲信号长线传输的定义。

11.21　分析信号传输线上的回波现象,即反射现象的发生状况。

11.22　分析信号传输线上产生反射现象的危害。

11.23　电压为 4.5 V 的脉冲信号,沿特性阻抗为 45 Ω 的传输线传输,当它传输至一个 100 Ω 的贴片电阻时(暂不考虑寄生电容、电感的影响,电阻视为理想电阻),求解对应的反射系数 ρ 值,反射电压值,以及反射点处的电压。

11.24　总结抑制信号发射的方法。

11.25　总结并联终端匹配技术与串联终端匹配技术各自的特点。

12 智能传感器

12.1 内容概要

本章主要介绍了智能传感器的结构构成、主要特点，及其设计构建方式，并对智能传感器发展趋势进行了论述。

智能传感器的概念最早由美国宇航局(NASA)于 20 世纪 80 年代提出，将带有微处理器的，兼有信息检测和信息处理、逻辑思维与判断功能的传感器定义为智能传感器(Smart Sensor)。其最大特点就是将信息检测和信息处理功能结合在一起。智能传感器应具备的核心功能：包含微处理器，具有信息检测、信息处理、信息记忆、逻辑思维与判断功能。具有数据检测精度高、自适应能力强、超小型化、微型化、低功耗等特点。

智能化传感器与传统的传感器相比，增加了以下功能：

① 具有逻辑判断、统计处理功能。

② 具有自校准和自诊断功能。

③ 具有自适应、自调整功能。

④ 具有组态功能，使用灵活。

⑤ 具有记忆、存储功能。

⑥ 具有数据通信功能。

当前智能传感器的设计与实现对应三种构建方式：非集成化实现方式、集成化实现方式和模块化实现方式。

① 非集成化实现方式是在传统传感器的信号处理电路后面加上具有数据总线接口的微处理器后构成智能化传感器，是一种比较经济、快捷的构建智能传感器的方式。

② 集成化实现方式是采用微机械加工技术和大规模集成电路工艺技术，利用硅作为基体材料来制作敏感元件、信号处理电路、微控制器单元，并且将这些功能单元都集成在同一块芯片上(或二次集成在同一外壳内)。通常具有信号提取、信号处理、逻辑判断、双向通讯、量程切换、自检、自校准、自补偿、自诊断、计算等功能。

③ 模块化实现方式也被称为混合化实现途径，是根据实际的需要与可能，将传感器系统各个环节，如敏感单元、信号调理电路、微处理器单元、数字总线接口，以不同的组合方式分别集成在两块或三块芯片上，构成小的功能单元模块，最后再合装在一个壳体内。

智能传感器发展趋势：模糊化、微型集成化、虚拟化(软件化)、多传感器数据融合、无线化与网络化。

12.2　例题分析

【例 12.1】　分析解读智能化传感器与传统的传感器相比所具备的功能优点。

解:(1) 智能化传感器具有逻辑判断、统计处理功能。

可对检测数据进行分析、统计和修正,还可进行线性、非线性、温度、噪声、响应时间、交叉感应以及缓慢漂移等的误差补偿,提高了测量准确度。

(2) 智能化传感器具有自校准和自诊断功能。

智能传感器不仅能自动检测各种被测参数,还能进行自动调零、自动调平衡、自动校准,某些智能传感器还具有自标定功能。

(3) 智能化传感器具有自适应、自调整功能。

可根据待测物理量的数值大小及变化情况自动选择检测量程和测量方式,提高了检测适用性。

(4) 智能化传感器具有组态功能,使用灵活。

在智能传感器系统中可设置多种模块化的硬件和软件,用户可通过微处理器发出指令,改变智能传感器的硬件模块和软件模块的组合状态,完成不同的测量功能。

(5) 智能化传感器具有记忆、存储功能。

可进行检测数据的随时存取,加快了信息的处理速度。

(6) 智能化传感器具有数据通讯功能。

智能化传感器具有数据通讯接口,能与计算机直接联机,相互交换信息,提高了信息处理的质量与效率。

【例 12.2】　分析对比智能传感器三种设计构建方式的特点。

解:(1) 非集成化实现方式

是在传统传感器的信号处理电路后面加上具有数据总线接口的微处理器后构成智能化传感器,是一种比较经济、快捷的构建智能传感器的方式。

(2) 集成化实现方式

是采用微机械加工技术和大规模集成电路工艺技术,利用硅作为基体材料来制作敏感元件、信号处理电路、微控制器单元,并且将这些功能单元都集成在同一块芯片上(或二次集成在同一外壳内)。通常具有信号提取、信号处理、逻辑判断、双向通讯、量程切换、自检、自校准、自补偿、自诊断、计算等功能。与非集成化智能传感器相比,集成化智能传感器具有:微型化、结构一体化、精度高、多功能、阵列式、全数字化,使用方便,操作简单、高可靠性和高稳定性等特点。

(3) 模块化实现方式

模块化实现方式也被称为混合化实现途径,是根据实际的需要与可能,将传感器系统各个环节,如敏感单元、信号调理电路、微处理器单元、数字总线接口,以不同的组合方式分别集成在两块或三块芯片上,构成小的功能单元模块,最后再合装在一个壳体内。

模块化智能传感器与集成化智能传感器相比较,虽然集成度不很高,体积相对较大,但却具有维护方便的技术优势,是一种实用的结构形式。

【例 12.3】 思考按照模块化构建方式设计智能传感器，一般应该如何对其硬件进行模块化划分？

解：可以将一个智能传感器硬件系统划分为三至四个集成的单元模块：

(1) 信号检测转换集成模块：将敏感元件及其变换器集成在同一块模块上。

(2) 信号调理电路集成模块：将多路开关、仪用放大器、电源基准、A/D 转换器、自校零电路、温度自补偿电路等集成在同一块模块上。

(3) 微处理器单元集成模块：将微处理器、各种存储器、各种接口、D/A 转换器等集成在同一块模块上。

(4) 人机交互模块：将键盘、显示等电路集成在同一模块上。

【例 12.4】 结合图 12.1 所示美国 Honeywell 公司的 DSTJ－3000 型硅压阻式智能传感器内部硬件结构框图，分析其构建方式和具备的主要技术功能。

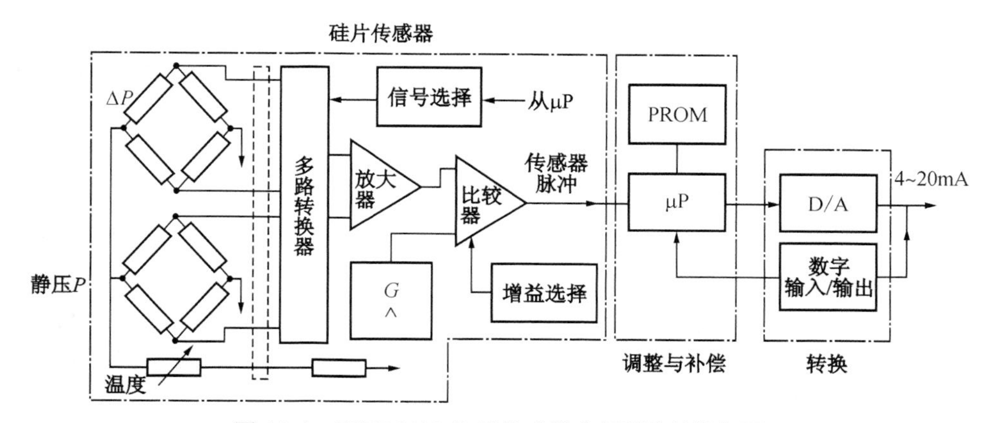

图 12.1 DSTJ-3000 智能传感器内部硬件结构框图

解：DSTJ-3000 智能传感器属于模块化构建方式。传感器信号检测、转换与处理电路集成在一起；微处理器、存储器集成一起；数据 A/D、D/A 转换接口电路集成一起。

DSTJ-3000 智能传感器可以对采集的压力信号进行采集提取、逻辑判断、双向通讯、量程切换、自检、自校准、自补偿、自诊断、计算等功能。

【例 12.5】 分析总结多传感器数据融合技术的核心问题、基本要求，及其常用方法。

解：① 利用多个传感器获取关于被测量对象和环境全面、完整的信息，主要体现在融合算法上。因此，多传感器数据融合技术的核心问题是选择合适的融合算法。

② 由于不同传感器检测信息的多样性和复杂性，因此对信息融合方法的基本要求是具有鲁棒性和并行处理能力。此外，还有方法的运算速度和精度；与前续预处理系统和后续信息识别系统的接口性能；与不同技术和方法的协调能力；对信息样本的要求等。一般情况下，基于非线性的数学方法，如果它具有容错性、自适应性、联想记忆和并行处理能力，则都可以用来作为融合方法。

③ 多传感器数据融合的常用方法基本上可概括为随机和人工智能两大类。

随机类方法有加权平均法、卡尔曼滤波法、贝叶斯估计法、Dempster-Shafer(D-S)证据推理、产生式规则等。

人工智能类则有模糊逻辑理论、神经网络、粗集理论、专家系统等。其中神经网络和人工智能等新概念、新技术在多传感器数据融合中将起到越来越重要的作用。

12.3 智能传感器及其关键技术的应用

(1) 智能传感器应用

智能传感器已经广泛应用于很多领域:

① 机器人领域:智能传感器在机器人领域有着广阔的应用前景,它可以使机器人具有类人的五官和大脑功能,感知各种现象,完成各种动作。

② 工业生产领域:通过使用智能传感器,可以利用神经网络专家系统技术建立数学模型来计算、推断产品的质量,实现对某些产品质量指标的监测,例如,黏度、硬度、表面光洁度、组合物、颜色和味道等。

③ 医疗领域:通过使用智能传感器,可以实现许多生物参数采集分析的高效、快捷、无痛苦。如采用智能传感器技术研制的"葡萄糖手表",可以实现血糖检测过程的无血、连续、无痛苦,并且能够实现数字化分析、显示血糖检测数据。

④ 汽车电子领域:智能传感器在汽车安全行驶系统、动力系统、车载空调、车载导航器等方面均有较成熟的应用,而且应用前景广阔。

除此之外,智能传感器在航空、航天、航海、军事等领域,也逐步占据了很大的比重。

(2) 多传感器数据融合技术应用

多传感器数据融合技术作为智能传感器智能数据处理的重要技术之一,已经在许多领域发挥了重要作用,并且应用领域还在不断延伸与扩大。主要应用可体现在以下五个方面:

① 军事应用:数据融合技术起源于军事领域,数据融合在军事上应用最早、范围最广,涉及战术或战略上的检测、指挥、控制、通信和情报任务的各个方面。主要应用是进行目标的探测、跟踪和识别,如自动识别武器、自主式运载制导、遥感、战场监视和自动威胁识别系统等。具体表现为对舰艇、飞机、导弹等的检测、定位、跟踪和识别及海洋监视、空对空防御系统、地对空防御系统等。迄今为止,美、英、法、意、日、俄等国家已研制出了上百种军事数据融合系统,比较典型的有:TCAC——战术指挥控制,BETA——战场利用和目标截获系统,AIDD——炮兵情报数据融合等。

② 复杂工业过程控制:复杂工业过程控制是数据融合技术的又一个重要应用领域。目前,数据融合技术已在核反应堆和石油平台监视等系统中得到应用。技术融合的目的是识别引起系统状态超出正常运行范围的故障条件,并据此触发若干报警器。通过时间序列分析、频率分析、小波分析,从各传感器获取的信号模式中提取出特征数据,同时,将所提取的特征数据输入神经网络模式识别器,神经网络模式识别器进行特征级数据融合,以识别出系统的特征数据,并输入到模糊专家系统进行决策级融合;专家系统推理时,从知识库和数据库中取出领域知识规则和参数,与特征数据进行匹配(融合);最后,决策出被测系统的运行状态、设备工作状况和故障等。

③ 机器人设计研发:目前,多传感器数据融合技术主要应用在移动机器人和遥控操作机器人。主要原因在于这些机器人工作在动态、不确定与非结构化的环境中(如"勇气"号和"机遇"号火星车),这些高度不确定的环境要求机器人具有高度的自治能力和对环境的感知

能力，而多传感器数据融合技术正是提高机器人系统感知能力的有效方法。实践证明：采用单个传感器的机器人不具有完整、可靠地感知外部环境的能力。智能机器人应采用多个传感器，并利用这些传感器的冗余和互补的特性来获得机器人外部环境动态变化的、比较完整的信息，并对外部环境变化做出实时的响应。目前，机器人学界提出向非结构化环境进军，其核心的关键之一就是多传感器系统和数据融合。

④ 遥感：多传感器融合在遥感领域中的应用，主要是通过高空间分辨力全色图像和低光谱分辨力图像的融合，得到高空间分辨力和高光谱分辨力的图像，融合多波段和多时段的遥感图像来提高分类的准确性。

⑤ 交通管理系统：多传感器数据融合技术可应用于对地面车辆定位、跟踪、导航以及空中交通管制系统中。

12.4 习题

12.1 简述智能传感器的结构构成及其各构成模块的作用。

12.2 简述智能传感器的主要特点。

12.3 简述智能传感器发展趋势。

12.4 分析总结多传感器数据融合技术的意义。

12.5 简述无线传感器网络系统构架中的主要节点。

12.6 设计一个可以测试室内温度和湿度的 8 路智能传感器，要求测量精度为±1 ℃、±3%RH，每 10 min 采集一次数据，应选择哪一种 A/D 转换器和通道方案？

12.7 思考总结智能传感器低功耗功能特性实现的技术路线。

12.8 简述智能传感器数据处理所包含的内容。

12.9 从功能集成实现的角度分析和总结智能传感器集成化对应的三种情况。

12.10 学习总结 MAX6626 型智能温度传感器的基本硬件构成、功能特点及其基本应用。

12.11 总结智能传感器的硬件功能对应和软件功能对应。

12.12 思考网络化智能传感器研制过程中的关键技术。

12.13 简述智能传感器对温度测量数据进行补偿的方法。

12.14 举例说明当前多传感器数据融合技术的典型应用。

12.15 分析总结智能传感器在研究与设计中应着重考虑的问题。

12.16 分析总结多传感器数据融合技术的发展趋势。

12.17 总结多传感器数据融合技术的应用领域。

第二篇　实验实训指导

13　基础实验项目

13.1　电阻应变片直流单臂电桥、半桥性能测量实验

13.1.1　实验目的

（1）了解金属箔式电阻应变片的应变效应；

（2）观察金属箔式电阻应变片的结构及粘贴方式；

（3）掌握单臂电桥工作原理和性能测试方法；

（4）掌握半桥电路连接方法、工作原理和性能测试方法；

（5）比较单臂、半桥两种电桥的性能差异。

13.1.2　实验原理

电阻应变效应：电阻丝在外力作用下发生机械变形时，其电阻值将发生变化。描述电阻应变效应的关系式为：

$$\Delta R/R=K\varepsilon$$

式中：$\Delta R/R$ 为电阻丝电阻相对变化；K 为应变灵敏系数；$\varepsilon=\Delta L/L$ 为电阻丝长度相对变化。

金属箔式电阻应变片是通过光刻、腐蚀等工艺制成的应变敏感元件，通过它转换被测部位受力状态变化。

电桥电路是最常用的非电量电测电路中的一种，电桥的作用是完成电阻到电压的比例变化，电桥的输出电压反映了相应的受力状态。当电桥平衡时，桥路对臂电阻乘积相等，电桥输出为零，在桥臂 4 个电阻 R_1、R_2、R_3、R_4 中，电阻的相对变化率分别为 $\Delta R_1/R_1$、$\Delta R_2/R_2$、$\Delta R_3/R_3$、$\Delta R_4/R_4$。

对单臂电桥输出电压近似值 $U_{o1}=EK\varepsilon/4$。单臂、半桥、全桥电路的灵敏度依次增大。

如图 13.1 所示 R_5、R_6、R_7 为固定电阻，与电阻应变片一起构成一个单臂电桥，其输出电压为：

$$U_o = \frac{E}{4} \times \frac{\Delta R/R}{1+\frac{1}{2}\times\frac{\Delta R}{R}}$$

式中：E 为电桥电源电压；R 为固定电阻值，上式表明单臂电桥输出为非线性，非线性误差为 $L=-\frac{1}{2}\times\frac{\Delta R}{R}\times 100\%$。

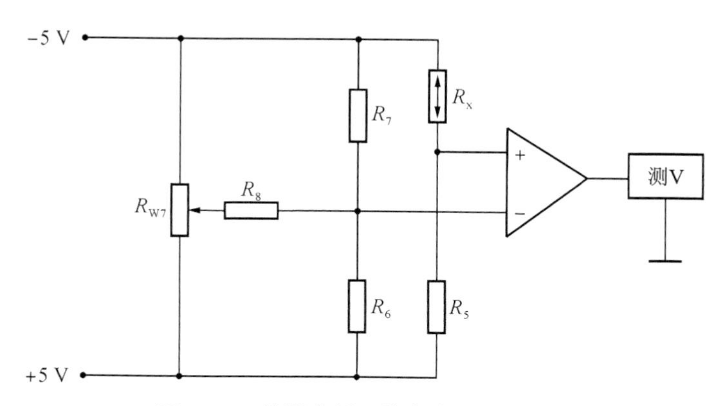

图 13.1　单臂电桥工作电路原理示意图

半桥电路工作原理示意图如图 13.2 所示。要注意将不同受力方向的两只应变片接入电桥作为邻边，电桥输出灵敏度提高，非线性得到改善。当应变片阻值和应变量相同时，其桥路输出电压 $U_{o2}=EK\varepsilon/2$。

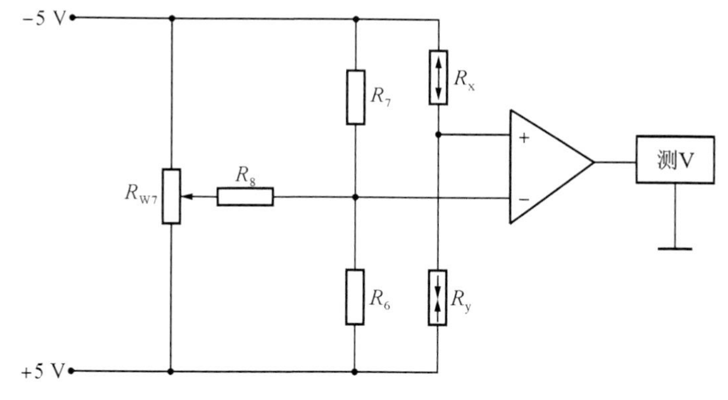

图 13.2　半桥工作原理示意图

13.1.3　实验设备与元器件

电阻应变式传感器实验模板、电阻应变式传感器、信号调理电路模板、托盘、砝码（10个）、数字万用表。

13.1.4　实验内容与步骤

（1）按照图 13.1 所示直流单臂电桥工作原理示意图进行电路接线。电路接线示意图如图 13.3 所示。

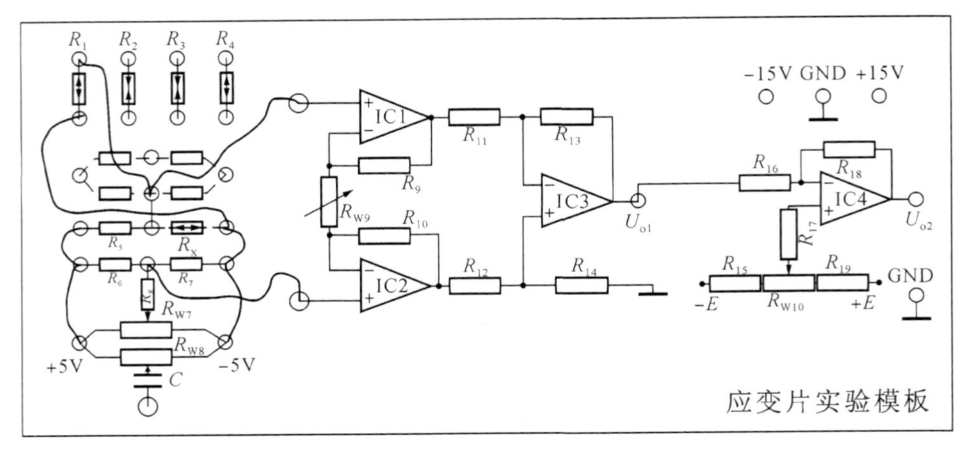

图 13.3　单臂电桥测试电路连接示意图

(2) 对电路中的放大器进行输出调零:用导线将两输入端短接;调节仪表放大器的增益电位器大约到中间位置(先逆时针旋到底,再顺时针旋转 2 圈);电压表的量程切换开关打到 2 V 挡,接通电源开关,调节实验模板放大器的调零电位器,使电压表显示为零。

(3) 应变片单臂电桥实验:去除放大器输入端口的短接线,将电桥输出端与放大器输入端对接。调节实验模板上的桥路平衡电位器,使电压表显示为零;在应变传感器的托盘上放置一只砝码,读取数显表数值,依次增加砝码和读取相应的数显表值,直到 10 个砝码(200 g)加完。记下实验结果填入表 13.1,并画出实验曲线。

表 13.1　单臂电桥性能测试

质量	0 g	20 g	40 g	60 g	80 g	100 g	120 g	140 g	160 g	180 g	200 g
电压 U_o(mV)											

(4) 按照图 13.2 所示直流半桥工作原理示意图进行电路接线。电路主要接线示意图如图 13.4 所示。

注意:为了接线图的清晰表达,图 13.4 中只绘制了部分接线,半桥结构中两电阻应变片 R_x、R_y,应按所标识的受力示意,从模板左上方 $R_1 \sim R_4$ 四个电阻中,选择对应受拉或受压的电阻应变片,用实际导线进行接入,构成实际的半桥测试电路。

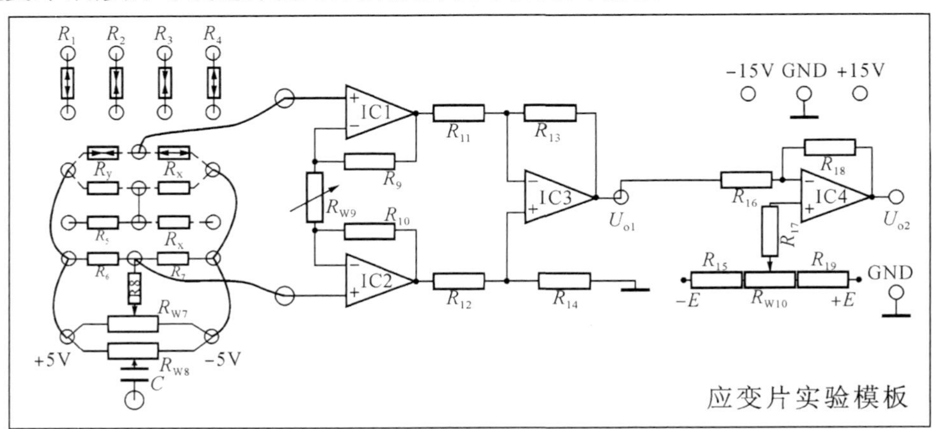

图 13.4　半桥测试电路连接示意图

(5) 重复实验步骤(2)与(3)的调零操作。在应变传感器的托盘上依次增加放置砝码，读取数显表数值，直到 10 个砝码(200 g)放完。记下实验结果填入表 13.2，并画出实验曲线。

表 13.2 半桥性能测试

质量	0 g	20 g	40 g	60 g	80 g	100 g	120 g	140 g	160 g	180 g	200 g
电压 U_o(mV)											

(6) 根据两个表中测试数据，计算系统灵敏度 $S=\Delta U/\Delta W$(ΔU 输出电压变化量，ΔW 重量变化量)和非线性误差 δ。对单臂、半桥两种电路的性能差异进行比较。

说明：$\delta=\Delta m/y_{FS}\times100\%$，式中 Δm 为输出值(多次测量时为平均值)与拟合直线的最大偏差：y_{FS}满量程输出平均值，此处为 200 g。

13.1.5 注意事项

(1) 在改接电路时应将电源关闭；

(2) 在实验过程中如发现电压表过载，应及时将电压表量程扩大；

(3) 在本实验中只能将放大器接成差动形式，否则系统不能正常工作；

(4) 电桥直流激励工作电压值不能过高，选为±5 V，以免因自热效应损坏应变片；

(5) 单臂、半桥两种实验电路中的放大器增益必须设定相同。

13.2 电阻应变片直流全桥性能测量实验

13.2.1 实验目的

(1) 掌握全桥电路工作原理和连接方法；

(2) 掌握直流激励电阻应变片全桥电路性能测试方法；

(3) 比较直流激励下单臂、半桥、全桥三种电路的性能差异。

13.2.2 实验原理

全桥电路是将电桥的四个桥臂电阻均接入电阻应变片，工作原理示意图如图 13.5 所示。全桥连接时要注意：对臂应变片的受力方向相同，邻臂应变片的受力方向相反，否则相互抵消没有输出。当应变片初始阻值：$R_1=R_2=R_3=R_4$，其变化值 $\Delta R_1=\Delta R_2=\Delta R_3=\Delta R_4$ 时，其桥路输出电压 U_{o3}

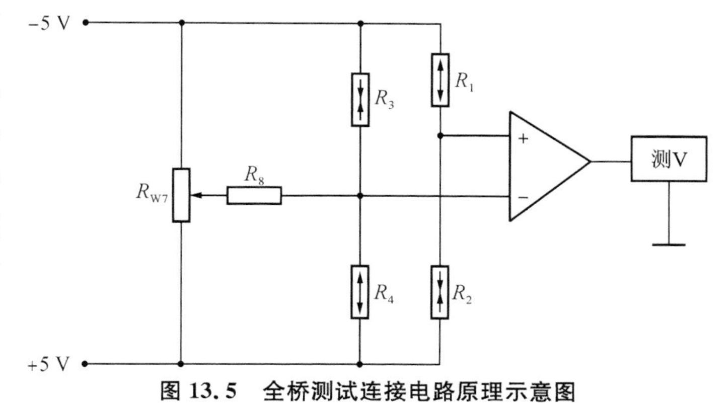

图 13.5 全桥测试连接电路原理示意图

$=KE\varepsilon$。其输出灵敏度比半桥提高了一倍，非线性误差和温度误差均得到改善。

13.2.3 实验设备与元器件

电阻应变式传感器实验模板、电阻应变式传感器、信号调理电路模板、托盘、砝码(10个)、数字万用表。

13.2.4 实验内容与步骤

(1) 按照图 13.5 所示直流全桥测试连接电路原理示意图进行电路接线。电路主要接线示意图如图 13.6 所示。

注意：为了接线图的清晰表达，图 13.6 中只绘制了部分接线，应将模板左上方 $R_1 \sim R_4$ 四个电阻，按全桥结构中所标识的受力示意，用实际导线将它们分别接入，构成实际的全桥测试电路。

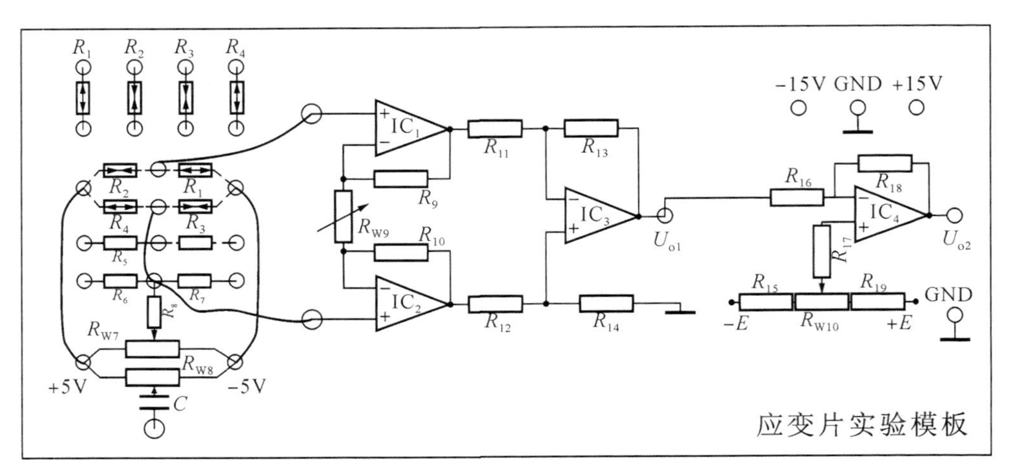

图 13.6 全桥测试电路连接示意图

(2) 对电路中的放大器进行输出调零：用导线将两输入端短接；调节仪表放大器的增益电位器大约到中间位置(先逆时针旋到底，再顺时针旋转 2 圈)；电压表的量程切换开关打到 2 V 挡，接通电源开关，调节实验模板放大器的调零电位器，使电压表显示为零。

(3) 去除放大器输入端口的短接线，将电桥输出端与放大器输入端对接。调节实验模板上的桥路平衡电位器，使电压表显示为零；在应变传感器的托盘上放置一只砝码，读取数显表数值，依次增加砝码和读取相应的数显表值，直到 10 个砝码(200 g)加完。记下实验结果填入表 13.3，并画出实验曲线。

表 13.3 全桥性能测试

质量	0 g	20 g	40 g	60 g	80 g	100 g	120 g	140 g	160 g	180 g	200 g
电压 U_o(mV)											

(4) 根据表 13.3 中测试数据，计算系统灵敏度 $S=\Delta U/\Delta W$(ΔU 输出电压变化量，ΔW 重量变化量)和非线性误差 δ。并对单臂、半桥、全桥三种电路的性能差异进行比较(放大器增益必须设定相同)。

13.2.5　注意事项

(1) 在改接电路时应将电源关闭；

(2) 在实验过程中如发现电压表过载，应及时将电压表量程扩大；

(3) 在本实验中只能将放大器接成差动形式，否则系统不能正常工作；

(4) 电桥直流激励工作电压值不能过高，选为±5 V，以免因自热效应损坏应变片；

(5) 在连接全桥时要注意区别各应变片受拉、受压的工作状态方向；

(6) 单臂、半桥、全桥三种实验电路中的放大器增益必须设定相同。

13.3　电容式传感器位移测量实验

13.3.1　实验目的

(1) 了解圆筒式变面积差动式电容传感器结构及其特点；

(2) 掌握电容式传感器测量电路连接方法、工作原理；

(3) 掌握电容式传感器测量位移的方法。

13.3.2　实验原理

由绝缘介质分开的两个平行金属板组成的平板电容，如果不考虑边缘效应，其电容量求解表达式为：$C=\varepsilon A/d$。

ε 为电容极板间介质的介电常数；A 为两平行极板所覆盖的面积；d 为两平行极板之间的距离。

当被测参数变化使得表达式中 ε、A、d 中三个参数发生变化时，则电容量 C 也随之变化。若要保持两个参数不变，而只改变其中一个参数，则可以实现将被测参数的变化转换为电容量的变化。

本实验所采用的传感器为圆筒式变面积差动结构的电容式位移传感器，如图 13.7 所示。它是由两个圆筒和一个圆柱组成的，设圆筒的半径为 R；圆柱的半径为 r；x 为内、外电极重叠部分的长度，则电容量为 $C=\varepsilon \cdot 2\pi x/\ln(R/r)$。图 13.7 中 C_1、C_2 是差动连接，当图中重叠部分长度 x 发生变化，产生 ΔX 位移时，电容量的变化量为：$\Delta C=C_1-C_2=\varepsilon \cdot 2\pi \cdot 2\Delta X/\ln(R/r)$，式中 ε、2π、$\ln(R/r)$为常数，说明 ΔC 与位移 ΔX 成正比。

本实验中电容传感器测量电路由三部分构成：555 多谐振荡电路、电容环形二极管测量电路、LC 高通与低通滤波电路。后续 U_{o1} 接一级比例运算放大电路。

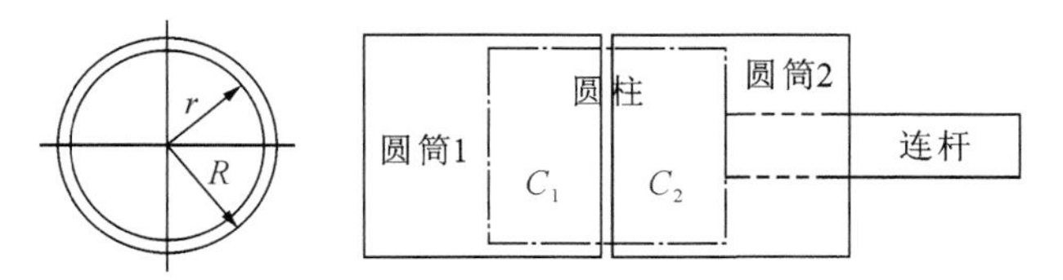

图 13.7　圆筒式变面积差动结构电容式位移传感器结构示意图

13.3.3　实验设备与元器件

电容式传感器实验模板、电容传感器、测微头(千分尺)、数字万用表。

13.3.4　实验内容与步骤

(1) 将测微头与电容式传感器正确安装在实验箱上对应的传感器支架上。连接电容传感器时要注意:将差动电容两个静片的引线分别插入电容传感器实验模板的 C_{in1} 和 C_{in2} 两个插孔上,将电容的动片引线接入插地插孔 C_{in3}。安装与接线示意图如图 13.8 所示。

后续放大电路可选择差分比例放大电路。

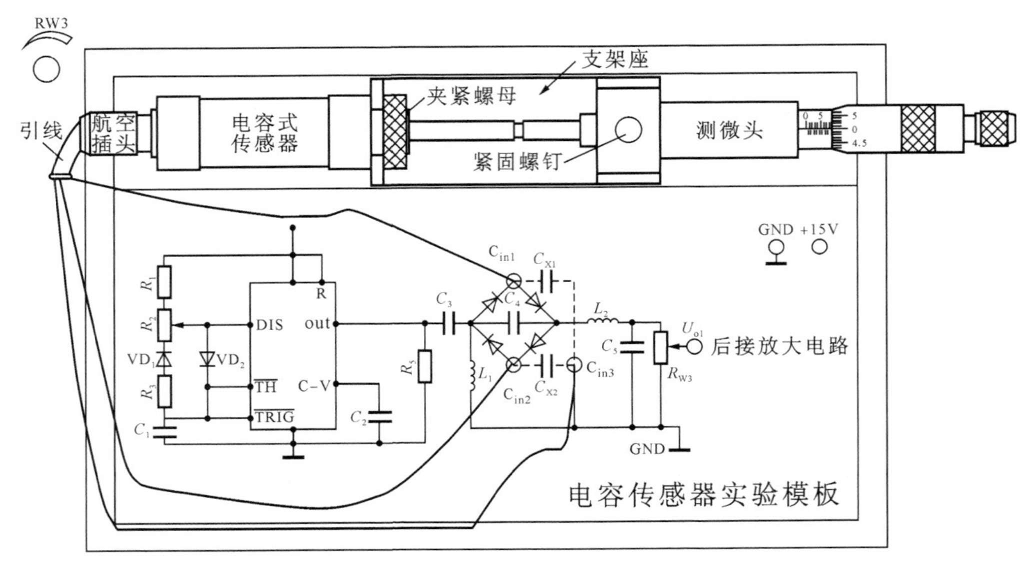

图 13.8　电容式传感器测量位移电路连接示意图

(2) 将实验模板上的 R_{W3} 调节到中间位置(方法:逆时针转到底再顺时针传 3 圈)。

(3) 将电压表量程调至 2 V 挡,旋转测微头的微分筒,改变电容传感器的动极板位置,使电压表显示 0 V,之后按确定方向,连续调节测微头,转动微分筒,每次转过 20 个格,即对应 0.2 mm 的位移变化量,记下位移 X 与输出电压值,按一个方向至少测试 10 组数据。然后再反方向旋转测微头的微分筒,同样每次转过 20 个格,即对应 0.2 mm 的位移变化量。测试并记录 10 组数据。记录数据填入表 13.4 中。

表 13.4　电容传感器位移测量

ΔX(mm)	0																					
U_o(mV)																						

(4) 根据表 13.4 中的数据,计算电容传感器的系统灵敏度 S 和非线性误差 δ,作出 $X-U$ 实验曲线。

13.3.5　注意事项

(1) 在连接电路时应将电源关闭;

（2）在实验过程中如发现电压表过载，应及时将电压表量程扩大；

（3）实验测试之前要注意将差动式电容传感器内的圆柱置于两侧圆筒的中间位置，以保证测试数据有较好的线性度。

13.4　霍尔式传感器直流激励位移测量实验

13.4.1　实验目的

（1）掌握霍尔式传感器的工作原理；

（2）掌握霍尔式传感器直流激励特性测量方法。

13.4.2　实验原理

本实验通过直流激励作用下的霍尔式传感器测量变化的位移量。测量原理为霍尔效应：把一块载流子导体置于静止的磁场中，当载流子导体中有电流通过时，在垂直于电流方向和磁场的方向上就会产生电动势，这种现象称为霍尔效应，所产生的电动势称为霍尔电势，霍尔电势 $U_H=K_HBI$，当霍尔元件处在梯度磁场中并进行运动时，它的电势会发生变化，利用此性质实现位移测量。

本实验霍尔式传感器直流激励位移测量电路的工作原理如图 13.9 所示。

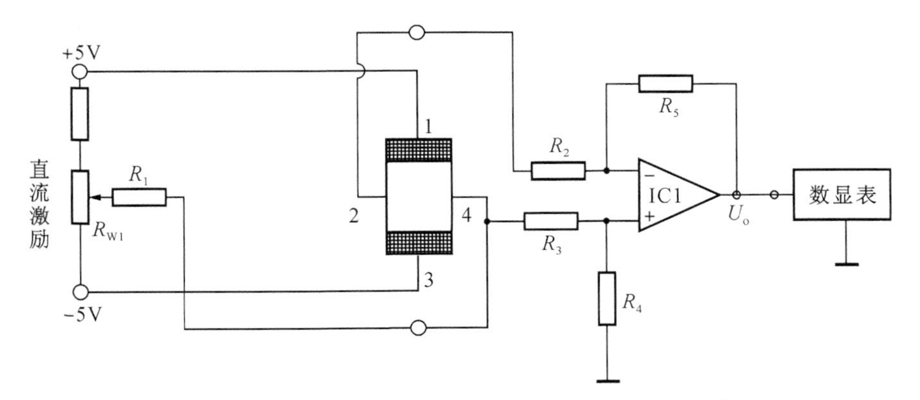

图 13.9　霍尔式传感器直流激励位移测量电路原理图

13.4.3　实验设备与元器件

霍尔传感器实验模板、霍尔传感器、测微头（千分尺）、数字万用表。

13.4.4　实验内容与步骤

（1）将测微头与霍尔传感器正确安装在实验箱上对应的传感器支架上。安装与接线如图 13.10 所示。

注意：霍尔传感器接线插座的“1”、“3”端为电源激励线，“2”、“4” 端为霍尔电势输出引线端。

霍尔电势输出引线端可选择差分比例放大电路或仪表放大电路。

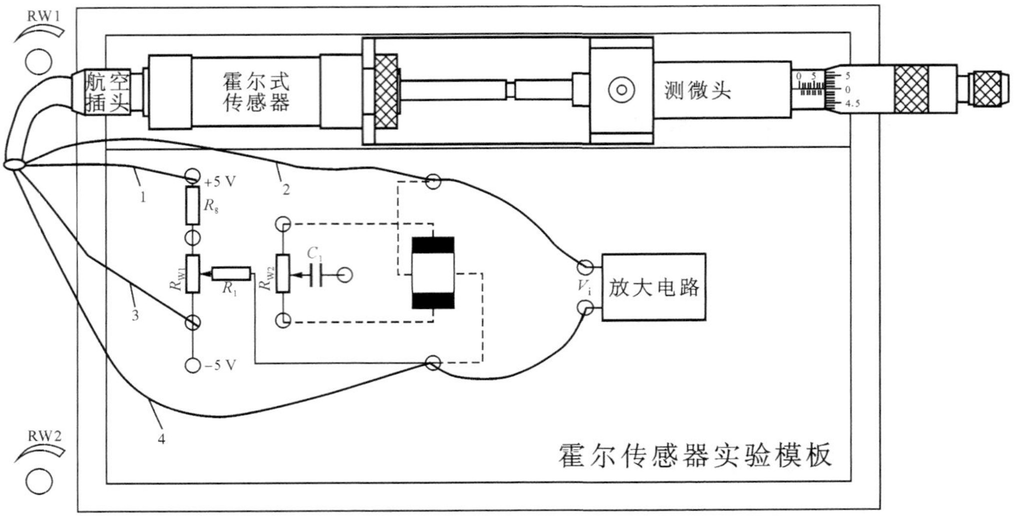

图 13.10　霍尔传感器直流激励位移实验接线示意图

(2) 接线检查无误后，开启电源，调节 R_{W1} 使数显表指示为零。

(3) 按某个确定方向调节测微头，转动微分筒，每次转过 20 个格，即对应 0.2 mm 的位移变化量，记录电压表读数，连续记录 20 次数据填入表 13.5。再反方向调节测微头，每次依然是变化 0.2 mm 位移量，记下对应读数，同样连续记录 20 次数据。(根据需要，增加表格记录列)。

表 13.5　霍尔传感器位移测量

ΔX(mm)	0																					
U_o(mV)																						

(4) 作出 $U-X$ 曲线，计算不同测量范围时的灵敏度和非线性误差。

13.4.5　注意事项

(1) 在连接电路时应将电源关闭；

(2) 在实验过程中如发现电压表过载，应及时将电压表量程扩大；

(3) 实验测量进行之前要将霍尔片置于两磁钢的中间位置，保证测试数据有较好的线性度；

(4) 在实验测试调节过程中，注意不要出现霍尔片紧压磁钢的情况，易造成传感器损坏。

13.5　电涡流传感器位移测量实验

13.5.1　实验目的

(1) 了解电涡流传感器结构及其特点；

（2）掌握电涡流传感器测量位移的工作原理和特性。

13.5.2　实验原理

电涡流传感器的工作原理主要是依据电涡流效应：通过交变电流的线圈产生交变磁场，当金属体处在交变磁场时，根据电磁感应原理，金属体内产生电流，该电流在金属体内自行闭合，并呈旋涡状，故称为涡流。涡流的大小与金属导体的电阻率、磁导率、厚度、线圈激磁电流频率及线圈与金属体表面的距离 x 等参数有关。电涡流的产生必然要消耗一部分磁场能量，从而改变激磁线圈阻抗，涡流传感器就是基于这种涡流效应制成的。电涡流工作在非接触状态（线圈与金属体表面不接触），当线圈与金属体表面的距离 x 以外的所有参数一定时可以进行位移测量。

本实验选用的电涡流传感器是平绕线圈。电涡流线圈受电涡流影响时的等效阻抗 Z 的函数表达式为：

$$Z=R+\mathrm{j}\omega L=f(i_1、f、\mu、\sigma、r、x)$$

只要控制式中的 i_1、f、μ、σ、r 参数不变，电涡流线圈的阻抗 Z 就为间距 x 的单值函数。

13.5.3　实验设备与元器件

电涡流传感器实验模板、电涡流传感器、测微头（千分尺）、被测体（铁圆片或铝圆片）、数字万用表。

13.5.4　实验内容与步骤

（1）安装测微头、被测体、电涡流传感器并接线，如图 13.11 所示。

注意安装顺序：首先将测微头的安装套插入安装架的安装孔内，再将被测体铁圆片套在测微头的测杆上；然后在支架上安装好电涡流传感器；最后平移测微头安装套使被测体与传感器端面相贴（非紧贴），并拧紧测微头安装孔的紧固螺钉。

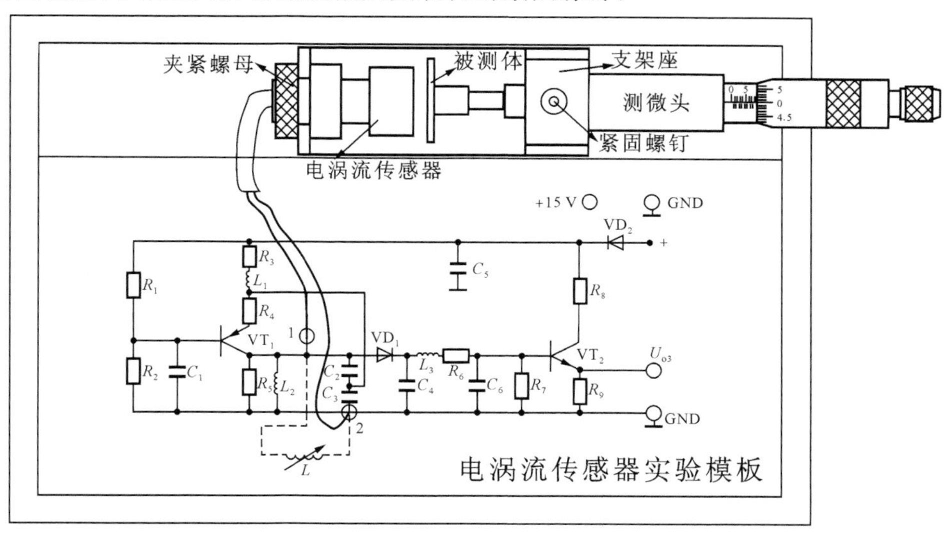

图 13.11　电涡流传感器测量电路接线示意图

(2) 调节测微头使被测体与传感器端部距离为 1 mm，将电压表显示选择开关切换到 20 V 挡，检查接线无误后接通电源，记下电压表读数，然后旋转微分筒(增大间距)，每次转过 10 个格，即每隔 0.1 mm 读取记录一次数据，直到输出数据近似不变为止。然后反方向旋转测微头微分筒，同样每次转过 10 个格，每隔 0.1 mm 读一个数，直到输出 U_o 近似不变为止。将数据记入表 13.6。(根据需要，增加表格记录列)

表 13.6 电涡流传感器位移 X 与输出电压数据

ΔX(mm)	0																					
U_o(V)																						

(3) 根据表 13.6 中的数据，画出 $U-X$ 曲线。试计算测量范围为 1 mm 与 3 mm 时的灵敏度和线性度。

13.5.5 注意事项

(1) 在连接电路时应将电源关闭；

(2) 在实验过程中如发现电压表过载，应及时将电压表量程扩大；

(3) 在实验测试过程中注意控制位移测试的范围，当测微头与被测体间距过小或过大时，均无测试数据。

13.6 铂电阻测温特性实验

13.6.1 实验目的

(1) 了解 Pt_{100} 铂热电阻的工作原理与应用特性；

(2) 掌握 Pt_{100} 铂热电阻直流电桥三线制接法。

13.6.2 实验原理

热电阻是利用导体电阻随温度变化的特性制成的，要求其材料电阻温度系数大，稳定性好，电阻率高，电阻与温度之间最好有线性关系。常用的热电阻有铂电阻(650 ℃以内)和铜电阻(150 ℃以内)。

铂电阻是将直径 0.05～0.07 mm 的铂丝绕在线圈骨架上封装在玻璃或陶瓷管等保护管内构成。铂电阻在 0～630.74 ℃以内测温时，它的电阻 R_t 与温度 t 的关系为：

$$R_t = R_o(1 + At + Bt^2)$$

式中：R_o 系温度为 0 ℃时的电阻值(本实验的铂电阻 $R_o = 100\ \Omega$)。

分度系数：$A = 3.9684 \times 10^{-3}/℃$，$B = -5.847 \times 10^{-7}/℃^2$。

铂电阻在 −190 ℃～0 ℃以内测温时，它的电阻 R_t 与温度 t 的关系为：

$$R_t = R_o[1 + At + Bt^2 + C(t - 100)t^3]$$

分度系数：$C = -4.22 \times 10^{-12}/℃^4$。

Pt_{100} 热电阻电阻值与温度值对应的分度表见附录 2。

铂电阻传感器内部引线方式有两线制、三线制和四线制三种。本实验采用三线制，其中一端接一根引线，另一端接两根引线。三线制连线方式主要目的是消除在远距离测量时，长的引线对应的引线电阻对桥臂产生的影响。实际测量时将铂电阻随温度变化的阻值通过电桥转换成电压变化量输出，再经放大器放大后直接用电压表显示。

13.6.3 实验设备与元器件

温度源(具备温度测量与显示功能)、Pt_{100}热电阻、温度传感器实验模板、数字万用表。

13.6.4 实验内容与步骤

(1) 区分Pt_{100}的三根外节引线：用万用表欧姆挡测出Pt_{100}三根线中其中短接的两根线(同种颜色的线)设为“1”“2”，另一根设为“3”。

用万用表测量出Pt_{100}在室温时的电阻值。

(2) 放大器调零：先将实验模板中仪表放大器的增益电位器R_{W9}逆时针转到底，令放大器增益最小；然后再调节调零电位器R_{W10}，用电压表测量放大器输出端，显示为0。

(3) 按图13.12所示，连接测试电路：将温度传感器实验模板中a、b(R_t)两端接Pt_{100}传感器，这样Pt_{100}传感器(R_t)与R_1、R_3、R_{W5}、R_4构成单臂直流电桥测试电路。电桥输出端连接仪表放大电路输入端。

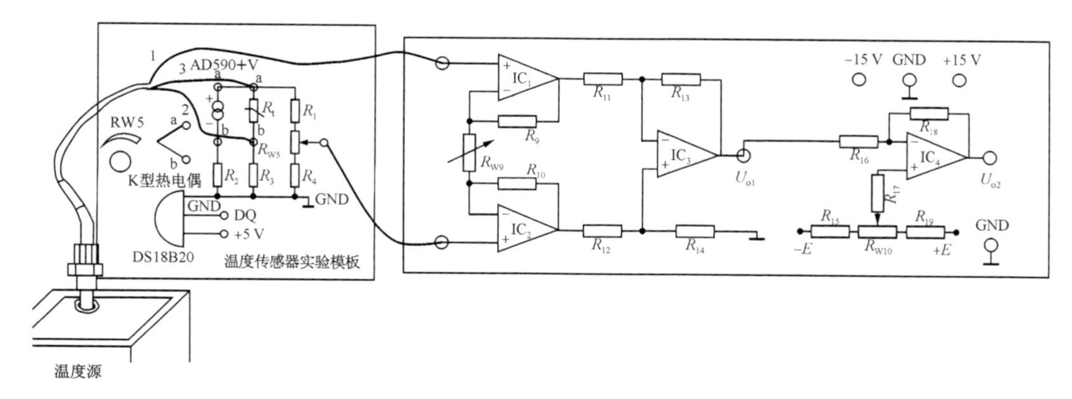

图13.12 Pt_{100}温度特性测试电路连接示意图

(4) 在室温基础上，可按$\Delta t=5$ ℃增加温度，并且在小于等于100 ℃范围内选取温度源温度值，在温度源温度动态平衡的状态下，读取电压表显示值，填入表13.7中。

表13.7 Pt_{100}铂电阻温度特性实验数据

温度源显示温度(℃)	(室温)									
U_o(mV)										
电阻R_t										

(5) 根据附录2中Pt_{100}分度表，查找对应温度下的电阻R_t值，填入表13.7中。

(6) 根据表13.7中的数据，画出实验曲线并计算其非线性误差。

13.6.5 注意事项

(1) 在改接电路时应将电源关闭;
(2) 在实验过程中如发现电压表过载,应及时将电压表量程扩大;
(3) 温度源最好配置具有 PID 温度自动测试调节功能的智能温度测控设备;
(4) 读取测试温度的电压值时,要确保温度源的温度处于动态平衡状态;
(5) 本实验也可以在具有恒温控制的温度源的配合下,从 0℃开始进行温度测试。

13.7 热电偶测温特性实验

13.7.1 实验目的

(1) 了解热电偶测温原理及方法;
(2) 掌握 K 型热电偶温度性能测试方法;
(3) 了解热电偶冷端温度补偿的原理与方法。

13.7.2 实验原理

热电偶测量温度的基本原理是热电效应。如图 13.13(a)所示,将 A、B 两种不同导热率的导体首尾相连,构成闭合回路,如果两连接点温度(T,T_0)不同,则在回路中就会产生热电动势,形成热电流,这就是热电效应。热电偶是将 A 和 B 两种不同的金属材料一端焊接而成。A 和 B 称为热电极,焊接的一端是接触热场的 T 端称为工作端或测量端,也称为热端;未焊接的一端(接引线)处在温度 T_0 环境中,称为自由端或参考端,也称为冷端。T 与 T_0 的温差愈大,热电偶的输出电动势愈大;温差为 0 时,热电偶的输出电动势也为 0。因此,热电偶通过测量热电动势的大小来反映温度值的变化。

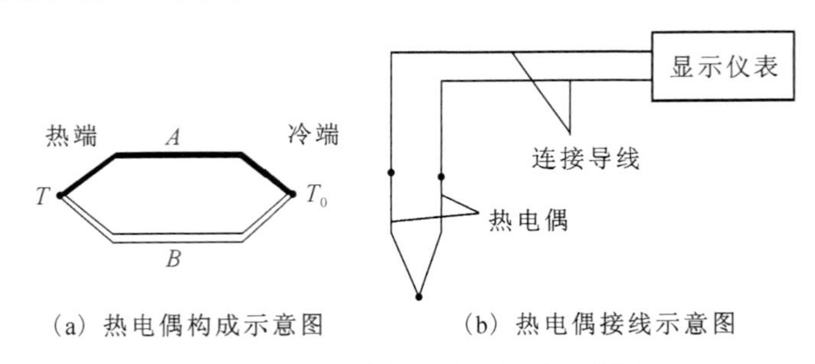

(a) 热电偶构成示意图　　(b) 热电偶接线示意图

图 13.13 热电偶构成与接线示意图

根据热电极材料的不同,国际上规定了八种通用热电偶:B:铂铑 30—铂铑 6;R:铂铑 13—铂;S:铂铑 10—铂;K:镍铬—镍硅;N:镍铬硅—镍硅;E:镍铬—铜镍;J:铁—铜镍; T:铜—铜镍。由于不同金属组成的热电偶,温度与热电动势之间对应不同的函数关系,一般要通过实验的方法来确定,将不同温度下测得的结果列成表格,编制出热电势与温度的对照表,即分度表,供查阅使用,每 10 ℃分挡。

本实验选用 K 型热电偶,偶丝直径为 0.5 mm,测温范围 0～800 ℃,其分度表见附录 3。

可以通过测量热电偶输出的热电动势值，再查分度表得到相应的温度值。热电偶的分度表是定义在热电偶的参考端（冷端）为 0 ℃时，热电偶输出的热电动势与热电偶测量端（热端）温度值的对应关系。

热电偶测温时要对参考端（冷端）进行修正（补偿）。热电偶冷端温度补偿常用方法有公式法补偿、冰水法（0 ℃）、恒温槽法和电桥自动补偿法等。

公式法补偿的计算公式：

$$E(t,t_0)=E(t,t'_0)+E(t'_0,t_0)$$

式中：$E(t,t_0)$为热电偶测量端温度为 t，参考端温度为 $t_0=0$ ℃时的热电势值；

$E(t,t'_0)$为热电偶测量温度 t，参考端温度为 $t'_0\neq 0$ ℃时的热电势值；

$E(t'_0,t_0)$为热电偶测量端温度为 t'_0，参考端温度为 $t_0=0$ ℃时的热电势值。

热电偶冷端温度公式法补偿数据处理举例：K（镍铬-镍硅）热电偶测量温度源的温度，工作时的参考端温度（室温）$t'_0=20$ ℃，而测得热电偶输出的热电势（经过放大器放大的信号，假设放大器的增益 $K=100$）313.7 mV，则 $E(t,t'_0)=313.7\ \text{mV}/100=3.137\ \text{mV}$，那么热电偶测得温度源的温度分析求解过程如下：

解：由附录 3，K 热电偶分度表查得：

$$E(t'_0,t_0)=E(20,0)=0.798\ \text{mV}$$

已测得：

$$E(t,t'_0)=E(t,20)=3.137\ \text{mV}$$

所以：

$$E(t,t_0)=E(t,t'_0)+E(t'_0,t_0)=3.137\ \text{mV}+0.798\ \text{mV}=3.935\ \text{mV}$$

热电偶测量温度源的温度可以从分度表中查出，与 3.935 mV 所对应的温度是 90.6 ℃。

本实验热电偶冷端温度补偿法采用公式法补偿。

13.7.3　实验设备与元器件

温度源（具备恒温控制与温度测量与显示功能）、K 型热电偶、温度传感器实验模板、数字万用 1 表。

13.7.4　实验内容与步骤

(1) 调节信号调理模板仪表放大器的增益 K 为 30 倍。

调试方法：可将有效值为 20 mV 的信号（U_i）接入仪表放大器的输入端（单端输入：上端接 20 mV 信号，下端接⊥）；用电压表（2 V 挡）监测放大电路输出端的 U_o，调节 R_{W9} 增益电位器，使放大器输出 $U_o=600$ mV，则放大器的增益 $K=U_o/U_i=600/20=30$ 倍。

(2) 如图 13.14 所示连接电路。注意：本实验所选用的 K 型热电偶，a 端为红色（或黄色线）；b 端为蓝色（或黑色线）。

(3) 测量 K 热电偶冷端温度，选实验时的室温为热电偶冷端温度 t'_0，查附录 3 的 K 热电偶分度表得到 $E(t,t'_0)$，根据 $E(t,t'_0)$，对后续测量参数进行冷端温度补偿：$E(t,t_0)=E(t,t'_0)+E(t'_0,0)$。

(4) 将 K 型热电偶放入温度源中，在室温的基础上，按 $\Delta t=5$ ℃增加温度，并且在小于等于 100 ℃范围内测量温度源温度值，将电压表测试数据填入表 13.8 中。

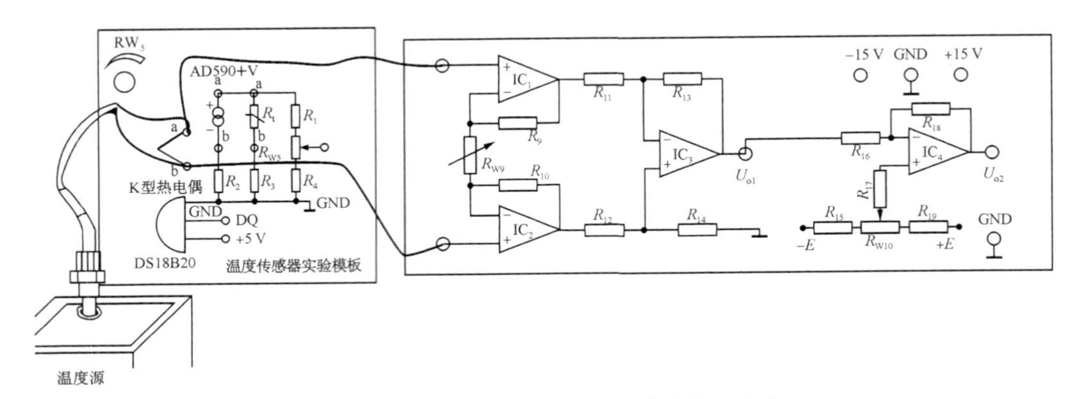

图 13.14　K 热电偶温度特性实验接线示意图

表 13.8　K 热电偶热电势与温度数据

温度源显示温度 t'_0(℃)	室温 (　　)									
U_o(mV)										
U_o(mV)/K										
$E(t,t_0)$(mV) [U_o(mV)/K+$E(t'_0,0)$]										
补偿后温度 t(℃)										

(5) 根据表 13.8 中的数据，画出实验曲线并计算非线性误差。

13.7.5　注意事项

(1) 在改接电路时应将电源关闭；

(2) 在实验过程中如发现电压表过载，应及时将电压表量程扩大；

(3) 在实验之初，放大器的增益调节好后，实验过程中不要再触碰 R_{W9} 增益电位器；

13.8　集成温度传感器温度特性实验

13.8.1　实验目的

(1) 了解常用集成温度传感器 AD590 的基本工作原理、性能与基本应用方法；

(2) 掌握集成温度传感器 AD590 的温度特性测试方法。

13.8.2　实验原理

集成温度传感器是将温敏晶体管与相应的辅助电路集成在同一芯片上，它能直接给出正比于绝对温度的理想线性输出，一般用于－50 ℃～＋120 ℃之间温度测量。集成温度传感器有电压型和电流型两种。电流输出型集成温度传感器在一定温度下，它相当于一个恒流源。因此它具有不易受接触电阻、引线电阻、电压噪声干扰的优势，具有很好的线性特性。本实验采用的是 AD590 电流型集成温度传感器。

AD590是AD公司利用PN结正向电流与温度的关系制成的电流输出型两端集成温度传感器。封装形式与图形符号如图13.15所示。AD590测温范围－55 ℃～＋150 ℃。由其输出电流与绝对温度(T)成正比，它的灵敏度为1 μA/K，只要串接一只取样电阻R(1 kΩ)即可实现电流1 μA到电压1 mV的转换，构成最基本的绝对温度(T)测量电路(1 mV/K)。AD590工作电源为直流＋4 V～＋30 V，当电源电压在5～10 V之间，电压稳定度为1 %时，所产生的误差只有±0.01 ℃。它具有良好的线性和互换性。

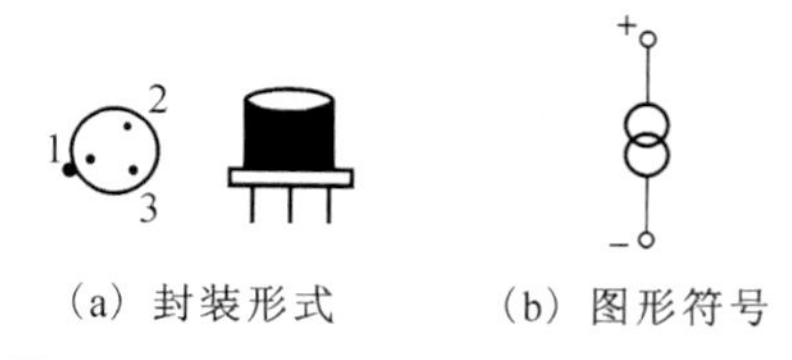

图13.15　AD590封装形式与图形符号

注意：国际使用温标也称绝对温标，用符号T表示，单位是K(开尔文)。开氏温度值和摄氏温度的分度值相同，即温度间隔1 K等于1 ℃。绝对温度T与摄氏温度t的关系是：$T=273.16+t\approx(273+t)$ K，显然，绝对零点即为零下273.16 ℃[$t\approx(-273+T)$ ℃]。

本实验温度传感器实验模板上AD590的采样电阻R_2为1 kΩ，则得到采样电压1 mV/℃。若测试温度为0 ℃，采样电阻两端的电压为：(1 μA/K)×(1 kΩ)×(273 K)＝0.273 V；若测试温度为10 ℃，采样电阻两端的电压为：(1 μA/K)×(1 kΩ)×(273＋10 K)＝0.283 V。

13.8.3　实验设备与元器件

温度源(具备恒温控制与温度测量与显示功能)、集成温度传感器AD590、温度传感器实验模板、数字万用表。

13.8.4　实验内容与步骤

(1) 按图13.16所示连接线路。实验传感器为集成温度传感器AD590，其工作电源可接直流＋5 V。

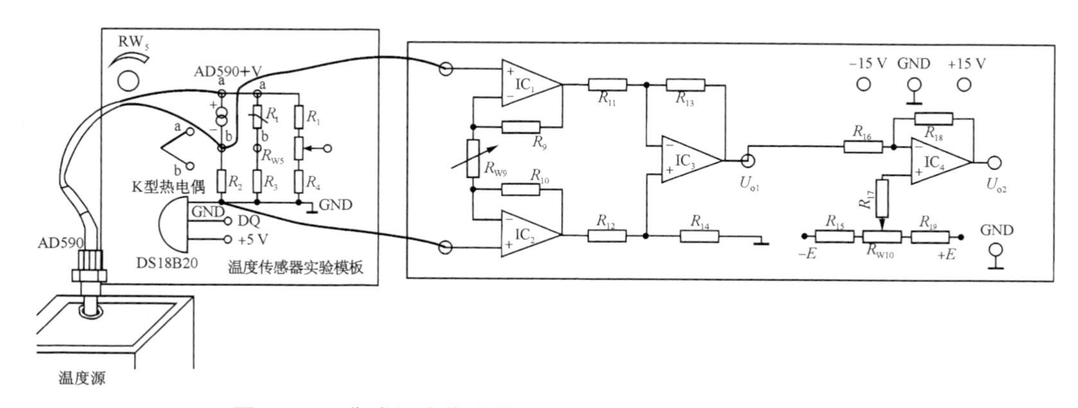

图13.16　集成温度传感器AD590温度特性实验接线示意图

(2) 调节信号调理模板放大器的增益为10倍：令集成温度传感器AD590处于室温时的采样电压作为放大器输入端电压，设为U_i；用电压表(20 V挡)测量放大器U_{o1}输出端电压，调节R_{W9}使$U_{o1}=10U_i$。

由本实验的实验原理论述部分可知：传感器AD590的灵敏度为1 μA/K，则本实验放大器的灵敏度为 10 mV/℃。

(3) 在室温基础上，按 $\Delta t=5$ ℃增加温度，并且在小于等于 100 ℃范围内测量温度源温度值，将电压表测试数据填入表 13.9 中。

表 13.9　AD590 温度特性实验数据

t(℃)	室温 (　　)										
U(mV)											
I(μA)											

(4) 根据 $I=U/1\ \text{k}\Omega$，计算出输出电压对应的电流值，并填写到表 13.9 中。

(5) 根据表 13.9 中的数据，画出实验曲线并计算其非线性误差。

13.8.5　注意事项

(1) 在改接电路时应将电源关闭；

(2) 在实验过程中如发现电压表过载，应及时将电压表量程扩大。

13.9　光纤传感器位移测量特性实验

13.9.1　实验目的

(1) 了解光纤位移传感器的工作原理和基本特性；

(2) 掌握光纤位移传感器静态测量位移的方法。

13.9.2　基本原理

光纤传感器有功能型和传输型两大类。本实验选用的反射式光纤位移传感器是一种传输型光纤传感器。其工作原理示意图如图 13.17 所示。光纤采用 Y 型结构，半球分布(双 D 分布)。两束光纤一端合并在一起组成光纤探头，另一端分为两支，分别作为光源光纤和接收光纤。光从光源耦合到光源光纤，通过光纤传输，射向反射片，再被反射到接收光纤，最后由光电转换器接收，转换器接收到的光源与反射体表面性质、反射体到光纤探头距离有关。当反射表面位置确定后，接收到的反射光光强随光纤探头到反射体的距离的变化而变化。注意，当光纤探头紧贴反射片时，接收器接收到的光强为零。随着光纤探头离反射面距离的增加，接收到的光强逐渐增加，到达最大值点后又随两者的距离增加而减小。图 13.18 所示是反射式光纤位移传感器的输出特性曲线，利用这条特性曲线可以通过对光强的检测得到位移量。反射式光纤位移传感器是一种非接触式测量，具有探头小，响应速度快，测量线性化(在小位移范围内)等优点，可在小位移范围内进行高速位移检测。反射式光纤位移传感器测量位移数据采集处理示意图如图 13.19 所示。

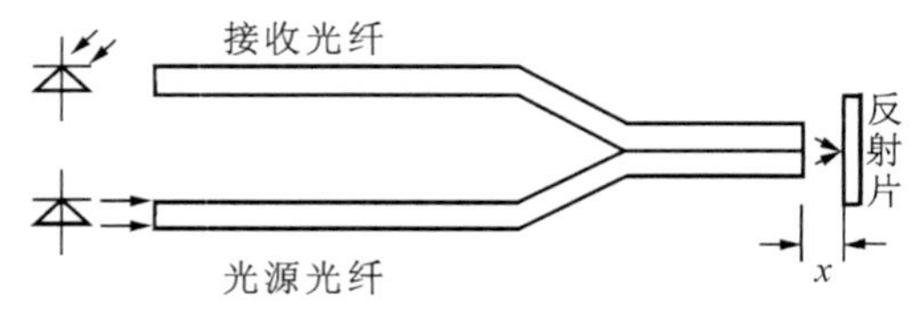

图 13.17　反射式光纤位移传感器工作原理示意图

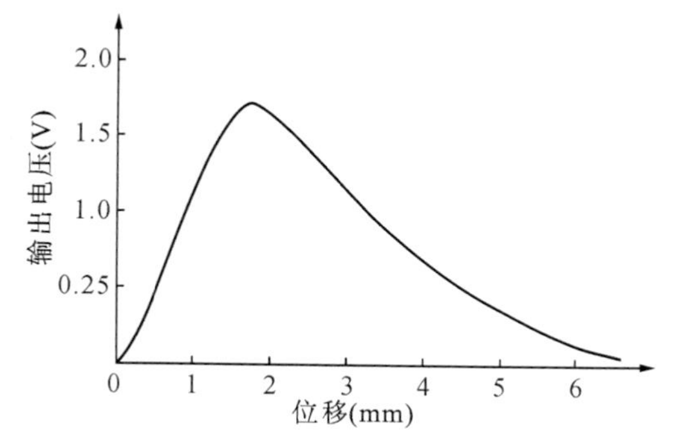

图 13.18　反射式光纤位移传感器输出特性曲线

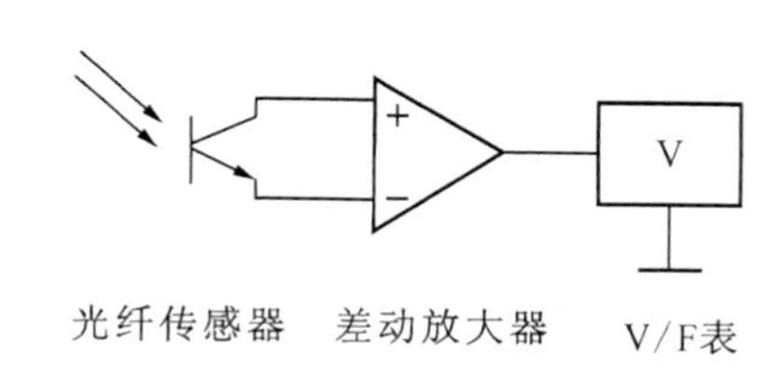

图 13.19　反射式光纤位移传感器测量位移数据采集处理示意图

13.9.3　实验设备与元器件

光纤传感器、光纤传感器实验模板、光反射件、测微头(千分尺)、数字万用表。

13.9.4　实验内容与步骤

(1) 光纤传感器位移实验接线图如图 13.20 所示,根据图中所示安装光纤位移传感器和测微头;两束光纤分别插入实验模板上的光电座(其内部有发光管 D 和光电三极管 T)中。安装光纤探头时要注意将探头对准反射板,调节光纤探头端面与反射板平行,距离适中。

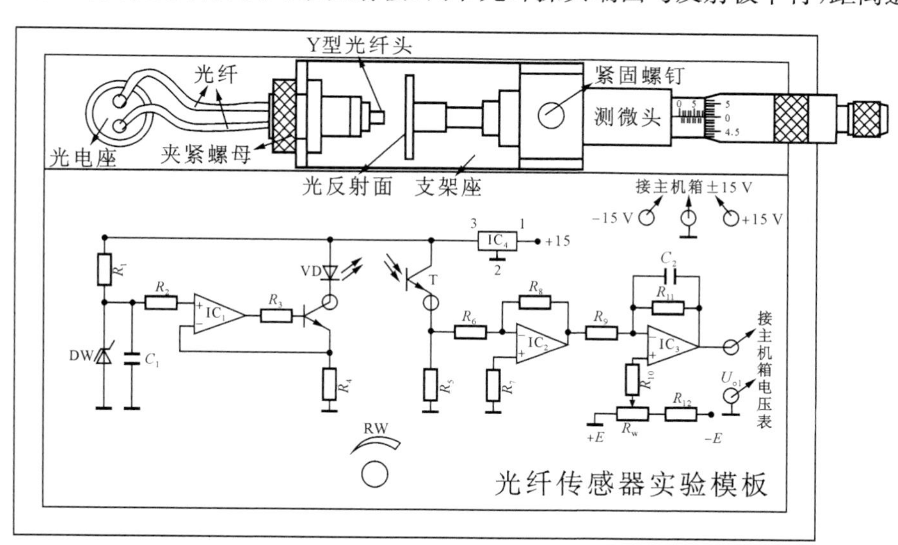

图 13.20　光纤传感器位移实验接线图

(2) 接线检查无误后,接通电源。调节测微头,使光反射面与 Y 型光纤头轻触;再调实验模板上的 R_W、使主机箱中的电压表(显示选择开关打到 20 V 挡)显示为 0 V。

(3) 旋转测微头,令被测体离开探头,转动微分筒,每次转过 25 个格,即对应 0.25 mm 的位移变化量,记录电压表读数,将数据填入表 13.10 中。

表 13.10　光纤位移传感器输出电压与位移数据

ΔX(mm)	0	0.25	0.5	0.75	1.0	1.25	1.5	1.75	13.0	13.25
U_o(V)										

(4) 根据表 13.10 中的数据作出 $U-X$ 曲线，求得线性范围的灵敏度 $\Delta U/\Delta X$。

13.9.5　注意事项

(1) 在改接电路时应将电源关闭；

(2) 在实验过程中如发现电压表过载，应及时将电压表量程扩大；

(3) 实验时应保持反射面的洁净，应避免强光直接照射反射面，以免造成测量误差。光纤端面不宜长时间直照。

(4) 根据需要增加表格，要求通过数据测量，观察到光纤传感器输出特性曲线的前坡与后坡波形，通常测量用的是线性较好的前坡范围。

13.10　差动变压器输出特性测量实验

13.10.1　实验目的

(1) 了解差动变压器的基本构成与工作原理；

(2) 掌握差动变压器测量振动的基本方法。

13.10.2　基本原理

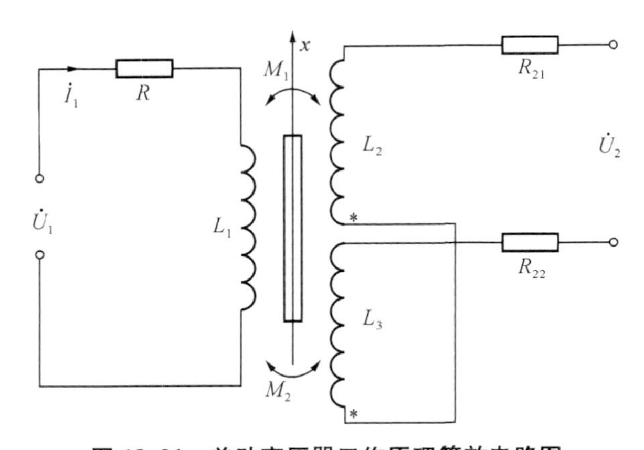

图 13.21　差动变压器工作原理等效电路图

差动变压器实质是互感式传感器，是由一只初级线圈、两只次级线圈和一个铁心组成。根据内外层排列不同，有二段式和三段式两种结构，本实验采用三段式结构。差动变压器工作原理等效电路如图 13.21 所示，当原边绕组通以交流激励电压作用时，在变压器副边的两个线圈里就会感应出完全相等的感应电势来。由于是反向串联(同名端连接)，因此，这两个感应电势相互抵消，从而使传感器在平衡位置的输出为零。当移动铁心产生一定位移时，由于磁阻的影响，两个副边绕组的磁通将发生一正一负的差动变化，导致其感应电势也发生相应的改变，失去平衡，引出两倍的差动电势输出。其输出电势的大小反映被测体的移动量的大小。将差动变压器的铁心连接杆与被测体连接时就能检测出被测体的位移或振幅。

13.10.3　实验设备与元器件

差动变压器、差动变压器实验模板、振动源、测微头、数字示波器、数字万用表。

13.10.4　实验内容与步骤

(1) 将差动变压器按图 13.22 所示卡在传感器安装支架的 U 形槽上，并拧紧差动变压器的夹紧螺母。调整传感器安装支架，使差动变压器的铁心连杆与振动台中心点磁钢吸合并拧紧传感器安装支架，压紧螺帽。然后再调节升降杆使差动变压器铁心大约处于线圈的中心位置。

调整音频振荡器，用示波器测量，使其输出频率为 4 kHz/2$V_{p\text{-}p}$；并从音频振荡器的 L_v 的 1、2 端口输出。

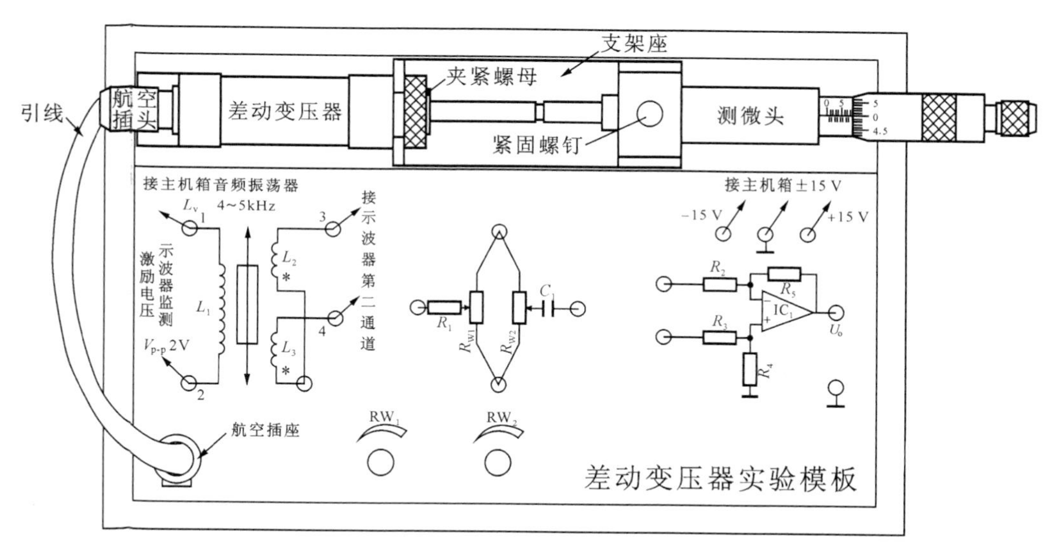

图 13.22　差动变压器安装连接示意图

(2) 将双踪数字示波器测试电路按图 13.23 所示连接好。

当铁心左、右移动时，观察示波器中显示的初级线圈波形、次级线圈波形，当次级波形输出幅度值变化很大，基本上能过零点，而且与初级线圈波形（L_v 音频信号 $V_{p-p}=2$ V 波形）相比能同相或反相变化，说明已连接的初、次级线圈及同名端是正确的，否则继续改变连接，再判别，直到正确为止。

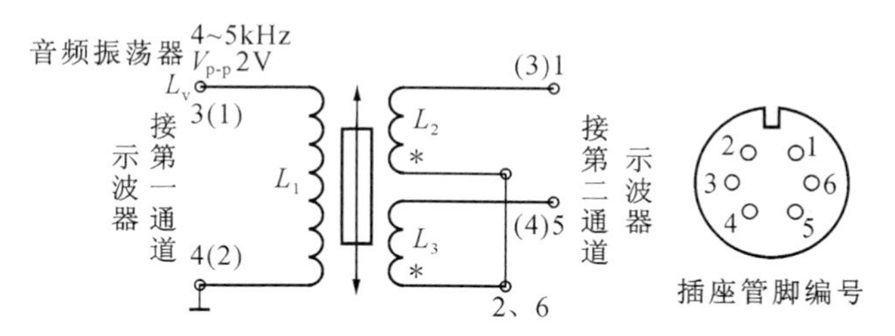

图 13.23　双踪示波器与差动变压器连接示意图

(3) 旋动测微头，使示波器第二通道显示的波形峰—峰值 $V_{p\text{-}p}$ 为最小，这时可以左右位移，假设其中一个方向为正位移，另一个方向称为负位移。从 $V_{p\text{-}p}$ 最小开始旋动测微头，每隔 0.2 mm 从示波器上读出输出电压 $V_{p\text{-}p}$ 值，填入表 13.11 中。然后再从 $V_{p\text{-}p}$ 最小处，反向位移做实验。

(4) 实验过程中注意差动变压器输出的最小值，即为差动变压器的零点残余电压大小。根据表 13.11 中的数据画出 $V_{op\text{-}p}$ - X 曲线，求出量程为±1 mm、±3 mm 时的灵敏度和非线性误差。

表 13.11　差动变压器位移 X 值与输出电压数据表

ΔX(mm)																							
U_o(mV)																							

13.10.5　注意事项

(1) 在改接电路时应将电源关闭；

(2) 在实验过程中如发现电压表过载，应及时将电压表量程扩大；

(3) 在实验过程中，注意左、右位移时，初、次级波形的相位关系。

13.11　电阻应变片交流全桥振动测量实验

13.11.1　实验目的

(1) 掌握电阻应变片交流全桥的工作原理；

(2) 掌握利用电阻应变片交流电桥测量振动的原理与方法；

(3) 对比交流全桥与直流全桥的特性差异。

13.11.2　基本原理

对于采用交流信号作为激励的交流全桥，桥路输出的波形为调制波，不能直接显示其应变值，只有通过移相检波和滤波电路后才能得到对应变化的应变信号，对应的测试原理示意图如图 13.24 所示。电路的测试信号可以通过示波器观察波形或用交流电压表读取。

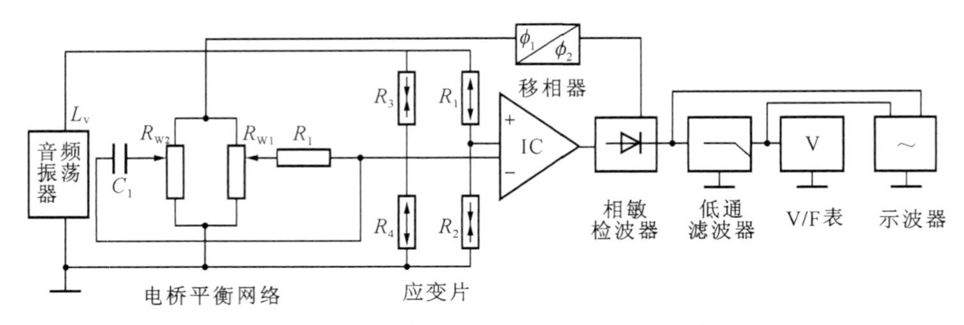

图 13.24　电阻应变片交流全桥测试原理示意图

13.11.3 实验设备与元器件

电阻应变式传感器实验模板、电阻应变式传感器、音频振荡器、信号调理电路模板、移相器/相敏检波器/低通滤波器模板、V/F 表、双平行梁、数字示波器。

13.11.4 实验内容与步骤

(1) 按照图 13.24 所示交流全桥测试电路原理示意图进行电路接线。接线示意图如图 13.25 所示。

注意:应变传感器实验模板上的传感器不用,改为振动梁的应变片,(图 13.25 中未连线,要接入)即振动源上的应变输出。电桥交流激励源必须从音频振荡器的 L_v 输出口引入,音频振荡器旋钮置于中间位置。R_8、R_{w7}、C、R_{w8} 为交流电桥调平衡网络。

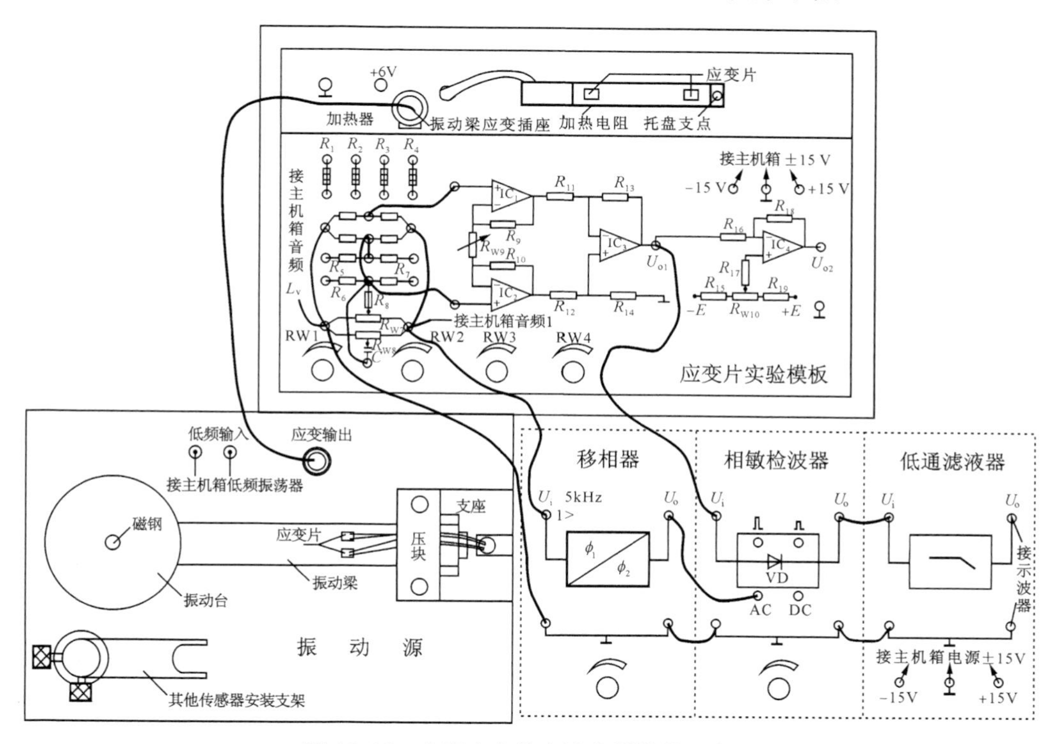

图 13.25 电阻应变片交流全桥接线示意图

(2) 仪用放大器调零:将仪用放大器两个输入端对地短接,电压表切换开关置 2 V 挡,开启电源后,调节差动放大器的调零旋钮,使输出电压为零。

(3) 接线检查无误后,合上主控台电源开关,将音频振荡器的频率调节到 1 kHz 左右,幅度调节到 $10V_{p-p}$。频率可用数显表 F_{in} 监测,幅度用示波器监测。调节低频振荡器输出(振动源的低频输入)幅度和频率使振动台(圆盘)明显看到振动。

(4) 低频振荡器幅度旋钮位置(幅值)不变,调节低频振荡器频率(3～25 Hz),每增加 2 Hz 用示波器读出低通滤波器输出 U_o 的电压峰—峰值,填入表 13.12 中。

表 13.12 交流电桥振动测量

f(Hz)										
$U_{o(p-p)}$										

(5) 对实验数据进行分析,得到振动梁的自振频率。

13.11.5 注意事项

(1) 有关旋钮的初始位置:音频振荡器 5 kHz,幅度调至最小;V/F 表打到 20 V 挡,仪用放大器增益旋到最大。

(2) 传感器专用插头(黑色航空插头)的插、拔法:插头要插入插座时,只要将插头上的凸锁对准插座的平缺口稍用力自然往下插;插头要拔出插座时,必须用大拇指用力往内按住插头上的凸锁同时往上拔。

13.12 霍尔式传感器交流激励位移测量实验

13.12.1 实验目的

(1) 掌握交流激励霍尔传感器的特性测试方法;

(2) 比较交流激励与直流激励霍尔传感器的特性差异。

13.12.2 基本原理

霍尔式传感器交流激励与直流激励时的基本工作原理相同,只是测量电路不同。

交流激励霍尔传感器位移测量原理示意图如图 13.26 所示。

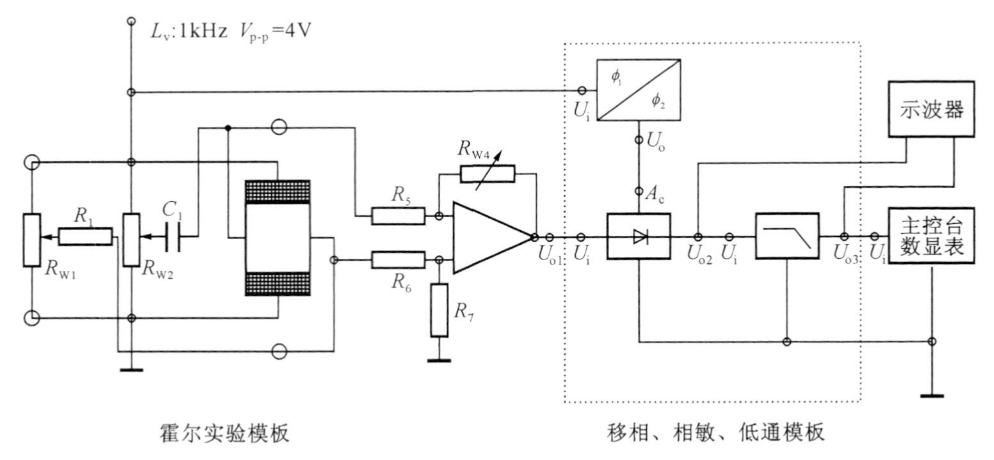

图 13.26 霍尔式传感器交流激励位移测量原理示意图

13.12.3 实验设备与元器件

霍尔传感器实验模板、霍尔传感器、音频振荡器、信号调理电路模板、移相器/相敏检波器/低通滤波器模板、数字电压表、测微头、数字示波器。

13.12.4 实验内容与步骤

（1）按照图 13.26 所示交流激励位移测试电路原理图进行电路接线。移相器、相敏检波器、低通滤波器的连接同实验 13.11。

（2）调节音频振荡器频率和幅度旋钮，从 L_v 输出。用数字示波器测量，使输出信号频率为 1 kHz，幅值为 4 V。（注意电压过大会烧坏霍尔元件）

（3）调节测微头，使霍尔传感器处于磁钢中点。先用数字示波器观察，使霍尔元件不等位电势为最小，然后观察电压表，调节电位器 R_{W1}、R_{W2} 使显示为零。

（4）调节测微头使霍尔传感器产生一个较大位移，利用示波器观察相敏检波器输出，旋转移相单元电位器和相敏检波电位器，使示波器显示全波整流波形。

（5）旋动测微头，每转动测微头 20 个格，即 0.2 mm，记下电压表指示值，将数据记录在表 13.13 中。

表 13.13 交流激励输出电压和位移数据测量

ΔX(mm)																
U_o(mV)																

（6）根据所得数据，绘制 $U-X$ 曲线，找出线性范围，计算灵敏度 $S=\Delta U/\Delta X$，并与直流激励实验结果相比较。

13.12.5 注意事项

（1）交流激励信号的幅度应限制在峰-峰值以下，以免霍尔传感器产生自热现象。

（2）霍尔传感器在交流激励下，其不等位电势调节效果差。

14 实训项目

14.1 数字式电参数测量仪设计

14.1.1 实训目的

(1) 掌握数字式电参数测量仪工作原理、设计思路、技术指标;

(2) 掌握数字式电参数测量仪硬件调试、故障判断、参数测试、软件调试的基本方法;

(3) 培养和提高学生对《传感器与测量技术》、《电路分析》、《模拟电子技术》、《数字电子技术》、《单片机接口技术与应用》等课程知识与技能的综合应用能力。

14.1.2 实训要求

(1) 要求所设计的数字式电参数测量仪能够实现对低电压、低电流、电阻、交流信号频率的测量、分析与显示处理;

(2) 完成数字式电参数测量仪硬件设计方案的优化制定;明确该测量仪的应用领域,参数测量范围。

(3) 对每个硬件功能模块进行核心器件的选择、电路的设计与调试;

(4) 单片机外围电路的功能可根据实际需要进行扩展,如设计键盘输入模块,实现对仪表测量功能的选择与控制;

(5) 为系统设计、配置直流电源;

(6) 设计并绘制该测量仪控制面板器件布局图。

14.1.3 实训设备与元器件

通用PCB板、0～18 V可调直流稳压电源、单片机、集成运放、LED(或LCD)显示器、±5 V直流电源、－5～＋5 V可调直流信号源、函数信号发生器、数字示波器、数字万用表。

14.1.4 实训原理

系统硬件结构设计方案如图14.1所示。

各硬件模块工作原理解析:

(1) 电流测量模块(I/U):

如图14.2所示:

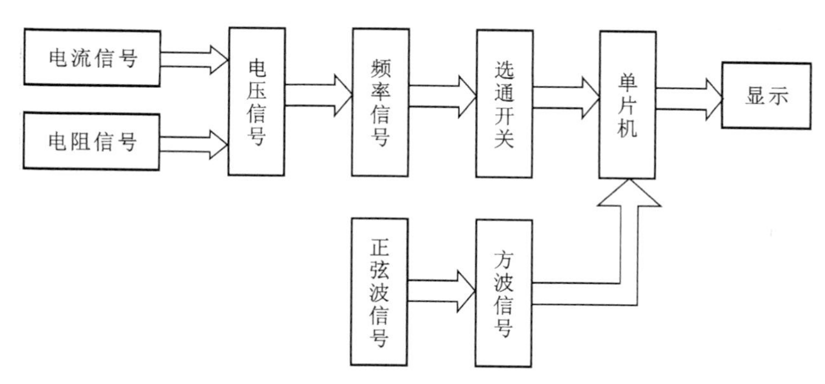

图 14.1 数字式电参数测量仪硬件结构框图

图 14.2 电流转换为电压结构框图

电流信号经过集成运放(如 LM358N)构成的同向运算放大电路,输出与电压成一定比例的电压信号,实现电流变电压(I/U)。

(2) 电阻测量模块(R/U):

如图 14.3 所示,通过测量电阻支路电流,并将其放大,实现电阻变电压。

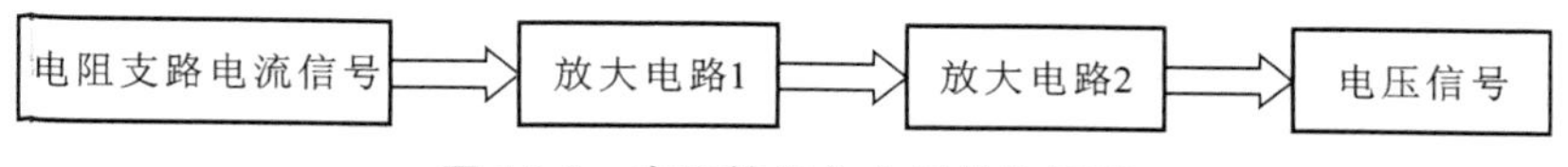

图 14.3 电阻转换为电压结构框图

(3) 电压测量模块(U/F):

电压/频率转换电路可以选用 LM331 U/F 转换器进行转换。如图 14.4 所示:

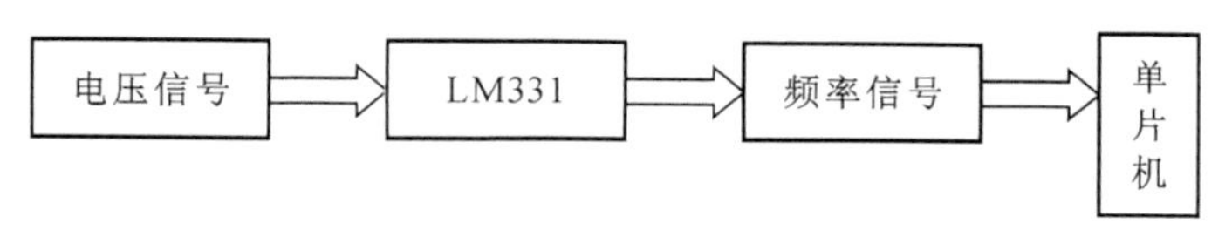

图 14.4 电压转换为频率结构框图

(4) 正弦波频率测量模块:

将正弦波转换为方波再进行脉冲计数,实现测频。如图 14.5 所示:

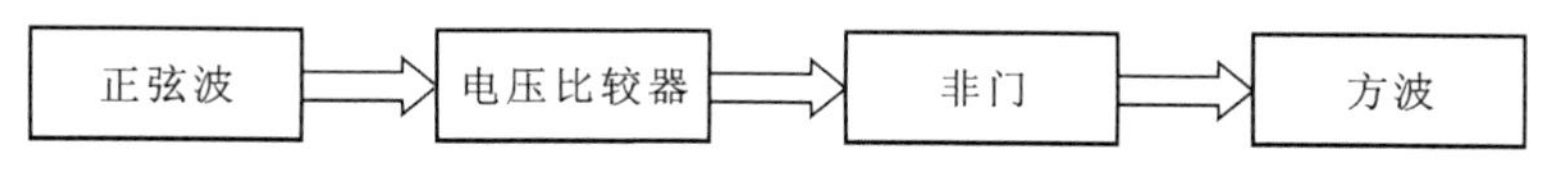

图 14.5 正弦波频率测量电路结构框图

正弦波通过电压比较器电路,实现正弦波变方波,再通过非门,进行波形整形,最终产生标准的方波信号送计数器电路,进行脉冲计数。

(5) 单片机选型

对单片机芯片进行选型时应依据的基本原则是:芯片含有的功能要大于系统设计需求;尽量减少使用外围器件,例如,若在功能设计上需要使用 A/D 转换器,在满足功能、技术参数、价格比等方面要求的前提下可优先选择内部含有 A/D 转换器的单片机。另外也优先考虑选择内部含有闪存程序存储器，并可以在线仿真的单片机，以简化外围电路设计和方便系统调试。

(6) 测量仪软件设计语言可选择汇编语言或 C 语言，建议先设计绘制主程序和各个子程序的程序流程图，然后再进行具体程序语句的设计编写。

14.2 电阻应变片式数字压力传感器设计

14.2.1 实训目的

(1) 掌握电阻应变片式数字压力传感器工作原理、设计思路、技术指标；

(2) 掌握电阻应变片式数字压力传感器硬件调试、故障判断、参数测试、软件调试的基本方法与技巧；

(3) 培养和提高学生对《传感器与测量技术》、《电路分析》、《模拟电子技术》、《数字电子技术》、《单片机接口技术与应用》、《智能仪器设计》等课程知识与技能的综合应用能力。

14.2.2 实训要求

(1) 要求所设计的电阻应变片式数字压力传感器能够实现对压力参数的测量、设置、分析与显示(LED 或 LCD 显示器)处理；

(2) 完成电阻应变片式数字压力传感器硬件设计方案的优化制定；明确设定电阻应变片式数字压力传感器的应用领域，参数测量范围。

(3) 对每个硬件功能模块进行核心器件的选择、电路的设计与调试；

(4) 为系统设计、配置直流电源；

(5) 设计并绘制出该系统控制面板器件布局图。

14.2.3 实训设备与元器件

电阻应变式传感器、单片机、矩阵键盘、LED(或 LCD)显示器、通用 PCB 板、集成运放、仪用放大器、托盘、砝码(若干)、数字万用表、0～18 V 可调直流稳压电源、±5 V 直流电源、悬臂梁。

14.2.4 实训原理

系统硬件结构设计方案如图 14.6 所示。

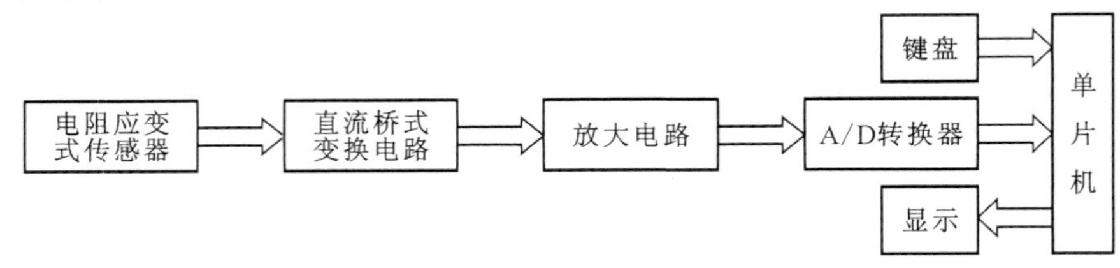

图 14.6　数字式压力传感器硬件结构框图

主要模块工作原理解析：

（1）直流桥式变换电路

根据系统设定的数据测量精度要求，直流桥式变换电路可选择单臂、半桥、全桥，激励源可选择恒压源或恒流源。接线原理图如图 14.7 所示。

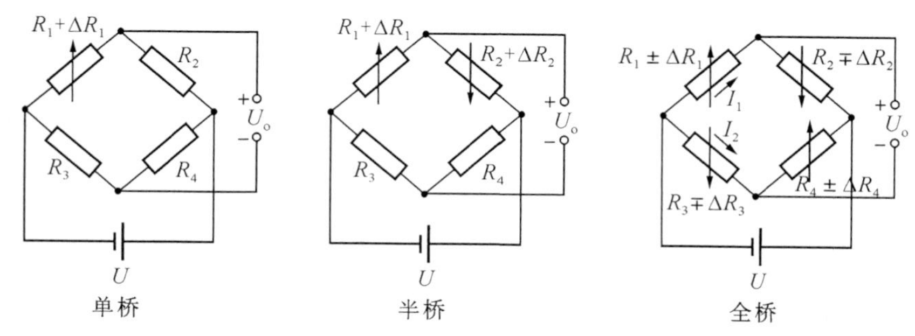

图 14.7 电阻应变片直流电桥电路接线原理图

（2）放大电路可选择由集成运放构成的仪用放大电路，或对应的集成仪用放大器，常见的集成仪用放大器产品有：Analog Device 公司：AD522、AD512、AD620、AD623、AD8221；MAXIM 公司：MAX4195、MAX4196、MAX4197；BB 公司：INA114、INA118 等产品。仪用放大电路原理图如图 14.8 所示。该电路所对应的增益 G 求解公式为：

$$G=\frac{U_o}{U_{i1}-U_{i2}}=-\left(1+\frac{2R_1}{R_G}\right)\frac{R_5}{R_3}$$

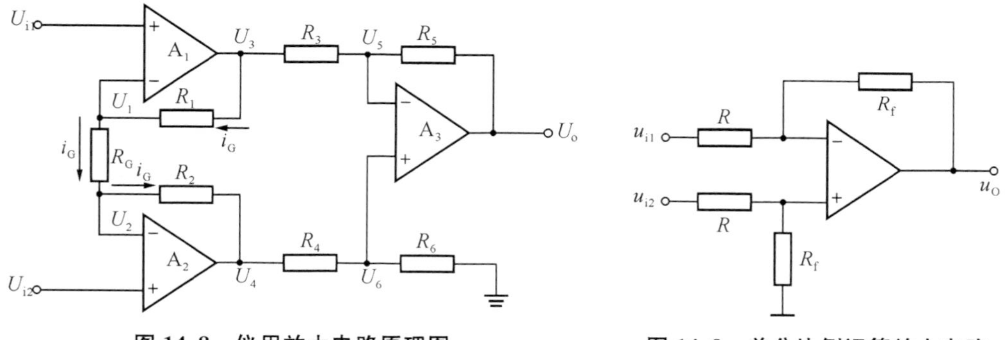

图 14.8 仪用放大电路原理图　　**图 14.9 差分比例运算放大电路**

放大电路也可以选用由集成运放构成差分比例运算放大电路。电路原理图如图 14.9 所示。

（3）键盘与显示器模块设计

通过键盘模块可以面向不同测量对象，如物品重量、人体体重等，根据实际需要设置上、下限参数值，或进行系统功能的切换。同步配置显示器对设置的参数和测量的参数进行显示。键盘模块可选择 4×3 或 4×4 矩阵式薄膜键盘。显示器可以选择 LED 或 LCD。LED 显示亮度强，功耗大；LCD 一次显示信息多，方便文字、字符显示，功耗低。显示器可选择段位式，主要进行数字显示。显示器的位数要结合系统实际应用对象的测量数据范围和测量数据精度要求综合考虑确定。

（4）系统软件设计建议同 14.1(6)

14.3 电容式数字位移传感器设计

14.3.1 实训目的

(1) 掌握电容式数字位移传感器工作原理、设计思路、技术指标;

(2) 掌握电容式数字位移传感器硬件调试、故障判断、参数测试、软件调试的基本方法与技巧;

(3) 培养和提高学生对《传感器与测量技术》、《电路分析》、《模拟电子技术》、《数字电子技术》、《单片机接口技术与应用》、《智能仪器设计》等课程知识与技能的综合应用能力。

14.3.2 实训要求

(1) 要求所设计的电容式数字位移传感器能够实现对位移参数的测量、分析与显示(LED或LCD显示器)处理;

(2) 完成电容式数字位移传感器硬件设计方案的优化制定,明确该系统的应用领域,参数测量范围;

(3) 对每个硬件功能模块进行核心器件的选择、电路的设计与调试;

(4) 单片机外围电路的功能可根据实际需要进行扩展,如设计键盘输入模块,实现对系统测量功能的选择与控制;

(5) 为系统设计、配置直流电源;

(6) 设计并绘制出该系统控制面板器件布局图。

14.3.3 实训设备与元器件

圆筒式变面积差动式电容传感器、单片机、矩阵键盘、LED(或LCD)显示器、测微头(千分尺)、通用PCB板、被测体、数字万用表、0～18 V可调直流稳压电源、±5 V直流电源。

14.3.4 实训原理

系统硬件结构模块设计方案如图14.10所示。

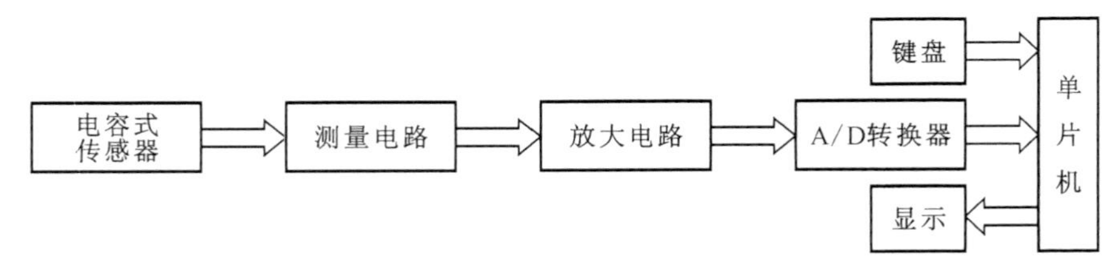

图14.10 电容式数字位移传感器硬件结构框图

差动式电容传感器测量电路可以选择:交流电桥、谐振电路、差动脉冲调宽电路、运算法电路、二极管环形检波电路。其中差动脉冲调宽电路、运算法电路的电路原理图如图14.11所示。要根据实际的应用对象、测试数据精度要求、电路的复杂性与可靠性、器件的价格等综合因素进行测量电路的选择确定。键盘与显示器、单片机的选型可参照实训项目 14.1、14.2 中的思路。

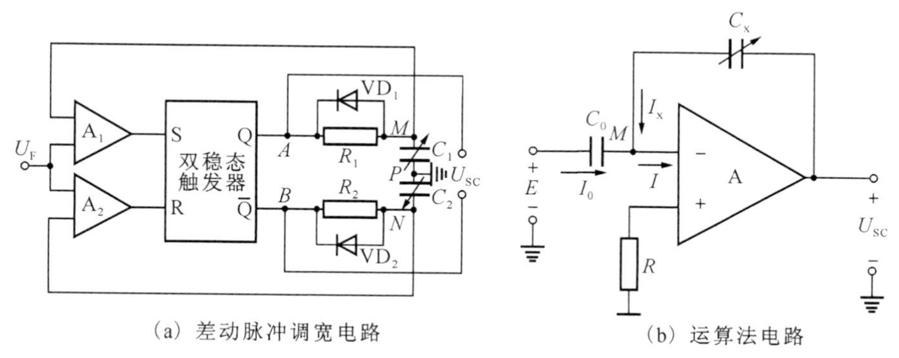

(a) 差动脉冲调宽电路　　　　(b) 运算法电路

图 14.11　电容式传感器测量电路原理图

14.4　K 型热电偶数字温度传感器设计

14.4.1　实训目的

(1) 掌握 K 型热电偶数字温度传感器工作原理、设计思路、技术指标；

(2) 掌握 K 型热电偶数字温度传感器硬件调试、故障判断、参数测试、软件调试的基本方法与技巧；

(3) 培养和提高学生对《传感器与测量技术》、《电路分析》、《模拟电子技术》、《数字电子技术》、《单片机接口技术与应用》等课程知识与技能的综合运用能力。

14.4.2　实训要求

(1) 要求所设计的 K 型热电偶数字温度传感器能够对环境温度或液体温度进行测量、分析与显示(LED 或 LCD 显示器)处理；

(2) 完成 K 型热电偶数字温度传感器硬件设计方案的优化制定，设计 K 型热电偶硬件冷端补偿电路；

(3) 在软件设计上实现对 K 型热电偶数字温度传感器测得的温度信号进行非线性补偿修正；

(4) 对每个硬件功能模块进行核心器件的选择、电路的设计与调试；明确该系统的应用领域，参数测量范围；

(5) 单片机外围电路的功能可根据实际需要进行扩展，如设计键盘模块，进行系统功能选择与限值参数的设置；

(6) 为系统设计、配置直流电源；

(7) 设计并绘制出该系统控制面板器件布局图。

14.4.3　实训设备与元器件

温度源(具备温度测量与显示功能)、K 型热电偶、单片机、矩阵键盘、LED(或 LCD)显示器、数字万用表、通用 PCB 板、0～18 V 可调直流稳压电源、±5 V 直流电源。

14.4.4 实训原理

系统硬件结构设计方案如图 14.12 所示。

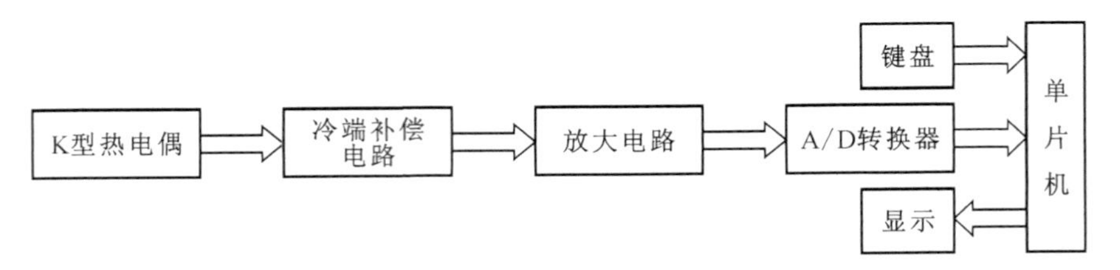

图 14.12 K 型热电偶数字温度传感器硬件结构框图

K 型热电偶冷端补偿方法非常多，若通过硬件电路补偿，可采用冷端恒温法或电桥补偿法。

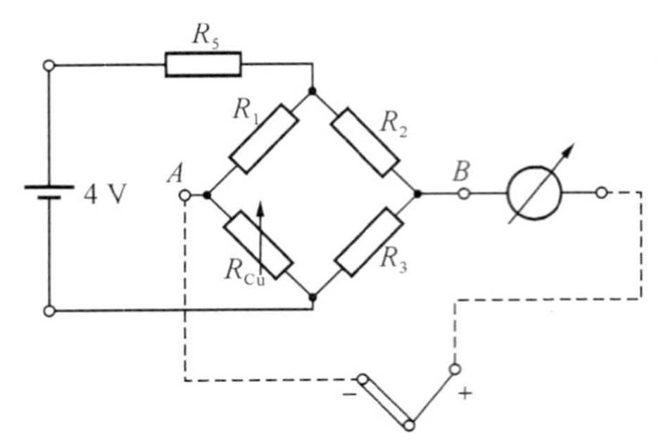

图 14.13 K 型热电偶补偿电桥法电路原理图

冷端恒温法是一种最直接的冷端温度处理方法，把热电偶冷端，即补偿导线接二次仪表的一端放入恒温装置中，保持冷端温度为 0 ℃，也称为“冰浴法”。此方法多用于实验室中。

电桥补偿法是目前实际应用中最常用的一种处理方法，它利用不平衡电桥产生的热电势来补偿热电偶因冷端温度的变化而引起热电势的变化，经过设计，可使电桥的不平衡电压等于因冷端温度变化引起的热电势变化，从而实现自动补偿。电路原理图如图 14.13 所示。不平衡电桥由三个电阻温度系数较小的锰铜丝绕制的电阻 R_1、R_2、R_3、电阻温度系数较大的铜丝绕制的电阻 R_{Cu} 和稳压电源组成。

系统设计中键盘与显示器、单片机的选型可参照实训项目 14.1、14.2 中的思路。

14.5 基于数字温度传感器 DS18B20 测温仪设计

14.5.1 实训目的

(1) 掌握数字温度传感器 DS18B20 技术指标与应用特点；

(2) 掌握基于数字温度传感器 DS18B20 的测温仪的硬件调试、故障判断、参数测试、软件调试的基本方法与技巧；

(3) 培养和提高学生对《传感器与测量技术》、《电路分析》、《模拟电子技术》、《数字电子技术》、《单片机接口技术与应用》、《智能仪器设计》等课程知识与技能的综合应用能力。

14.5.2 实训要求

(1) 要求所设计测温仪能够对环境温度实现测量、分析与显示(LED 或 LCD 显示器)处理，包括键盘模块；

(2) 完成由数字温度传感器 DS18B20 构成的测温仪的硬件设计方案优化制定；

(3) 对每个硬件功能模块进行核心器件的选择、电路的设计与调试；

(4) 为系统设计、配置直流电源；

(5) 设计并绘制出测温仪控制面板器件布局图。

14.5.3　实训设备与元器件

DS18B20、恒温度源(具备温度测量与显示功能)、单片机、矩阵键盘、LED(或 LCD)显示器、数字万用表、通用 PCB 板、0～18 V 可调直流稳压电源、±5 V 直流电源。

14.5.4　实训原理

系统硬件结构设计方案如图 14.14 所示。

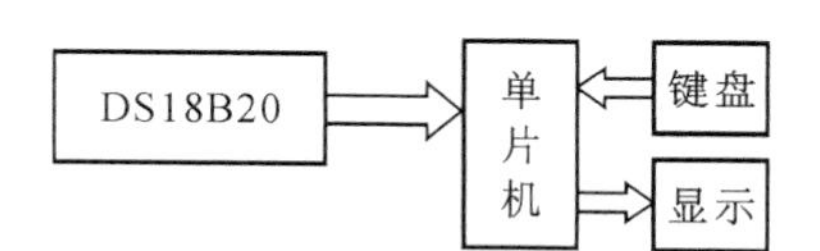

图 14.14　测温仪硬件结构框图

DS18B20 温度传感器为 DALLAS(达拉斯)公司产品，体积小、抗干扰能力强；精度高，最高 12 位分辨率，精度可达±0.5 ℃；检测温度范围为－55 ℃～＋125 ℃(－67 ℉～＋257 ℉)；内置 EEPROM，限温报警功能；单总线数据通信方式。多样封装形式，适应不同硬件系统，封装形式如图 14.15 所示。

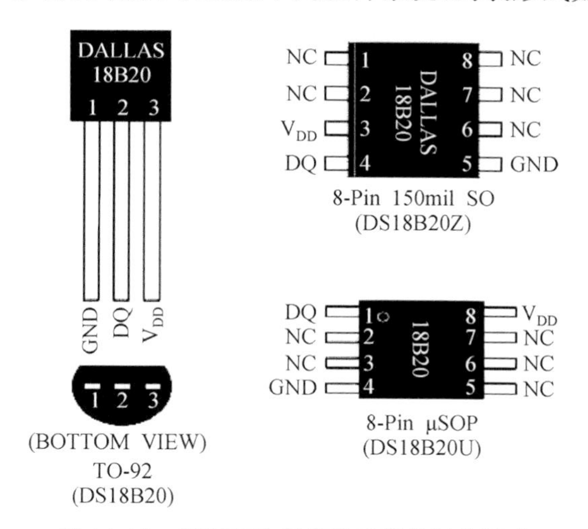

图 14.15　DS18B20 温度传感器的封装形式

DS18B20 数字温度传感器与单片机之间为单总线数据传输方式，接线如图 14.16 所示。

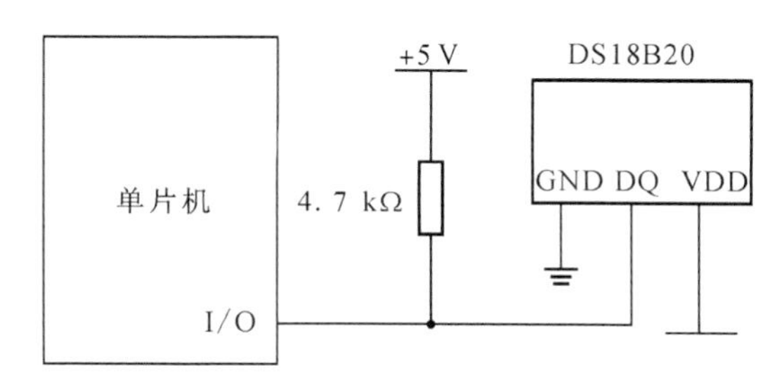

图 14.16　DS18B20 温度传感器与单片机接线图

系统设计中键盘与显示器、单片机的选型可参照实训项目 14.1、14.2 中的思路。

14.6　电涡流数字位移传感器设计

14.6.1　实训目的

(1) 掌握电涡流式数字位移传感器工作原理、设计思路、技术指标；

(2) 掌握电涡流式数字位移传感器硬件调试、故障判断、参数测试、软件调试的基本方法与技巧；

(3) 培养和提高学生对《传感器与测量技术》、《电路分析》、《模拟电子技术》、《数字电子技术》、《单片机接口技术与应用》、《智能仪器设计》等课程知识与技能的综合应用能力。

14.6.2　实训要求

(1) 要求所设计的电涡流式数字位移传感器能够对位移参数实现实时测量、分析与显示(LED 或 LCD 显示器)处理；

(2) 完成电涡流式数字位移传感器的硬件设计方案的优化制定，明确该系统的应用领域，参数测量范围；

(3) 对每个硬件功能模块进行核心器件的选择、电路的设计与调试；

(4) 单片机外围电路的功能可根据实际需要进行扩展，如设计键盘模块，进行系统功能选择与限值参数的设置；

(5) 为系统设计、配置直流电源；

(6) 设计并绘制出该系统控制面板器件布局图。

14.6.3　实训设备与元器件

平绕线圈式电涡流传感器、单片机、矩阵键盘、LED(或 LCD)显示器、测微头(千分尺)、通用 PCB 板、被测体、数字万用表、0～18 V 可调直流稳压电源、±5 V 直流电源。

14.6.4　实训原理

系统硬件结构设计方案如图 14.17 所示。

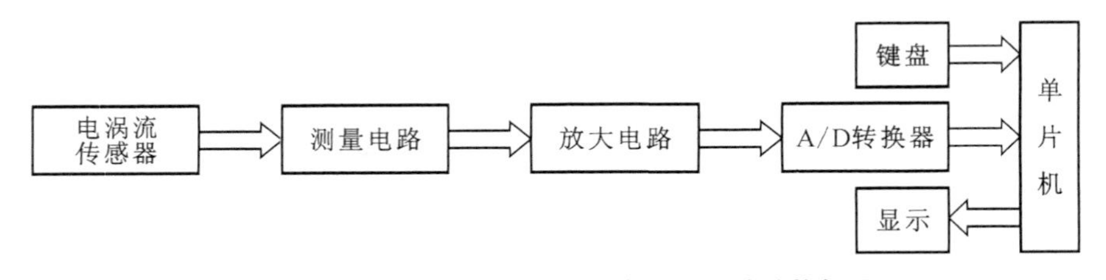

图 14.17　电涡流式数字位移传感器硬件结构框图

电涡流传感器常用的测量电路有交流电桥电路和谐振电路。阻抗 Z 的测量一般选用交流电桥测量电路，电感 L 的测量电路一般选用谐振电路，其中谐振电路又分为调频式和调幅式两种。

交流电桥测量电路如图 14.18 所示。

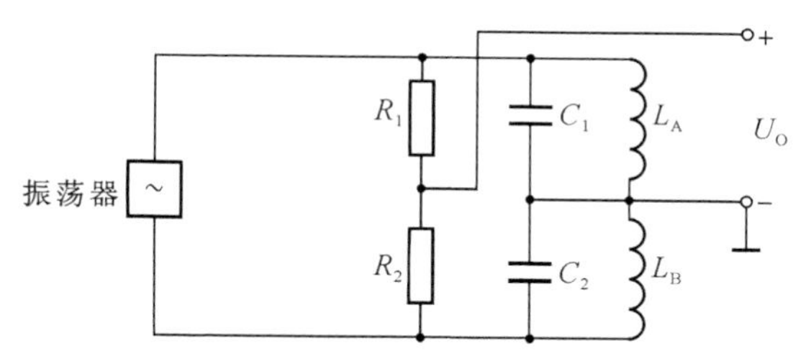

图 14.18 交流电桥测量电路图

调幅式谐振测量电路结构框图如图 14.19 所示。

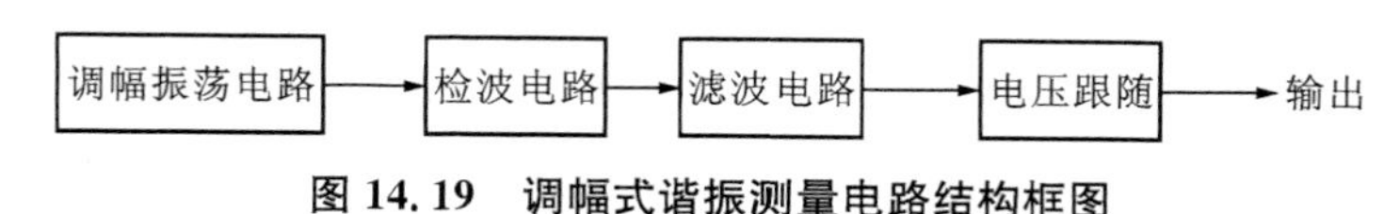

图 14.19 调幅式谐振测量电路结构框图

系统设计中键盘与显示器、单片机的选型可参照实训项目 14.1、14.2 中的思路。

14.7 非接触式测温系统设计

14.7.1 实训目的

(1) 掌握非接触式红外测温模块的工作原理、设计思路、技术指标;

(2) 掌握非接触式红外测温系统硬件调试、故障判断、参数测试、软件调试的基本方法与技巧;

(3) 培养和提高学生对《传感器与测量技术》、《电路分析》、《模拟电子技术》、《数字电子技术》、《单片机接口技术与应用》、《智能仪器设计》等课程知识与技能的综合应用能力。

14.7.2 实训要求

(1) 要求所设计的测温仪能够对环境温度(体温)进行非接触式测量、分析与显示(LED 或 LCD 显示器)处理;

(2) 完成非接触式红外测温系统的硬件设计方案的优化制定,明确该系统的应用领域,参数测量范围,如测量人体体温,测量范围为 35 ℃～42 ℃,测量精度≤0.5 ℃;

(3) 对每个硬件功能模块进行核心器件的选择、电路的设计与调试;

(4) 为系统设计、配置直流电源;

(5) 设计并绘制出该非接触式红外测温系统整体外形图;

(6) 系统功能可根据实际应用对象进行扩展,如选择测量相对封闭的环境温度时,可添加调温执行机构驱动电路,如驱动散热扇、加热器等。

14.7.3　实训设备与元器件

红外测温模块、单片机、矩阵键盘、LED(或 LCD)显示器、通用 PCB 板、被测体、数字万用表、0～18 V 可调直流稳压电源、±5 V 直流电源。

14.7.4　实训原理

自然界一切温度高于绝对零度(－273.15 ℃)的物体，由于分子的热运动，都在不停地向周围空间辐射包括红外波段在内的电磁波，其辐射能量密度与物体本身的温度关系符合普朗克(Plank)定律。红外辐射的物理本质是热辐射。物体的温度越高，辐射出来的红外线越多，红外辐射的能量就越强。因此红外辐射又被称为热辐射。红外测温响应快，测量精度高，可靠性强，范围广，为非接触测量。

红外线传感器按照测温原理的不同，可分为热敏元件和光电元件两类。热敏元件应用最多的是热敏电阻。热敏电阻受到红外线辐射时温度升高，电阻发生变化(热敏电阻可分为正温度系数热敏电阻和负温度系数热敏电阻)，通过转换电路变成电信号输出；光电元件常用的是光敏元件，通常由硫化铅、硒化铅、砷化铟、砷化锑、碲镉汞三元合金、锗及硅掺杂等材料制成。

系统硬件结构设计方案如图 14.20 所示。

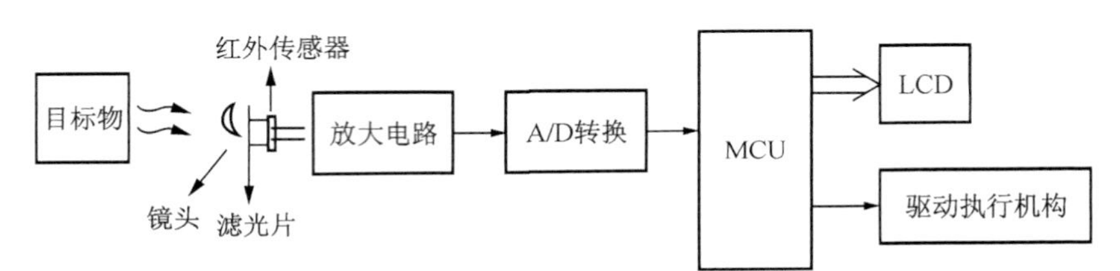

图 14.20　非接触式红外测温系统硬件结构框图

该系统根据实际的应用需要可添加独立按键或矩阵键盘模块。显示器的选择配置也要根据实际的应用对象和应用环境进行选择确定。执行机构驱动电路要结合实际选择确定的执行机构驱动信号的类型和功率大小进行设计。若有必要，单片机与执行机构驱动电路之间要添加光电隔离器，以保护单片机主控模块，防止强电信号的干扰。

14.8　光电传感器测速系统设计

14.8.1　实训目的

(1) 掌握光电传感器测试轮速的工作原理、设计思路、技术指标；

(2) 掌握光电传感器测试轮速系统的硬件调试、故障判断、参数测试、软件调试的基本方法与技巧；

(3) 培养和提高学生对《传感器与测量技术》、《电路分析》、《模拟电子技术》、《数字电子技术》、《单片机接口技术与应用》等课程知识与技能的综合应用能力。

14.8.2 实训要求

(1) 要求所设计的光电传感器测试轮速系统能够实现对玩具小车轮速的测量、分析与显示(LED或LCD显示器)处理;

(2) 完成光电传感器测试轮速系统的硬件设计方案的优化制定;

(3) 对每个硬件功能模块进行核心器件的选择、电路的设计与调试;

(4) 单片机外围电路的功能可根据实际需要进行扩展,如设计键盘模块,进行系统功能选择与小车速度限值参数的设置;

(5) 为系统设计、配置直流电源,可选择配置足够容量的锂电池;

(6) 可扩展系统软、硬件功能,如小车调速运行、小车巡迹走线、小车走跷跷板自动平衡、小车自动避障功能等。

14.8.3 实训设备与元器件

光电传感器、单片机、矩阵键盘、LED(或LCD)显示器、玩具小车、通用PCB板、数字万用表、0~18 V可调直流稳压电源、±5 V直流电源。

14.8.4 实训原理

光电传感器是光电接近开关的简称,它是利用被检测物体对光束的遮挡或反射,控制检测电路的通与断,来实现对被测量的检测。光电开关由发射器、接收器和检测电路三部分组成。系统硬件结构设计方案如图14.21所示。

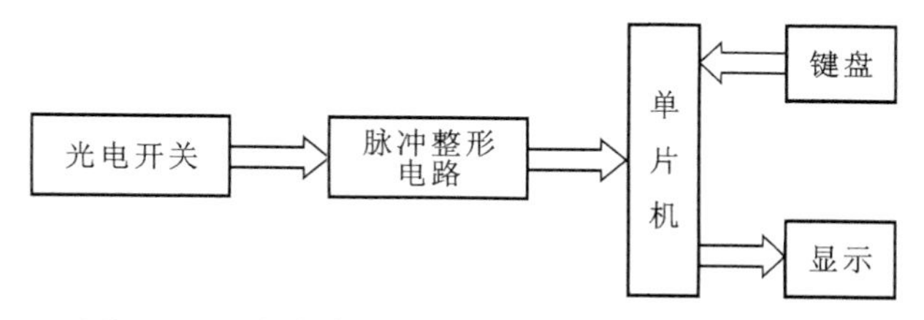

图14.21 光电传感器测试轮速系统硬件结构框图

大部分光电开关选用的是波长接近可见光的红外线光波型。根据测试原理的不同,又具体分为漫反射式、镜反射式和对射式三种类型。本设计系统是对车轮的转速进行测量,建议选择对射式。该类型光电开关包括在结构上相互分离且光轴相对放置的发射器和接收器两部分。发射器发出的光线直接进入接收器,当被检测物体经过发射器和接收器之间且阻断光线时,光电开关就产生了开关信号。当检测物体为不透明时,对射式光电开关是最可靠的检测装置。

由于光电开关采集到的车轮脉冲信号不是标准的脉冲波形,不方便后续的计数处理,所以要设计脉冲整形电路对采集到的信号进行整形,最常用的脉冲整形电路为施密特触发器。

系统设计中键盘与显示器、单片机的选型可参照实训项目14.1、14.2中的思路。

系统进行功能扩展,若需要对电机进行驱动控制,要注意根据具体小车所配置的电机类型:直流电机、步进电机进行对应编程处理。

14.9　超声波传感器测距系统设计

14.9.1　实训目的

(1) 了解超声波在介质中的传播特性；

(2) 了解超声波传感器测量距离的工作原理；

(3) 掌握超声波传感器及其转换电路的工作原理；

(4) 培养和提高学生对《传感器与测量技术》、《电路分析》、《模拟电子技术》、《数字电子技术》、《单片机接口技术与应用》、《智能仪器设计》等课程知识与技能的综合运用能力。

14.9.2　实训要求

(1) 要求所设计的超声波传感器能够对距离(位移)进行实时测量、分析与显示(LED 或 LCD 显示器)处理；

(2) 完成超声波传感器位移测量系统的硬件设计方案的优化制定；明确该系统的应用领域、参数测量范围，如无损探伤、车辆避障等；

(3) 对每个硬件功能模块进行核心器件的选择、电路的设计与调试；

(4) 单片机外围电路的功能可根据实际需要进行扩展，如设计键盘模块，进行系统功能选择与位移限值参数的设置；

(5) 为系统设计、配置直流电源；

(6) 设计并绘制出该系统控制面板器件布局图。

14.9.3　实训设备与元器件

超声波发射探头、超声波接收探头、反射挡板、振动源、通用 PCB 板、数字万用表、0～18 V 可调直流稳压电源、±5 V 直流电源。

14.9.4　实训原理

超声波传感器由发射探头、接收探头、测量电路三部分组成。超声波是在听觉阈值以外的声波，其频率范围为 20～60 kHz。超声波在介质中可以产生三种形式的振荡波：横波、纵波和表面波。本实训项目以空气为介质，用纵波测量距离。发射探头发出 40 kHz 的超声波，在空气中传播速度为 344 m/s，当超声波在空气中碰到不同介面时会产生一个反射波和折射波，其中反射由接收探头输入测量电路，测量电路可以计算超声波从发射到接收之间的时间差，从而计算获得传感器与反射面的距离。超声波测位移发射、接收脉冲信号时序如图 14.22 所示。

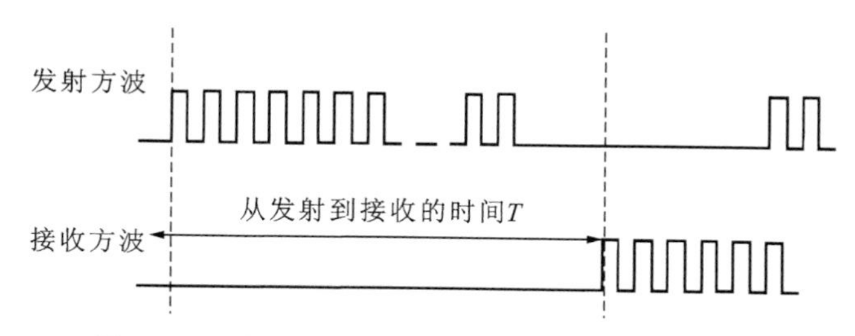

图 14.22 超声波测位移发射、接收脉冲信号时序图

系统工作原理示意图如图 14.23 所示。

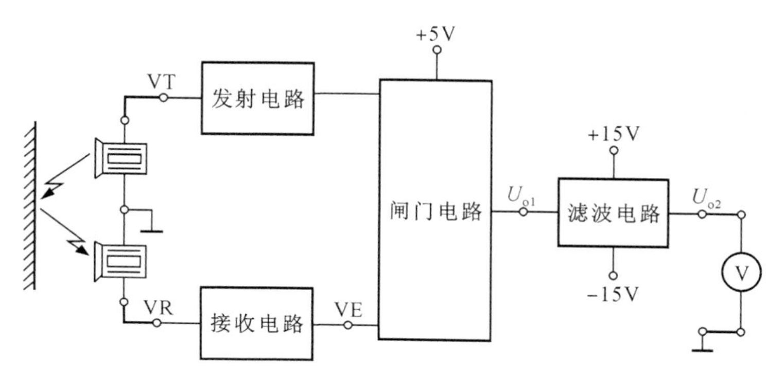

图 14.23 超声波传感器测距工作原理示意图

系统硬件结构图如图 14.24 所示。

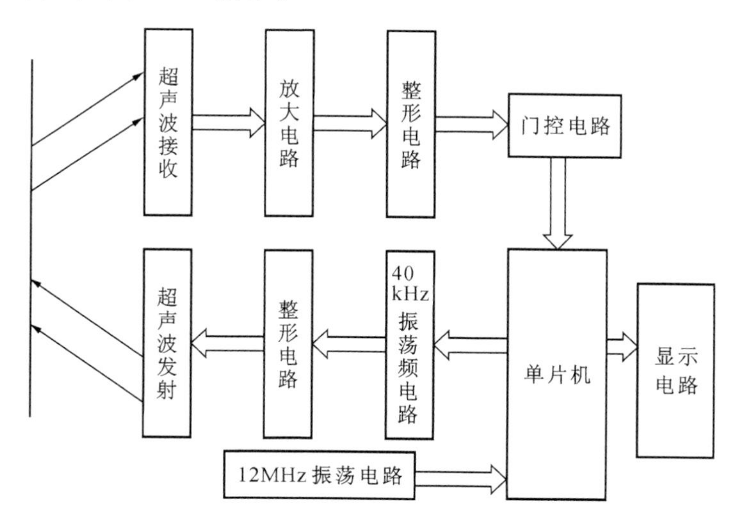

图 14.24 超声波传感器测距系统硬件结构框图

14.10 室内环境监测系统设计

14.10.1 实训目的

(1) 掌握数字集成温湿度传感器、光照度传感器、CO_2 浓度检测传感器的检测原理;

(2) 掌握环境监测系统功能设计、技术指标确定、系统方案论证的一般思路；

(3) 掌握环境监测系统硬件调试、故障判断、参数测试、软件调试的基本方法与技巧；

(4) 培养和提高学生对《传感器与测量技术》、《电路分析》、《模拟电子技术》、《数字电子技术》、《单片机接口技术与应用》、《智能仪器设计》等课程知识与技能的综合应用能力。

14.10.2　实训要求

(1) 要求所设计的系统能够对室内空气环境实现对温湿度、光照强度、气体浓度的实时监测、存储、分析与显示(LED 或 LCD 显示器)处理，配置键盘电路，对系统进行功能选择与限值参数的设置；

(2) 完成系统硬件设计方案的优化制定；明确各个测量参数的限值和测量精度要求；

(3) 对每个硬件功能模块进行核心器件的选择、电路的设计与调试；

(4) 为系统设计、配置直流电源；

(5) 设计并绘制出该系统控制面板器件布局图；

(6) 系统功能扩展：与计算机之间建立数据传输模块，可利用上位机软件平台(VC、VB、LabVIEW 等)设计上位机应用程序管理平台。

14.10.3　实训设备与元器件

温湿度传感器、光照度传感器、CO_2 浓度检测传感器、单片机、矩阵键盘、LED(或 LCD)显示器、通用 PCB 板、数字万用表、0～18 V 可调直流稳压电源、±5 V 直流电源、RS232 串口数据线。

14.10.4　实训原理

系统硬件结构设计方案如图 14.25 所示。

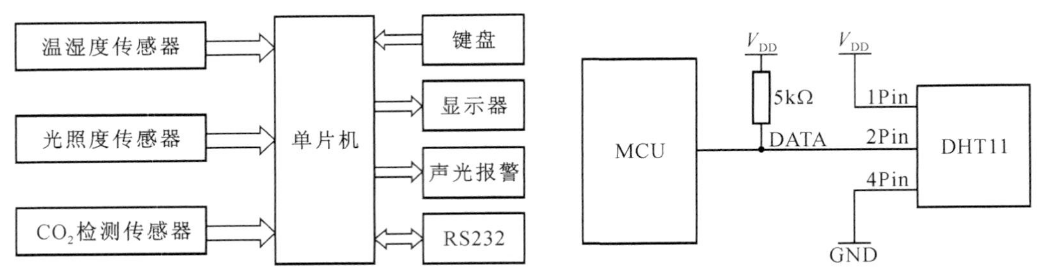

图 14.25　室内环境系统硬件结构框图　　**图 14.26　DHT11 与单片机连接图**

(1) 传感器选型

本实训项目首先要完成对温湿度传感器、光照度传感器、CO_2 浓度检测传感器进行正确的选型。在满足测量技术要求的前提下，优先选择性价比高的数字集成传感器，既可以省去信号放大、A/D 转换等硬件电路资源，也可以简化与单片机之间的数据连线。例如，温湿度传感器可以选择数字温湿度传感器 DHT11。DHT11 与单片机之间为单总线数据传输方式，体积小，功耗低，信号传输距离可达 20 m 以上，连接图如图 14.26 所示。

(2) 信号调理电路选择设计

在确定好各个室内环境因子传感器的型号，明确了传感器的测试特性后，再设计各个传感器与单片机之间的电路连接，考虑是否还需要信号放大电路、滤波电路、A/D 转换电路等。

(3) RS232 串行通信接口

此接口设计是为了实现上下位机数据通信，将下位机——单片机采集到的数据，传输给上位机——计算机，从而可借助各种可视化编程软件，如 VB、VC、LabVIEW 等软件，设计数据应用管理程序，对数据进行进一步的分析、处理、显示，甚至可以实现数据远程传输与监测。根据上下位机具体的放置距离，也可以选用 RS485 串行通信接口，或是 ZigBee 等无线数据通信方式。

(4) 键盘与显示器模块设计

键盘与显示器的设计主要是为了实现友好的人机交互功能。通过键盘可以对各个测量环境因子，根据实际需要设置上、下限参数值。可以配合显示器对各个环境因子测量值进行查询显示。显示器可以选择 LED 或 LCD。

(5) 声光报警模块设计

声光报警模块是人机交互功能设计实现的一部分，主要功能是当测量环境因子越限时，启动蜂鸣器与发光二极管闪光，引起关注，对应电路简单。

附　录

附录 1　传感器检测与转换实验装置使用说明

1）功能特点简介

“传感信号检测与转换实验装置”是一种开放式、模块化、系统化的传感器技术实验、实训系统。该系统集传感信号检测、转换、调理、数字化处理、上位机数据分析管理于一体。既可面向本科生开设的传感器信号检测与转换类课程的实验教学，如《传感器技术》、《电气测量与检测技术》，也可以面向智能仪器类相关课程的实验教学，如《虚拟仪器技术》、《智能仪器设计》、《化工及仪表自动化》等。同时也可以作为本科生进行课程实习、设计、实训、科技创新的实践平台。该实验装置能开设的实验项目分为三个层次：基础型实验项目、拓展型实验项目、研发创新型实验项目。

该实验装置从技术结构层次的角度划分，可分为三个技术层次平台，如附图 1 所示。本实验装置能够完整的体现出“模拟”“数字”“智能”三级逐步提升的传感信号检测与转换电路的技术层次。

附图 1　实验装置技术结构平台

（1）传感信号检测转换调理平台

该平台主要由不同类型的传感器检测转换模块和不同功能特性的信号调理模块构成。可以根据实际使用需求，设计更换不同功能与类型的传感器检测转换模块。

该实验平台基本硬件配置能开出的基础实验项目如下所列：

① 电阻应变片式传感器单臂电桥性能测试实验；

② 电阻应变片式传感器半桥性能测试实验；

③ 电阻应变片式传感器全桥性能测试实验；

④ 电容式传感器位移测量实验；

⑤ 霍尔式传感器直流激励位移实验；

⑥ 电涡流传感器位移实验；

⑦ 不同测试材质对电涡流传感器特性影响实验；

⑧ Pt_{100}铂电阻测温特性实验；

⑨ K 热电偶测温性能实验；

⑩ K 热电偶冷端温度补偿实验；

⑪ 电阻应变片单臂、半桥、全桥性能比较实验；

⑫ 电阻应变片受温度影响特性测试实验；

⑬ 霍尔式传感器交流激励位移实验；

⑭ 被测体面积不同对电涡流传感器特性影响实验；

⑮ 集成温度传感器 AD590 测温特性实验。

实验项目包含了当前常用的传感器类型性能测试。由于此平台模块是独立设计的 PCB 板，因此可以根据实际使用需求，设计更换其他类型的传感器检测电路模块。系统的硬件设计具有完全开放性的特点。此平台开出的实验项目主要面向本科生《传感器技术》、《电气测量与检测技术》等课程的实验需要。

(2) 检测信号数字化处理平台

该平台的主要功能是将传感信号检测转换调理平台输出的模拟信号进行数字化的分析、处理、显示，并且可通过串行总线技术将数字化处理后的数据上传给上位机——PC 机，从而实现传感测试数据分析处理的智能化。

该平台主要包含 MSP430F147 单片机系统模块(内含 10 位/12 位 A/D 转换器和液晶驱动器)、4×4 键盘矩阵模块、LM24016RFW 液晶显示模块、RS232 串行接口模块、RS485 串行接口模块。由于该平台的设计与存在，可将本实验装置能够开设的实验项目的数目提高一倍以上。此部分实验项目主要面向高年级本科生的课程设计与课程实习的需要。

(3) PC 机数据分析管理平台

该平台的功能特点是：使用者通过选用的 VB、VC、LabVIEW 等多种面向对象的高级编程语言，进行系统应用程序的编写与应用。对采集到的传感测试信号进行存储、打印、算法分析与处理，并可实现数据的远程传输和监测。

该平台主要服务于高年级本科生的课程实训、毕业设计、实践创新立项课题等的需要。

2) 硬件构成与工作原理简介

系统硬件主要由三部分构成：电源模块、传感信号检测转换调理模块、传感信号数字化处理模块。三个模块各自分立，相互间通过信号线连接。上位机为 PC 机。

(1) 系统电源模块

系统电源模块具体由传感信号检测转换调理模块供电电路和传感信号数字化处理模块供电电路两部分构成。工作原理为交流变直流。为确保系统用电安全和模拟电路与数字电路两区域完全的电气隔离，提高系统电路本身的抗电气干扰性能，采用了双绕组输出的单相隔离变压器。

模拟电路模块供电直流稳压电源：±15 V，±5 V。

数字电路模块供电直流稳压电源；+5 V，+3.3 V。

(2) 传感信号检测转换调理模块

传感信号检测转换调理模块电气部分基本配置具体包括：霍尔传感器实验模板、电容传感器实验模板、温度传感器实验模板、电涡流传感器实验模板、应变片实验模板，以及三种不同性能与增益信号调理电路模板。具体布局见附图 2 所示。

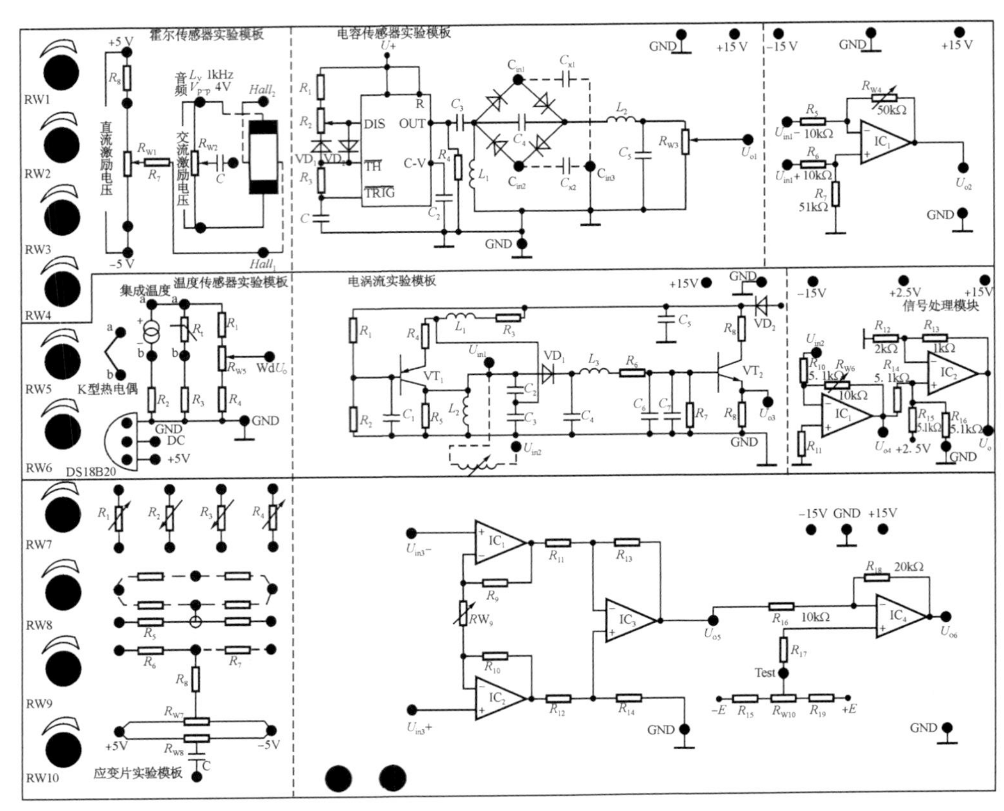

附图 2　传感信号检测转换调理模块布局图

(3) 应变片实验模板

应变片式传感器实验模板如附图 3 所示。

实验模板中的 R_1、R_2、R_3、R_4 为金属箔式电阻应变片，没有文字标记的 5 个电阻符号下面是空的，其中 4 个组成电桥模型是为实验者组成电桥方便而设，面板上虚线所示电阻为虚设，仅为组桥提供插座。具体包括：应变片式单臂电桥连接电路、应变片式半桥连接电路、应变片式全桥连接电路。附图 3 中的实线表示电路连接线。

(4) 电容传感器实验模板

电容传感器实验模板如附图 4 所示。电路由三部分构成：555 多谐振荡电路、二极管环形充放电法测量电容电路、L 型高低通滤波电路。电路后续输出端 U_{o1} 接一级差动放大电路。

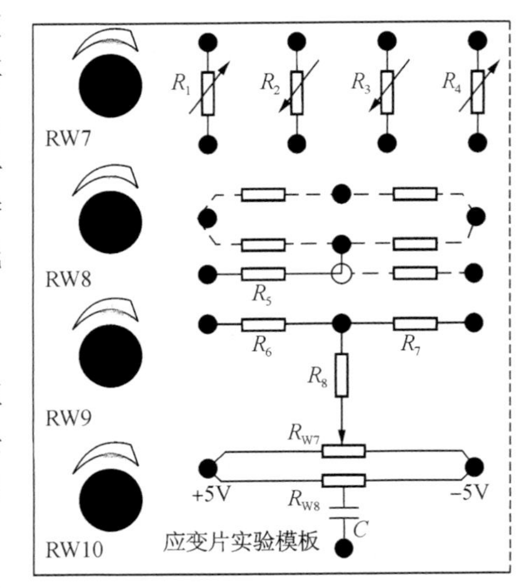

附图 3　应变片式传感器实验模板

① 二极管环形充放电法测量电容电路工作原理

本实验系统中的电容传感器测量电路选用二极管环形充放电法测量电容电路。工作原理图如附图 5 所示。555 时基芯片构成多谐振荡电

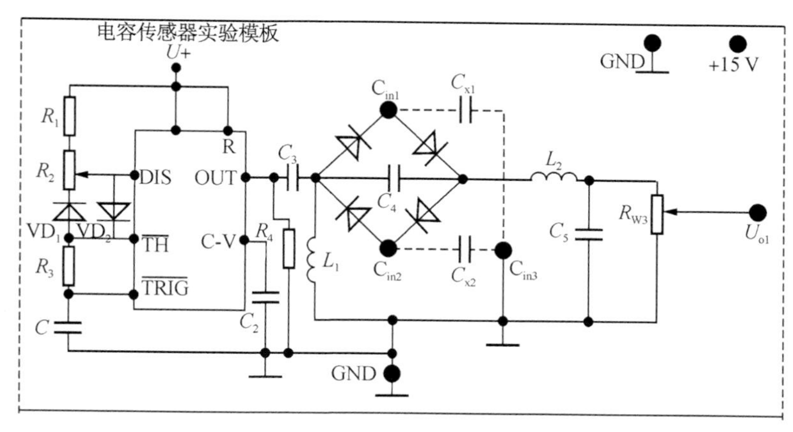

附图 4　电容传感器实验模板

路，作为二极管环形充放电法测量电容电路的脉冲激励源。C_3 与 L_1 构成无源 L 型高通滤波器；L_2 与 C_5 构成无源 L 型低通滤波器。

二极管环形充放电法测量电容电路工作原理：e 为正半周时，方波由 E_1 跃变到 E_2 时，电容 C_{x1} 和 C_{x2} 两端的电压皆由 E_1 充电到 E_2。对电容 C_{x1} 充电的电流为 i_1，对 C_{x2} 充电的电流为 i_3。VD_2、VD_4 一直处于截止状态。在 T_1 这段时间内由 A 点向 C 点流动的电荷量为 $q_1=C_{x2}(E_2-E_1)$。e 为负半周时，方波由 E_2 返回到 E_1 时，C_{x1}、C_{x2} 放电，它们两端的电压由 E_2 下降到 E_1，放电电流分别为 i_2、i_4。在放电过程中（T_2 时间内）VD_1、VD_3 截止。在 T_2 这段时间内由 C 点向 A 点流过的电荷量为 $q_2=C_{x1}(E_2-E_1)$。流过 A、C 支路的瞬时电流的平均值 I 为：

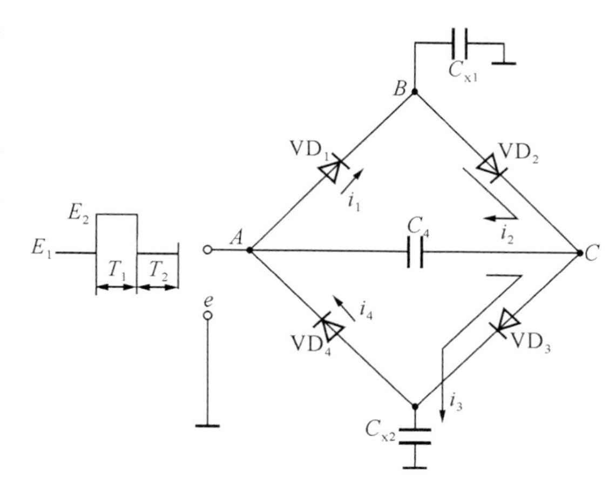

附图 5　环形二极管充放电法测量电容电路工作原理示意图

$$I=C_{x1}f(E_2-E_1)-C_{x2}f(E_2-E_1)=f\Delta E(C_{x1}-C_{x2})=f\Delta E\Delta C_x$$

ΔE 为方波的幅值，$\Delta E=E_2-E_1$。I 正比于 ΔC_x。

② 电容传感器结构原理

本实验系统的电容传感器可以测量 0～±13.5 mm 的距离，传感器由两组定片和一组动片组成。结构示意图如附图 6 所示。当动片上、下改变位置，与两组静片之间的重叠面积发生变化，极间电容也发生相应变化，成为差动电容。将上层定片与动片形成的电容定位 C_{x1}，下层定片与动片形成的电容定为 C_{x2}，当 C_{x1} 和 C_{x2} 接入桥路作为相邻臂时，桥路的输出电压与电容量的变化有关，即与动片的位移有关。

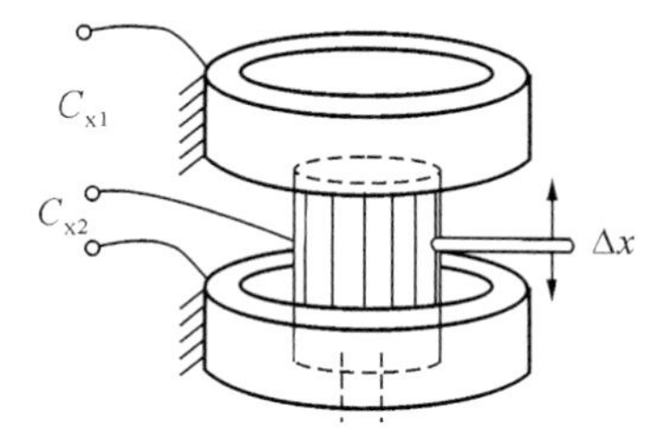

附图 6　圆筒式变面积差动结构电容传感器结构示意图

③ 测微头的组成和读数方法

电容传感器测试位移实验需要正确安装与使用测微头。测微头在实验中是用来产生位移并指示出位移量的工具。

测微头的结构组成和读数方法如附图 7 所示。

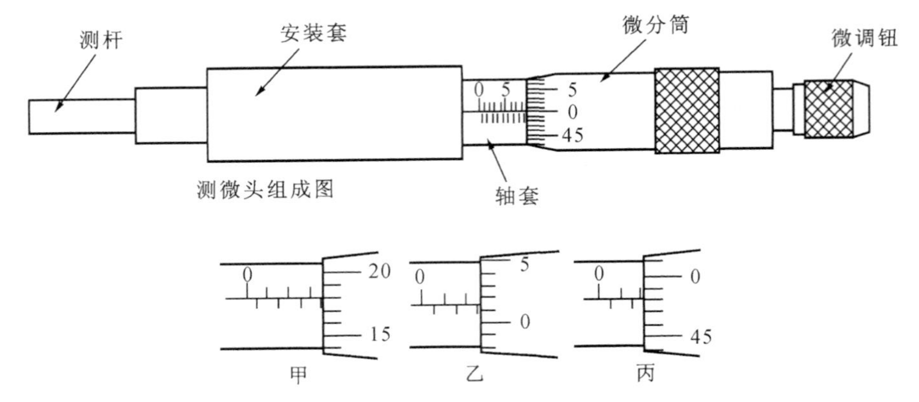

附图 7　测微头结构组成与读数方法示意图

测微头组成：测微头由不可动部分安装套、轴套和可动部分测杆、微分筒、微调钮组成。

测微头读数与使用：测微头的安装套便于在支架座上固定安装，轴套上的主尺有两排刻度线，标有数字的是整毫米刻线（1 mm/格），另一排是半毫米刻线（0.5 mm/格）；微分筒前部圆周表面上刻有 50 等分的刻线（0.01 mm/格）。

用手旋转微分筒或微调钮时，测杆就沿轴线方向进退。微分筒每转过 1 格，测杆沿轴方向移动微小位移 0.01 毫米，这也叫测微头的分度值。

测微头的读数方法是先读轴套主尺上露出的刻度数值，注意半毫米刻线；再读与主尺横线对准微分筒上的数值、可以估读 1/10 分度，如附图 7 甲读数为 3.680 mm，不是 3.180 mm；遇到微分筒边缘前端与主尺上某条刻线重合时，应看微分筒的示值是否过零，如附图 7 乙已过零则读 2.514 mm；如附图 7 丙未过零，则不应读为 2 mm，读数应为 1.980 mm。

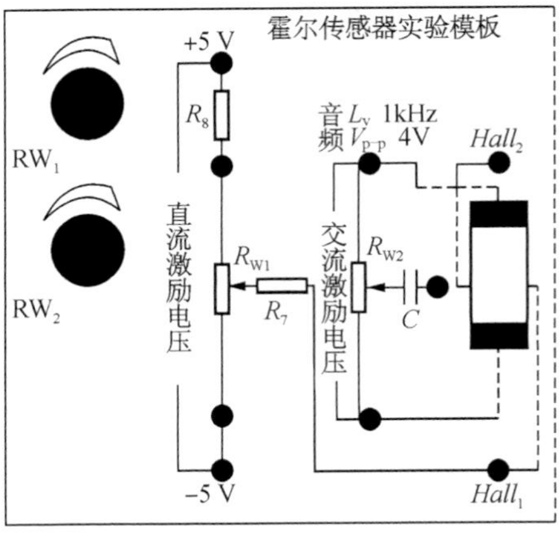

附图 8　霍尔传感器实验模板

④ 霍尔传感器实验模板

霍尔传感器实验模板如附图 8 所示。

本实验系统中霍尔传感器安装位置与方法如附图 9 所示。

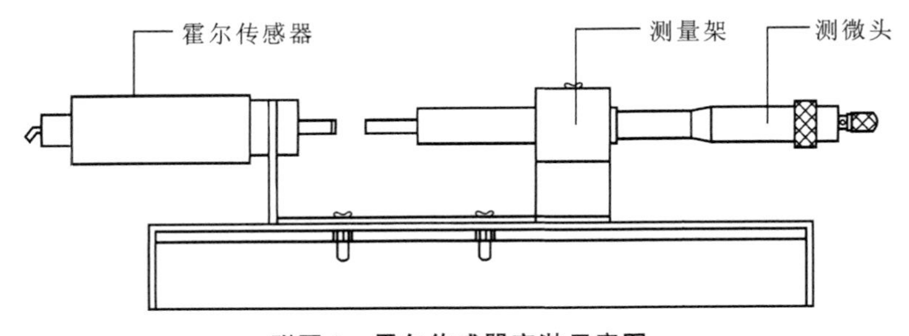

附图 9　霍尔传感器安装示意图

霍尔传感器是利用霍尔效应，把相关测试量转换为电动势的变化。霍尔元件的结构很简单，它由霍尔片、引线和壳体三部分构成，如附图 10(a)所示。霍尔片材料常用的主要有锗、硅、砷化铟、锑化铟等半导体材料，霍尔元件壳体由不具有导磁性的金属、陶瓷或环氧树脂封装而成。

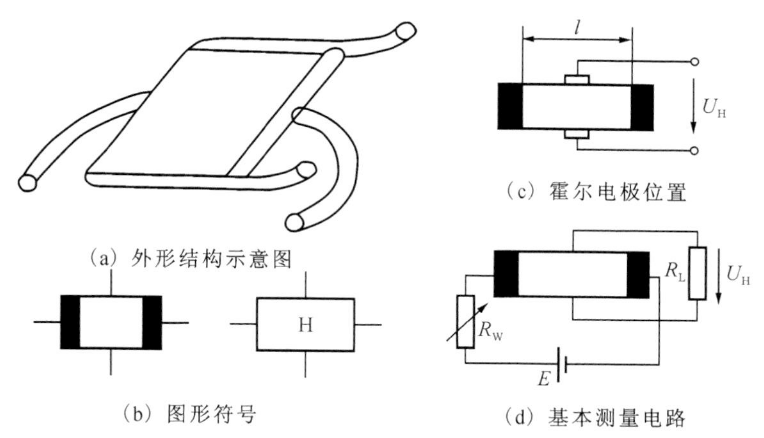

附图 10　霍尔元件结构外形、图形符号、基本测量电路示意图

霍尔片是一块矩形半导体薄片，在它的四个端面引出四根引线，其中两个引线为激励电压或电流引线，称为激励电极。两个引线为霍尔电势输出引线，称为霍尔电极。其电路符号如附图 10(b)所示。

⑤ 电涡流传感器实验模板

电涡流传感器工作原理是依据电涡流效应，如附图 11 所示。当高频(100 kHz 左右)信号源产生的高频电压施加到一个靠近金属导体附近的电感线圈 J_1 时，将产生高频磁场 H_1。如被测导体置于该交变磁场范围之内时，被测导体就产生电涡流 i_2。电涡流也将产生一个新的磁场 H_2。H_2 与 H_1 方向相反，因而抵消部分原磁场，从而导致线圈的电感量、阻抗和品质因数发生改变。i_2 在金属导体的纵深方向并不是均匀分布的，而只集中在金属导体的表面，这称为集肤效应(也称趋肤效应)。集肤效应与激励源频率 f、工件的电导率 σ、磁导率 μ 等有关。频率 f 越高，电涡流的渗透的深度就越浅，集肤效应越严重。

电涡流线圈受电涡流影响时的等效阻抗 Z 的函数表达式为：

$$Z=R+\mathrm{j}\omega L=f(i_1、f、\mu、\sigma、r、x)$$

如果控制上式中的 i_1、f、μ、σ、r 不变，电涡流线圈的阻抗 Z 就成为间距 x 的单值函数，这样就成为非接触式测量位移的传感器。

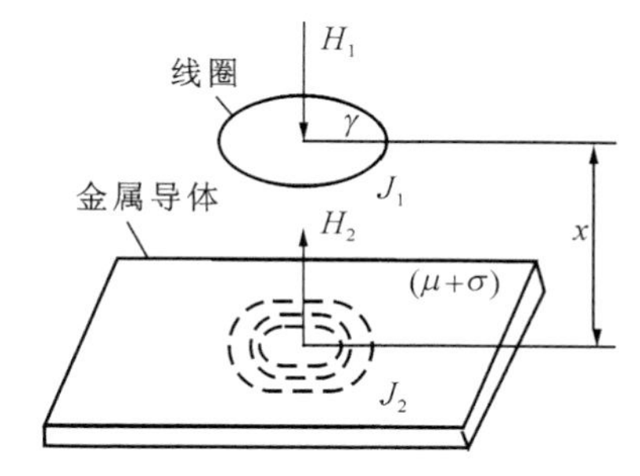

附图 11　电涡流传感器工作原理示意图

电涡流传感器实验模板如附图 12 所示：

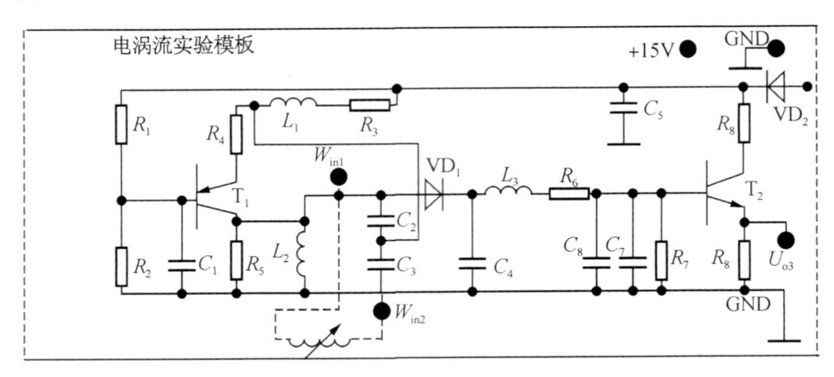

附图 12　电涡流传感器实验模板

本实验电涡流传感器测量电路为变频调幅式测量电路，电路组成：

Ⅰ. T_1、C_1、C_2、C_3 组成电容三点式振荡器，产生频率为 1 MHz 左右的正弦载波信号。电涡流传感器接在振荡回路中，即传感器线圈是振荡回路的一个电感元件。振荡器的作用是将位移变化引起的振荡回路的 Q 值变化转换成高频载波信号的幅值变化。

Ⅱ. D_1、C_5、L_2、C_6 组成了由二极管和 LC 形成的 π 形滤波的检波器。检波器的作用是将高频调幅信号中传感器检测到的低频信号取出来。

Ⅲ. T_2 是射极跟随器。射极跟随器的作用是输入、输出匹配以获得尽可能大的不失真输出的幅度值。

电涡流传感器是通过传感器端部线圈与被测物体(导电体)间的间隙变化来测物体的振动相对位移量和静位移的，它与被测物之间没有直接的机械接触，具有很宽的使用频率范围。当无被测导体时，振荡器回路谐振于 f_0，传感器端部线圈 Q_0 为定值且最高，对应的检波输出电压 U_o 最大。当被测导体接近传感器线圈时，线圈 Q 值发生变化，振荡器的谐振频率发生变化，谐振曲线变得平坦，检波出的幅值 U_o 变小，U_o 变化反映了位移 x 的变化。

⑥ 温度传感器实验模板

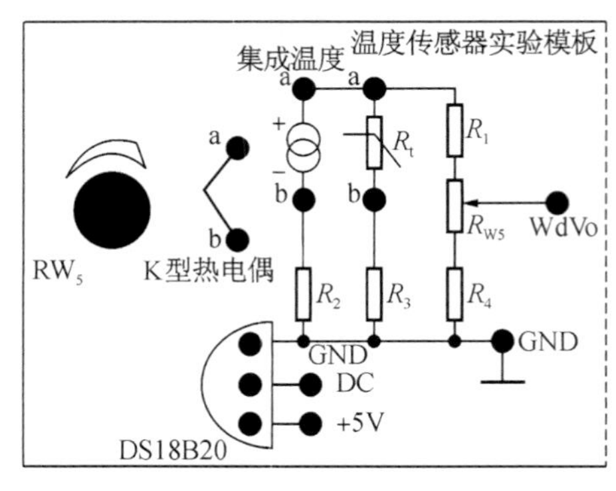

附图 13　温度传感器实验模板

温度传感器实验模板如附图 13 所示。具体包括：Pt_{100} 铂电阻测温、K 热电偶(镍铬-镍硅热电偶)：集成电流型温度传感器 AD590 测温、集成温度传感器 DS18B20 测温电路。

热电阻是中低温区最常用的一种温度检测器。它的主要特点是测量精度高、性能稳定。其中铂热电阻的测量精确度是最高的，它不仅广泛应用于工业测温，而且被制成标准的基准仪。热电阻是基于电阻的热效应进行温度测量的，即电阻体的阻值随温度的变化而变化的特性。因此只要测量出感温热电阻的阻值变化，就可以测量出温度。目前主要有金属热电阻和半导体热敏电阻两类。

热电阻大都由纯金属材料制成。目前应用最广泛的热电阻材料是铂和铜，铂电阻精度高，适用于中性和氧化性介质，稳定性好，具有一定的非线性，温度越高电阻变化率越小；铜电阻在测温范围内电阻值和温度呈线性关系，温度线数大，适用于无腐蚀介质，超过 150 ℃易被氧化。我国最常用的有 $R_0=10\ \Omega$、$R_0=100\ \Omega$ 和 $R_0=1\ 000\ \Omega$ 等几种，分度号分别为 Pt_{10}、Pt_{100}、$Pt_{1\ 000}$；铜电阻有 $R_0=50\ \Omega$ 和 $R_0=100\ \Omega$ 两种，它们的分度号为 Cu_{50} 和 Cu_{100}。其中 Pt_{100} 和 Cu_{50} 应用最为广泛。Pt_{100} 分度表见附录 2。

DS18B20 是由美国 DALLAS 公司生产的单总线数字式智能型传感器，它直接将温度物理量转化为数字信号，并以总线方式传送到计算机进行数据处理。

热电偶是利用热电效应制成的温度传感器，如附图 14 所示。

所谓热电效应，就是两种不同材料的导体（或半导体）组成一个闭合回路，当两接点温度 T 和 T_0 不同时，则在该回路中就会产生电动势的现象。在实际使用热电偶中，编制出了针对各种热电偶的热电势与温度对照表，称为分度表，见附录 3 所示。温度按 100 ℃分档，其中间温度值可按内差值法计算。表中均按参考端温度为 0 ℃的条件取值。根据对照表，测出热电势 E，查表可求得 T，但是参考端是以 0 ℃为基础的。若参考端温度不为 0 ℃，如其他温度 T_x，则首先测出两点间的电势 E_x，再加上低温端的电势 ΔE_0，根据总电势 $E_x+\Delta E_0$，求温度 $T=T_x+T$。

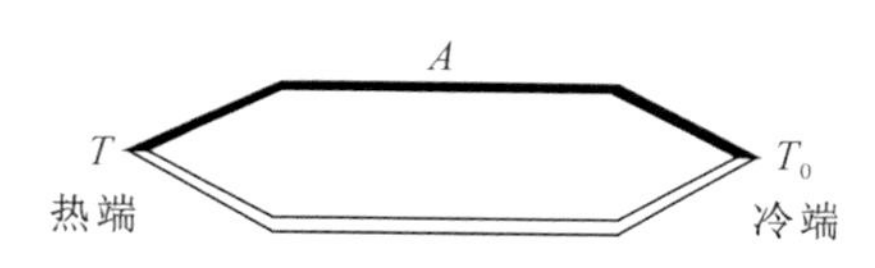

附图 14　热电偶工作原理示意图

如当热端温度为 t 时，分度表所对应的热电势 $E_{AB}(t,0)$ 与热电偶实际产生的热电势 $E_{AB}(t,t_0)$ 之间的关系可根据中间温度定律得到：$E_{AB}(t,0)=E_{AB}(t,t_0)+E_{AB}(t_0,0)$。

由此可见，$E_{AB}(t_0,0)$ 是冷端温度 t_0 的函数，因此需要对热电偶冷端温度进行补偿。补偿的方法有：补偿导线法、计算修正法、水浴法（冰点槽法）、补偿电桥法、软件处理法。

⑦ 信号调理电路模板

本实验系统信号调理电路模板由三种类型电路、三个模块构成：

Ⅰ. 三运放高共模抑制比放大电路，也称为仪表放大器（精密放大器），如附图 15(a)所示。反向比例放大电路的作用主要是用于放大电路的输出调零。R_{W9} 为增益调节电位，R_{W10} 为调零电位器。

Ⅱ. 差分比例运算电路：可把差动传感信号转换为单一的放大的电压信号输出。可有效地抑制共模干扰电压的影响，如附图 15(b)所示。

Ⅲ. 附图 15(c)是一个比例加法电路，其功能是将输入信号按比例放大后，在 A/D 参考电压的半电位点（1.25 V）上下波动，同时输出电压在 0～13.5 V 之间，满足 A/D 转换器对输入信号电压幅值的要求。

⑧ 传感信号数字化处理模块

传感信号数字化处理模块具体包括：MSP430F147 单片机最小系统模块、4×4 键盘矩阵模块、LM24016RFW 液晶显示与 LED 显示模块、RS232 串行接口模块、RS485 串行接口模块。

Ⅰ. MSP430 系列是由 TI 公司设计的一种 16 位精简指令集超低功耗单片机，它的工作电压在 1.8～3.6 V 之间。这种类型单片机上集中了许多外围模块，使它具备了构造片上系统的能力。现在 MSP430 系列单片机广泛地应用于三表技术、手持设备和各种低功耗系统之中。

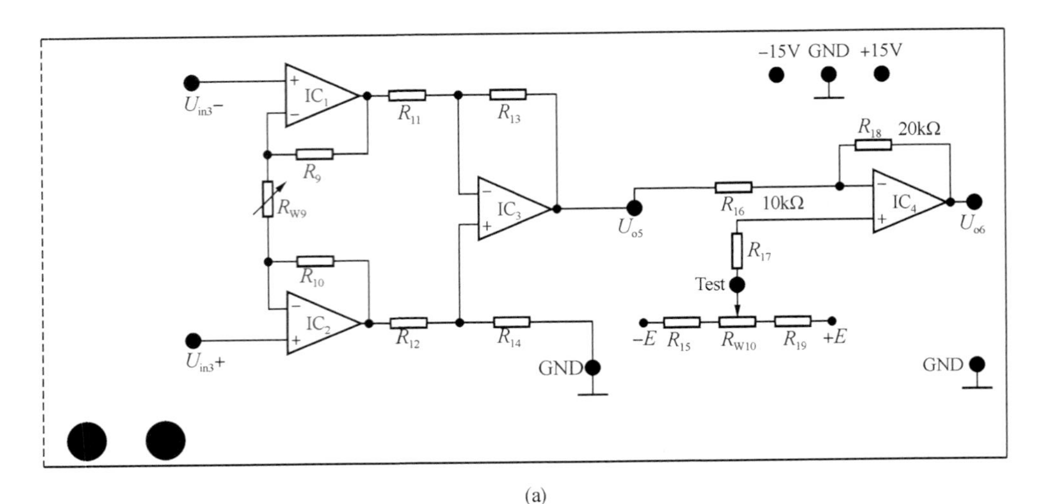

(a)

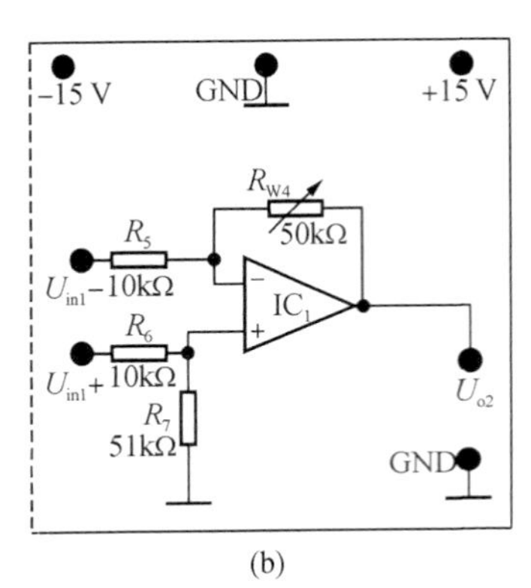

(b)

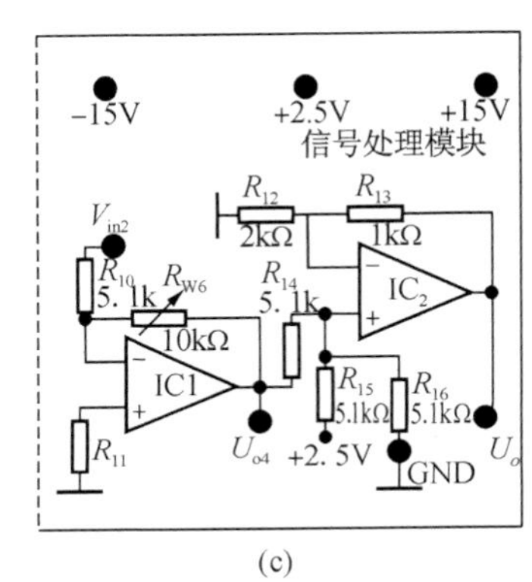

(c)

附图 15　信号调理电路模板

MSP430 内部集成有以下一些功能模块:看门狗(WDT)、定时器 A、定时器 B、模拟比较器、串口 0、串口 1、硬件乘法器(部分型号器件)、液晶驱动器、ADC(有 10 位,12 位,14 位)、I/O 口、基本定时器。

Ⅱ. 4×4 矩阵键盘输入接口电路的功能是完成相关传感器信号检测处理的限值参数设置等功能。

Ⅲ. LED 与 LCD 输出显示接口电路,主要完成系统信息显示功能。

Ⅳ. 系统与上位机数据通讯可通过 RS232 与 RS485 两种串行通信接口实现。

⑨ MSP430 上位机开发软件 IAR FOR 430 简介

国内普及的 MSP430 开发软件种类不多,主要有 IAR 公司的 Embedded Workbench for MSP430(简称为 EW430)和 AQ430。

目前 IAR 的使用用户居多。IAR EW430 软件提供了工程管理、程序编辑、代码下载、调试等所有功能,并且软件界面和操作方法与 IAR EW for ARM 等开发软件一致。

IAR Systems 是全球领先的嵌入式系统开发工具和服务的供应商。公司成立于 1983 年,提供的产品和服务涉及嵌入式系统的设计、开发和测试的每一个阶段,包括:带有 C/C++编译器和调试器的集成开发环境(IDE)、实时操作系统和中间件、开发套件、硬件仿真器以及状态机建模工具。

附录 2　Pt_{100}铂电阻分度表

分度号:BA_2　　$R_0=100\ \Omega$　　$\alpha=0.003\ 910$

温度(℃)	电阻值(Ω)									
	0	1	2	3	4	5	6	7	8	9
0	100.00	100.40	100.79	101.19	101.59	101.98	102.38	102.78	103.17	103.57
10	103.96	104.36	104.75	105.15	105.54	105.94	106.33	106.73	107.12	107.52
20	107.91	108.31	108.70	109.10	109.49	109.88	110.28	110.67	111.07	111.46
30	111.85	112.25	112.64	113.03	113.43	113.82	114.21	114.60	115.00	115.39
40	115.78	116.17	116.57	116.96	117.35	117.74	118.13	118.52	118.91	119.31
50	119.70	120.09	120.48	120.87	121.26	121.65	122.04	122.43	122.82	123.21
60	123.60	123.99	124.38	124.77	125.16	125.55	125.94	126.33	126.72	127.10
70	127.49	127.88	128.27	128.66	129.05	129.44	129.82	130.21	130.60	130.99
80	131.37	131.76	132.15	132.54	132.92	133.31	133.70	134.08	134.47	134.86
90	135.24	135.63	136.02	136.40	136.79	137.17	137.56	137.94	138.33	138.72
100	139.10	139.49	139.87	140.26	140.64	141.02	141.41	141.79	142.18	142.66
110	142.95	143.33	143.71	144.10	144.48	144.86	145.25	145.63	146.10	146.40
120	146.78	147.16	147.55	147.93	148.31	148.69	149.07	149.46	149.84	150.22
130	150.60	150.98	151.37	151.75	152.13	152.51	152.89	153.27	153.65	154.03
140	154.41	154.79	155.17	155.55	155.93	156.31	156.69	157.07	157.45	157.83
150	158.21	158.59	158.97	159.35	159.73	160.11	160.49	160.86	161.24	161.62
160	162.00	162.38	162.76	163.13	163.51	163.89	164.27	164.64	165.02	165.40
170	165.78	166.15	166.53	166.91	167.28	167.66	168.03	168.41	168.79	169.16
180	169.54	169.91	170.29	170.67	171.04	171.42	171.79	172.17	172.54	172.92
190	173.29	173.67	174.04	174.41	174.79	175.16	175.54	175.91	176.28	176.66

附录 3　K 型热电偶分度表

分度号:K　　　　（参考端温度为 0℃）

测量端温度(℃)	热电动热(mV)									
	0	1	2	3	4	5	6	7	8	9
0	0.000	0.039	0.079	0.119	0.158	0.198	0.238	0.277	0.317	0.357
10	0.397	0.437	0.477	0.517	0.557	0.597	0.637	0.677	0.718	0.758
20	0.798	0.838	0.879	0.919	0.960	1.000	1.041	1.081	1.122	1.162
30	1.203	1.244	1.285	1.325	1.366	1.407	1.448	1.489	1.529	1.570
40	1.611	1.652	1.693	1.734	1.776	1.817	1.858	1.899	1.949	1.981
50	2.022	2.064	2.105	2.146	2.188	2.229	2.270	2.312	2.353	2.394
60	2.436	2.477	2.519	2.560	2.601	2.643	2.684	2.726	2.767	2.809
70	2.850	2.892	2.933	2.975	3.016	3.058	3.100	3.141	3.183	3.224
80	3.266	3.307	3.349	3.390	3.432	3.473	3.515	3.556	3.598	3.639
90	3.681	3.722	3.764	3.805	3.847	3.888	3.930	3.971	4.012	4.054
100	4.095	4.137	4.178	4.219	4.261	4.302	4.343	4.384	4.426	4.467
110	4.508	4.549	4.590	4.632	4.673	4.714	4.755	4.796	4.837	4.878
120	4.919	4.960	5.001	5.042	5.083	5.124	5.164	5.205	5.246	5.287
130	5.327	5.368	5.409	5.450	5.490	5.531	5.571	5.612	5.652	5.693
140	5.733	7.774	5.814	5.855	5.895	5.936	5.976	6.016	6.057	6.097
150	6.137	6.177	6.218	6.258	6.298	6.338	6.378	6.419	6.459	6.499
160	6.539	6.579	6.619	6.659	6.699	6.739	6.779	6.819	6.859	9.899
170	6.939	6.979	7.019	7.059	7.099	7.139	7.179	7.219	7.259	7.299
180	7.338	7.378	7.418	7.458	7.498	7.538	7.578	7.618	7.658	7.697
190	7.737	7.777	7.817	7.857	7.897	7.937	7.977	80.17	8.057	8.097
200	8.137	8.177	8.216	8.256	8.296	8.336	8.376	8.416	8.456	8.497
210	8.537	8.577	8.617	8.657	8.697	8.737	8.777	8.817	8.857	8.898
220	8.938	8.978	9.018	9.058	9.099	9.139	9.179	9.220	9.260	9.300
230	93341	9.381	9.421	9.462	9.502	9.543	9.583	9.924	9.664	9.705
240	9.745	9.786	9.826	9.867	9.907	9.948	9.989	10.029	10.070	10.11
250	10.151	10.192	10.233	10.274	10.315	10.355	10.396	10.437	10.478	10.519

参考文献

[1] 刘传玺,王以忠,袁照平.自动检测技术[M].北京:机械工业出版社,2012.

[2] 李现明,陈振学,胡冠山.现代检测技术及应用[M].北京:高等教育出版社,2012.

[3] 唐文彦.传感器[M].北京:机械工业出版社,2007.

[4] 胡向东,等.传感器与检测技术[M].北京:机械工业出版社,2013.

[5] 吴建平.传感器原理及应用[M].北京:机械工业出版社,2009.

[6] 松井邦彦.传感器应用技巧141例[M].梁瑞林,译.北京:科学出版社.2006.

[7] 沙占友.中外集成传感器实用手册[M].北京:电子工业出版社,2005.

[8] 龚瑞昆,李奇平.改善传感器特性的软件处理方法[J].自动化仪表,2002,23(6):6-9.

[9] 曲波,肖圣兵,吕建平.工业常用传感器选型指南[M].北京:清华大学出版社,2002.

[10] 金发庆.传感器技术与应用[M].北京:机械工业出版社,2004.

[11] 李科杰.新编传感器技术手册[M].北京:国防工业出版社,2002.

[12] 武昌俊.自动检测技术及应用[M].北京:机械工业出版社,2005.

[13] 刘迎春,叶湘滨.传感器原理、设计与应用[M].长沙:国防科技大学出版社,2006.

[14] 张洪润,张亚凡.传感器技术与应用教程[M].北京:清华大学出版社,2005.

[15] 杨帮文.最新传感器实用手册[M].北京:人民邮电出版社,2004.

[16] 刘笃仁,韩保君,刘靳.传感器原理及应用技术[M].西安:西安电子科技大学出版社,2003.

[17] 沙占友.集成化智能传感器原理与应用[M].北京:电子工业出版社,2004.

[18] 王元庆.新型传感器原理及应用[M].北京:机械工业出版社,2003.

[19] 徐军,冯辉.传感器技术基础与应用实训[M] 北京:电子工业出版社,2010.

[20] 胡孟谦,张晓娜.传感器与检测技术项目化教程[M].青岛:中国海洋大学出版社,2011.